Das FBI-Prinzip

THORSTEN
HOFMANN

F DAS B I PRINZIP

Verhandlungstaktiken
für Gewinner

ARISTON

Bibliografische Information der Deutschen Bibliothek

Die Deutsche Bibliothek verzeichnet diese Publikation
in der Deutschen Nationalbibliografie; detaillierte bibliografische Daten
sind im Internet unter http://dnb.de abrufbar.

Für meinen Vater:
Von dem ich viel über den Umgang
mit Konflikten gelernt habe.

Verlagsgruppe Random House FSC® N001967

3. Auflage
© 2018 Ariston Verlag in der Verlagsgruppe Random House GmbH,
Neumarkter Straße 28, 81673 München
Alle Rechte vorbehalten

Redaktion: Dr. Henning Thies

Umschlaggestaltung: Hauptmann & Kompanie Werbeagentur, Zürich
Satz: Satzwerk Huber, Germering
Druck und Bindung: CPI books GmbH, Leck
Printed in Germany
ISBN: 978-3-424-20172-7

Inhalt

Einleitung   7

Erstes Kapitel
Grundsätzliches zur Verhandlung   15

Zweites Kapitel
Vorbereitung ist alles   32

Drittes Kapitel
F.I.R.E. Concept of Control –
Mit Struktur zum Erfolg   89
  Phase 1: Taktische Empathie   95
  Phase 2: Verständnis- und Mandatsklärung   116
  Exkurs: Ankern im Kopf   127
  Phase 3: Motivanalyse   138
  Phase 4: Der kontrollierte Aushandlungsprozess . . .   159
  Phase 5: Eine echte Einigung   180
  Phase 6: Die Sackgasse als zweite Chance   185

Viertes Kapitel
FACS: Wenn das Gesicht Bände spricht   199
  Exkurs: Das Pokerface-Paradoxon –
            wie Emotionen durchsickern   238

Fünftes Kapitel
Verhandlungsprofiling   242

Epilog
Geisel der eigenen Gedanken oder flexibler
Verhandler? Sie haben die Wahl! 275

Anhang: Anmerkungen und Quellen................ 278

Einleitung
Warum gibt es dieses Buch?

Verhandeln kann Leben retten. Konfliktsituationen auflösen. Gegenläufige Interessen in Lösungen verwandeln. Gegner zu Partnern machen und das Leben jedes Einzelnen erfolgreicher gestalten. Leben ist Verhandeln. Menschen jeden Alters, jeder Bildungsschicht und jeder ethnischen Herkunft tun es jeden Tag. Nicht nur einmal, nein, circa fünf bis zehn Mal verhandelt der durchschnittliche Europäer pro Tag. Im privaten Umfeld, im Geschäft, in der Familie, mit Partnern, Freunden, Kunden oder Kollegen. Trotzdem führt die Verhandlungsausbildung in Deutschland ein Schattendasein: Nur sporadisch findet sie in einigen Studiengängen wie Betriebswirtschaft oder MBA-Programmen statt. Unverständlich, denn im beruflichen Alltag wird von jedem verlangt, dass er verhandelt. Dafür befähigt und ausgebildet wird allerdings kaum.

Verhandeln kann ja jeder – so die weitverbreitete Meinung. Verhandeln ist somit wie Fußballspielen. Jeder kann einen Ball kicken. Aber trotzdem gibt es einen großen Unterschied zwischen Profis der Champions League und Amateurkickern. Was sie eint, ist die Begeisterung für das Spiel und der Glaube an die eigenen Fähigkeiten. Doch während die einen sich schon frühzeitig mit Technik, Taktik und Strategie beschäftigen, diese immer weiter verfeinern und lernen, das Spiel zu »lesen«, neue Entwicklungen genau verfolgen, ihr Gegenüber studieren und jede Situation zu ihren Gunsten nutzen, agieren die anderen häufig »aus dem Bauch« heraus und planlos. Ohne ein System zu kennen und ihre eigenen Fehler zu reflektieren, lassen sie viele Chancen und Möglichkeiten ungenutzt. Genau so sieht es dann oft am Verhandlungstisch aus. Hierbei geht ein Großteil des eigenen Verhandlungspotenzials verloren, weil es nie abgerufen wird. Was bleibt, ist ein Auf-der-Stelle-Treten und eine Verwunderung darüber, dass andere sich in Verhandlungen immer durchsetzen. Immer die Oberhand behalten. Immer als Gewinner vom Tisch gehen.

Diese Defizite im Verhandeln spüren immer mehr Menschen in Deutschland und haben den Wunsch, daran etwas zu ändern. Eine Studie der Universität Potsdam ergab, dass 92 Prozent der Befragten Kenntnisse über Verhandlungen als wichtig ansehen und 85 Prozent entsprechende Schulungen wünschen.[1] Doch obwohl wir wissen, dass ein großes Bedürfnis nach gezielter Ausbildung in Verhandlungsführung besteht, gibt es so gut wie keine Angebote. Dabei beeinflusst das professionelle Vorgehen bei Verhandlungen die Erfolgschancen dramatisch – egal, ob es sich um die Bitte um mehr Geld beim Chef handelt, den Kauf eines Autos oder Hauses, den Abschluss eines wichtigen Geschäfts oder den Umgang mit den pubertierenden Kindern. Es gibt keinen Bereich des Lebens, in dem wir nicht verhandeln.

Seit rund einem Vierteljahrhundert bin ich im operativen Krisenmanagement, als Krisenverhandler und in der Krisenkommunikation tätig – zunächst beim Bundeskriminalamt (BKA) und dem INTERPOL National Central Bureau (NCB), später als Geschäftsführer meines auf strategische Krisenkommunikation spezialisierten Unternehmens. Ich habe unterschiedlichste Fälle in den verschiedensten Branchen hautnah miterlebt und betreut. Das Spektrum reicht von Entführungen (Touristen, Manager, Schiffsbesatzungen oder Mitarbeiter von Hilfsorganisationen im Ausland) und Erpressungen, unter anderem mit kontaminierten Lebensmitteln, über Vernehmungen von Schwerstkriminellen der Organisierten Kriminalität, Konflikte zwischen Unternehmen und Bürgerinitiativen, Gewerkschaftsverhandlungen und eine Vielzahl von Verhandlungen in der Politik bis hin zu Onlineerpressungen mit gestohlenem oder gefälschtem Datenmaterial. Ich habe hierbei die unterschiedlichsten Techniken und Taktiken des Verhandelns immer wieder auf ihre Wirksamkeit hin erprobt und nie damit aufgehört, auch mich selbst weiterzuentwickeln. Je mehr ich mich mit diesem Gebiet beschäftigt habe, desto mehr hat es mich fasziniert. Verhandeln ist auch mein Leben.

Verhandeln ist Handwerk und Kunstform zugleich. Jeder kann es erlernen. Psychologisches Know-how ist die Basis. Was Menschen seit jeher intuitiv versuchen, ist in den vergangenen 40 Jahren eine angewandte Wissenschaft geworden. Psychologen und Ökonomen, Biologen und Mathematiker ergründen die Mechanismen – und entdecken und erproben Taktiken, Strategien und Tricks. Und trotzdem führt dieses Wissen nach wie vor ein Schattendasein.

Ergebnisse aus alltäglichen Verhandlungssituationen haben mit professioneller, strategischer Gesprächsführung und mit Verhandeln auf psychologischer Grundlage meistens wenig zu tun. In Organisationen wie FBI, BKA oder CIA dagegen, wo es bei Verhandlungen mit Schwerkriminellen, Erpressern und Geiselnehmern um Leben oder Tod geht, wird man in dieser Kunst intensiv ausgebildet. In meiner Zeit als operativer Ermittler in der Abteilung Organisierte Kriminalität (OK) des Bundeskriminalamts (BKA) gehörten diese bewährten Vorgehensweisen in Vernehmungen und Verhandlungen zum Standardrepertoire. Ich arbeitete unter anderem bei einigen der spektakulärsten Erpressungsfälle und Geiselnahmen im In- und Ausland mit. Im Jemen, in Kolumbien, Indonesien oder auch in Deutschland. Hierbei wurde nicht ausschließlich über Geiseln verhandelt, sondern auch über wertvolle Gemälde, Anschläge auf Züge oder über Informationen zu begangenen oder geplanten kriminellen und terroristischen Straftaten.

In dieser Zeit, aber auch danach, habe ich eine Vielzahl von Ausbildungen im In- und Ausland zum Thema Verhandlung durchlaufen, in polizeilichen und militärischen Einrichtungen genauso wie in politischen und akademischen. Die dahinterstehenden Systeme und Strukturen liegen diesem Buch zugrunde und dienen als Basis des F.I.R.E. – Business Negotiation System® für erfolgskritische Verhandlungen.

Mein Ziel ist es, Erkenntnisse, die ich jahrelang erfolgreich bei Verhandlungen und Vernehmungen mit Geiselnehmern, Erpressern, Terroristen und organisierten Kriminalitätsstrukturen angewandt habe, in ein Konzept zu überführen, welches auch in privaten und geschäftlichen Verhandlungen zum Erfolg führt. Natürlich ist nicht jede berufliche oder private Verhandlung mit Erpressungen, Drohungen oder irrationalem Verhalten verbunden. Aber wäre es nicht überhaupt hilfreich, in solchen Situationen die Kontrolle über das Gespräch und die Verhandlung zu behalten und das eigene Verhandlungsergebnis zu optimieren? Ein solches System muss dann nicht nur in Ausnahmesituationen funktionieren, sondern auch in normalen beruflichen und privaten Verhandlungen, in denen sich die Verhandlungspartner sachbezogen und rational verhalten. Das im Folgenden dargestellte System ermöglicht es jedem Menschen, Verhandlungen zu kontrollieren und zu steuern: den Verhandlungsprozess, die Inhalte, die Zeit, die Beziehungen sowie das Ergebnis. Dabei helfen eine klare Struktur sowie eine Vielzahl von flexibel anwendbaren Taktiken.

Seinen Ursprung hat dieses System im Verhandlungssystem der Geheimdienste, das in den 1970er-Jahren, ausgelöst durch eine Reihe von Banküberfällen und dramatischen Vorfällen, in den USA entwickelt wurde und auch den Weg nach Deutschland fand. Auslöser in Deutschland waren vor allem die Olympischen Spiele 1972 in München, als Mitglieder einer palästinensischen Terrororganisation elf israelische

Olympiateilnehmer als Geiseln nahmen. Zwölf Menschen verloren an diesem Tag, der als »Massaker von München« in die Geschichtsbücher einging, ihr Leben – auch, weil die Bemühungen der deutschen Polizeibehörden auf fatale Weise scheiterten. Ein Jahr zuvor hatte sich in den USA eine Tragödie ereignet, die ebenfalls ein Umdenken initiierte: Ein entführtes Flugzeug landete in Jacksonville, der Entführer verlangte Kerosin. Doch das FBI wollte nicht verhandeln, eröffnete stattdessen das Feuer auf die Reifen des Flugzeugs, um es am Weiterfliegen zu hindern. Was dann passierte, sollte die Geschichte des FBI nachhaltig verändern. Der Geiselnehmer verlor im Kugelhagel die Nerven, tötete erst die Geiseln und anschließend sich selbst.

1971 in Jacksonville und 1972 in München – zwei Geiselnahmen, zwei Polizeieinsätze, zwei tödliche Katastrophen. Katastrophen, die dazu führten, dass man sich erstmals systematisch mit dem Thema Verhandlungen auseinandersetzte.

1979 wurde in den USA das Harvard Negotiation Project gegründet – der Beginn einer Ära. Das sogenannte Harvard-Konzept wurde zum Maß aller Dinge in Sachen Verhandlung. Die Grundidee: Mit rationalen Argumenten zwingt man jeden Verhandlungspartner früher oder später in die Knie. Es war die Zeit, in der der sogenannte rationale Akteur Einzug in die akademische Welt hielt. Auch bei den Geheimdiensten öffnete man diesem rationalen Menschen nur allzu gern die Tür, so logisch und ausgeklügelt erschien die neue Verhandlungsmethodik. Doch bald mussten FBI, CIA, BKA und Co. einsehen, dass Geiselnahmen nicht mit dem Schachbrett zu lösen sind, dass Täter nicht immer den nächsten logischen Zug wählen. Sind wir Menschen womöglich doch nicht so rational, wie uns die Theorie glauben lässt?

Auch in der Wissenschaft mehrten sich die Zweifel. Die Suche nach Alternativen begann. Eine gegenläufige Denkschule zum »rationalen Akteur« entstand rund um die beiden Wissenschaftler, Psychologen und späteren Nobelpreisträger Amos Tversky und Daniel Kahneman an den kalifornischen Universitäten Stanford und Berkeley. Sie nahmen den »emotionalen Akteur« in den Fokus und beschäftigten sich mit Verhaltensökonomik und Entscheidungen unter Risiko, mit der Bildung von Urteilen über unsichere oder unbekannte Sachverhalte (Urteilsheuristik) und mit kognitiven Verzerrungen – also mit den systematischen fehlerhaften Neigungen beim Wahrnehmen, Erinnern, Denken und Urteilen, die meist unbewusst entstehen und von außen beeinflusst werden können. Neue Ansätze wie die Erkenntnis, dass unterschiedliche Formulierungen einer Botschaft – bei gleichem Inhalt – das Verhalten des Empfängers unterschiedlich beeinflussen können (in der Fachterminologie »Framing« genannt), rückten schließlich die Emotionen als treibende Kraft für Verhalten und Denkweisen in den Mittelpunkt. Aus dem rationalen wurde mehr und mehr ein emotionaler Akteur.

Eine 1994 gegründete Sondereinheit des FBI, die Critical Incident Response Group, experimentierte fortan mit therapeutischen Ansätzen, die an das menschliche Bedürfnis nach Akzeptanz appellieren. Es geht nun nicht länger darum, die gegnerische Seite durch logische Argumente zu überzeugen, sondern eine positive Beziehung zu ihr aufzubauen. Empathie statt Mathematik, emotionale statt rationale Problemlösung, so die neue Taktik. Und: Sie funktioniert!

Das von FBI und CIA auf der Basis dieser Prämissen entwickelte Verhandlungssystem, das später unter dem Akronym F.I.R.E. bekannt wurde, hat sich über Jahrzehnte bewährt und gehört inzwischen zum Standardrepertoire jeder polizeilichen und geheimdienstlichen Verhandlungsausbildung. Es bildet auch die Grundlage des von mir entwickelten Systems.

In unserem F.I.R.E. – Business Negotiation System® steht F.I.R.E. als Akronym für

Facial-
Instrumental-
Relational-
Emotional-Issues.

FACIAL steht für das genaue Beobachten der emotionalen Veränderung in der Körpersprache des Gegenübers. Grundlage hierfür ist das Facial Action Coding System (FACS, engl. für »Gesichtsbewegungs-Codierungssystem«), ein unter Psychologen weltweit verbreitetes Codierungsverfahren zur Beschreibung von Gesichtsausdrücken. Das FACS ist somit eine Technik zur Mimik- beziehungsweise Emotionserkennung.

Hinter **INSTRUMENTAL** verbergen sich die verschiedenen Taktiken und Instrumente, um in der Verhandlung die eigenen Interessen durchsetzen zu können. Das beginnt beim strategischen Ansatz und führt über die verschiedensten operativen und sprachlichen Taktikformen hin zum Einsatz manipulativer Auslöser von Reaktionen, sogenannter Trigger.

RELATIONAL beschäftigt sich mit dem professionellen Aufbau und dem Nutzen der Beziehungen vor, während und nach der Verhandlung, also mit der sogenannten taktischen Empathie. Hierzu gehört auch das genaue Herausarbeiten eines Verhandlungsprofils, um das Gegenüber genau einschätzen und »behandeln« zu können.

EMOTIONAL steht für den Umgang mit den eigenen Emotionen und denen des Gegenübers. Verhandlungen gewinnt man im eigenen Kopf. Deshalb werden der Aufbau einer passenden inneren Einstellung zur anstehenden Verhandlung und die vier grundlegenden Fertigkeiten mentaler Stärke als sehr wichtiger Punkt hervorgehoben. Es geht vor allem um Faktoren, die Stress erzeugen und reduzieren. Zudem wird der Umgang mit irrationalem und manipulativem Verhalten erörtert.

Der **Kern des gesamten Systems ist das F.I.R.E.-Concept of Control**, ein Phasenmodell, welches die Struktur eines Verhandlungsablaufs grafisch darstellt. Es gibt dem Anwender Sicherheit zu wissen, wo er in der Verhandlung steht und wie er sie steuern kann. Es hilft ihm, die Verhandlung zu »lesen«. Es ist ein komplett eigenständiges System, um in irrationalen, schwierigen und emotionalen Verhandlungen die eigenen Zielvorstellungen durchzusetzen. Verhandlungen sind eher durch prozessuale, subtile und mittelbare Veränderungen des gegnerischen Verhaltens geprägt. Der Gegner wird konsequent und kontrolliert durch die Verhandlung geführt, aber empathisch behandelt.

Verhandlungen müssen, wenn sie erfolgreich sein sollen, fundiert vorbereitet, strategisch geplant und taktisch umgesetzt werden. Psychologisches Wissen und dessen Anwendung entscheiden maßgeblich über Erfolg oder Misserfolg. Wer sich mit diesem System auseinandersetzt, wird feststellen, warum es nicht darauf ankommt, den besten Rhetoriker in die Verhandlungen zu schicken. Vielmehr sind die Fähigkeit zum intensiven Zuhören und Beobachten sowie Disziplin gefragt. Wer das versteht, ist für den »Psychokrieg« am Verhandlungstisch gut gewappnet.

Mein Wunsch ist es, dass Sie in Zukunft Ihren Verhandlungserfolg deutlich steigern. Dazu gehört allerdings auch, das hier Gelesene anzuwenden – weil Verhandlungserfolg immer etwas mit Verhaltensänderung zu tun hat.

Erstes Kapitel
Grundsätzliches zur Verhandlung

»Alle Kriege enden mit Verhandlungen.
Warum also nicht gleich verhandeln?«

Jawaharlal Nehru (1889–1964),
indischer Ministerpräsident

Zwar werden Sie als Leser dieses Buches hoffentlich niemals mit jemandem verhandeln, der, auf einem Brückenvorsprung stehend, mit Selbstmord droht, oder mit jemandem, der einen anderen Menschen töten will, sollten seine Forderungen nicht erfüllt werden. Gleichwohl gehen Sie täglich mit eigenen Krisensituationen um. Dazu zählen das Entwickeln und Führen von Verkaufsgesprächen, das Aushandeln von Vertragsbedingungen (zum Beispiel beim Hauskauf), das Entwickeln und Durchsetzen von Entscheidungsstrategien bei der Arbeit, die Erteilung von Anweisungen an Mitarbeiter und die Festlegung von Finanz- und Budgetplänen. Manchmal kann auch die Wochenend- oder Urlaubsplanung mit Partnern oder der Familie schon zu belastenden Konfliktsituationen führen. Tagtäglich kommen Menschen in Situationen, in denen sie verhandeln müssen. Allerdings ist ihnen das meistens gar nicht bewusst. Wie oft steht in einem Terminkalender »Besprechung«, »Sitzung«, »Lunchtermin« oder Ähnliches, aber eigentlich verbirgt sich dahinter inhaltlich eine Verhandlung. Wie häufig ruft ein Geschäftspartner, ein Freund, ein Chef, ein Kunde an und Sie merken gar nicht, dass Sie sich unversehens in einer Verhandlungssituation befinden.

Woran lässt sich eine Verhandlungssituation erkennen? Was sind die Parameter? Jedenfalls verhindert ein Bewusstsein dafür, wann man sich in einer Verhandlung befindet, dass man über den Tisch gezogen wird. Es schafft eigene Reaktionsmöglichkeiten. »Die gefährlichste Verhandlung ist diejenige, die Ihnen nicht bewusst ist, obwohl Sie sich mittendrin befinden«, hat Chris Voss, der frühere internationale Verhandlungsleiter (Chief International Hostage and Kidnapping Negotiator) des FBI, einmal gesagt.[2]

An sich sind diese Rahmenbedingungen ganz einfach zu erkennen: Eine Verhandlung setzt voraus, dass mindestens zwei Parteien an einem Thema unterschiedliche Interessen haben. Beide Seiten – und das sollten Sie sich immer wieder bewusst machen – sind dabei voneinander abhängig. Es liegen deshalb ungefähr gleiche Machtverhältnisse vor. Beide Parteien haben grundsätzlich dasselbe Ziel: nämlich eine Übereinkunft zu erzielen, die in ein Ergebnis mündet. Vor allem müssen sich die Verhandler klarmachen, dass trotz des gemeinsamen Wunsches, ein Ergebnis zu erzielen, immer ein Interessenkonflikt besteht.

Was genau ist ein Konflikt? Der Begriff leitet sich vom lateinischen *confligere* ab: zusammenstoßen, aufeinanderprallen. Entsprechend ist der Konfliktgegenstand in der Regel ein Interessengegensatz, also das Aufeinanderprallen verschiedener Motive. Nehmen wir das Beispiel Autokauf oder -verkauf. Käufer und Verkäufer haben beide ein Ziel – sie wollen handelseinig werden. Naturgemäß begegnen sich hier jedoch unterschiedliche Interessen. Der Verkäufer möchte zu einem möglichst hohen Preis verkaufen, der Käufer hingegen möchte etwas Gutes haben und dafür möglichst wenig ausgeben. Doch dahinter liegen weitere Motive, die auf den ersten Blick nicht sichtbar sind. Denn hinter diesem eigentlichen Konfliktgegenstand verbergen sich unterschiedliche Bedürfnisse und Wertevorstellungen. Ein leidenschaftlicher Autonarr, der zu seinem Wagen ein beinahe sinnliches Verhältnis hat, wird es im Falle eines Verkaufes sicher wichtig finden, dass der Käufer die liebevoll gepflegte Karosse wertschätzt und nicht nur als Gebrauchsgegenstand betrachtet.

Entscheidend sind auch Persönlichkeitsmerkmale, aus denen sich unterschiedliche Beurteilungen, Gefühle und Ziele ergeben. So führt etwa bei einer Geiselnahme häufig Verlustangst zu Gewalt, vor allem Angst um die eigene Zukunft. Der Geiselnehmer fragt sich, wo er diese verbringen wird. Er hat ein Bedürfnis nach Orientierung, nach Hoffnung, er giert nach einer positiven Erwartung, an der er sich festhalten kann. Oft habe ich in Verhandlungen genau diese Angst gespürt und herausgearbeitet, um sie zu nutzen. Andere Verlustängste sind mir bei Menschen begegnet, die auf den Dächern von Hochhäusern standen und sich das Leben nehmen wollten. Hier war es oft der Verlust von Wertschätzung, der die Situation verschärfte. Ein Bedürfnis nach Sicherheit und Bindung, nach Anerkennung oder Zugehörigkeit – teilweise auch das Bedürfnis nach Verwurzelung, einem Zuhause. Bei manchen Menschen, die in eine solche verzweifelte Situation hineingeraten, kann auch der Strukturverlust ausschlaggebend sein. Sie haben ein starkes Bedürfnis nach Bedeutung, Beteiligung und Wertschätzung, gerade weil sie aus einer bestehenden Struktur herausgenommen wurden, etwa weil sie ihren Job verloren haben oder weil eine Familie auseinandergebrochen ist. Hinzu kommt oft ein Bedeutungsverlust. Die Betroffenen stellen sich die Sinnfrage – und tendieren zu einer negativen Antwort.

Bei Kriminellen kommt häufig die Angst vor Kontrollverlust hinzu. Zum Beispiel, wenn aufgrund falscher Zeitplanungen die Polizei schneller am Tatort eines Banküberfalls erscheint als erwartet. Die Angst, das eigene Schicksal könnte sich wenden, die Furcht vor den Folgen, wenn die Kontrolle über die Situation nicht rechtzeitig wiedererlangt wird, kann ein Auslöser für Gewalt sein. Die Analyse solcher Mechanismen ist notwendig, um die Ursachen und Dynamiken zwischenmenschlicher Konflikte besser zu verstehen. Gerade weil in jeder Verhandlung die zwischenmenschlichen Beziehungen und das gegensätzliche Verhalten handelnder Personen zu Konflikten, Irritationen und Verhärtungen in der Verhandlung führen kann, ist es notwendig zu analysieren, was genau einem Konflikt zugrunde liegt und an welcher Stelle er sich wie entwickeln kann. In meiner Ausbildung hieß es, man müsse »die Tiefenströmung in der Verhandlung erkennen«.

Tauchen in den Untiefen der Verhandlung

In Verhandlungen bei Krisen und Geiselnahmen besteht das Ziel darin, eine Verhaltensveränderung bei einem Menschen herbeizuführen, um eine freiwillige Deeskalation oder Aufgabe zu erreichen. Anders ausgedrückt: Wir wollen einen Menschen dazu bewegen, nicht länger so zu handeln, wie er aktuell handelt, und ihn gleichzeitig motivieren, so zu handeln, wie wir es wollen. Genau dieses doppelte Ziel steht auch bei vielen Verhandlungen im beruflichen und privaten Umfeld im Vordergrund.

Gemeinsam ist den oben geschilderten Extremverhandlungen und Verhandlungen im privaten und beruflichen Bereich (die im Einzelfall durchaus auch »extrem« sein können), dass die Handlungen von Menschen in Krisensituationen von Gefühlen und nicht von rationalem Denken bestimmt werden. Daher versucht ein erfolgreicher Krisenverhandler, die negativen Gefühle, die die Handlungen des Verhandlungspartners bestimmen, zu reduzieren und einen rationaleren Denkprozess zu reaktivieren.

Doch welche Fähigkeiten benötigt er dazu? Was schafft die Möglichkeit, negative Emotionen des Gegenübers zu reduzieren und die Verhandlung zu kontrollieren?

Was in der Verhandlung mit Schwerstkriminellen bei Geiselnahmen und Erpressungen notwendig ist, kann zu großen Teilen auch auf Verhandlungen mit Geschäftspartnern, Freunden, Kunden und Partnern übertragen werden. Denn auch hier geht es darum, Konfliktquellen herauszuarbeiten: die unterschiedlichen Ziele und Interessen, die zu Differenzen führen können – Differenzen über die Wahrnehmung eines Problems oder des eigenen Machtstatus. Solche unterschiedlichen Interessen herausarbeiten zu können, ist eine der Grundvoraussetzungen für erfolgreiche Verhandlungen.

Neben der Fähigkeit, den anderen zu analysieren, ist ein weiteres Geheimnis einer erfolgreichen Konfliktbewältigung die Fähigkeit, Bindungen aufzubauen, sie dauerhaft zu erhalten und immer wieder zu erneuern. Nur dann sind Sie in der Lage, bei Ihrem Verhandlungspartner Sprachfähigkeit zu erzeugen. Ohne Beziehungsfähigkeit gibt es keine zufriedenstellende Konfliktlösung – das müssen Sie verinnerlichen. In der Verhandlungsausbildung von FBI und CIA nennt man das auch taktische Empathie. Gary Noesner, pensionierter Chefverhandlungsführer beim FBI, erklärt das wie folgt:[3]

> *»Wir alle müssen gute Zuhörer sein und lernen, den Problemen, Bedürfnissen und Fragen anderer Menschen mit Empathie und Verständnis zu begegnen. Nur dann können wir hoffen, ihr Verhalten in unserem Sinne zu beeinflussen.«*

Vorannahmen abzustreifen, neugierig Informationen zu sammeln, kreative Fragetechniken einzusetzen und nach Kooperation zu streben, ohne sein eigenes Ziel aus dem Auge zu lassen – darauf kommt es an. Denn aktiv nach einer Lösung zu suchen, dient auch Ihrem Erfolg. Machen Sie sich klar, dass Sie sich gerade in einem Konflikt befinden, dass dies jedoch nichts Negatives ist.

Unser Bewusstsein dafür, dass wir hart unsere Ziele verfolgen und trotzdem die Beziehung zu unserem Verhandlungspartner stabil halten können, muss geschärft werden. Konflikte entstehen schließlich überall und ständig. Im Privaten wie im Berufsleben, auf nationaler Ebene wie auch im globalen Kontext. Zu beobachten ist dies etwa bei Handelskriegen, beim Wiederaufflammen des Konfliktes zwischen den USA und Russland oder beim Kettenrasseln in Nordkorea. Die gute Nachricht ist, dass jeder lernen kann, Konflikte zu beherrschen und zu lösen. Voraussetzung ist das richtige Maß an Beziehungspflege, Engagement, Kooperation, Bereitschaft, etwas auszuhandeln, und Kontrolle der eigenen Emotionen. Wir müssen uns von manchen Vorstellungen verabschieden, wenn dies einem größeren Nutzen dient.

Das Wort »Konflikt« muss seinen Schrecken verlieren. Alles ist lösbar, auch wenn unser Gehirn, genau genommen unser limbisches System, darauf geeicht ist, einen Konfliktherd zu vermeiden oder ihn zu zerstören. Jedes Mal, wenn wir einen Konflikt erkennen, warnt unser limbisches System: »Vorsicht, es könnte gefährlich werden! Lass uns diesen Konflikt vermeiden oder bekämpfen.« Der Flucht- oder der Angriffsreflex übernimmt die Kontrolle, die Emotionen dominieren das Geschehen. Professionelle Verhandlungsführer sind sich dieser Situation bewusst und haben deshalb eine Reihe von Taktiken entwickelt, um dieses Verhalten bei sich selbst und ihrem Gegenüber zu kontrollieren.

Es gibt immer mehrere Möglichkeiten, einen Konflikt zu lösen.

Vermeidung einer Verhandlung oder Auseinandersetzung

Das Vermeiden von Konflikten liegt oft in der Persönlichkeit des Verhandlers begründet. Es gibt Menschen, die eher harmoniebedürftig und personenbezogen sind. Sie versuchen oft, Konflikten aus dem Weg zu gehen. Oftmals wissen sie gar nicht, dass dadurch in der Regel alles schlimmer wird. Solche Persönlichkeiten kommen für Verhandlungen eher nicht infrage. Kundenbetreuer, die auf ihrem Gebiet sehr gut sind, aber ein hohes Harmoniebedürfnis haben, sind möglicherweise für eine Verhandlung nicht geeignet. Denn für solche Menschen sind Verhandlungen eine Zumutung. Sie wollen ihrer Natur entsprechend möglichst schnell aus der Konfliktsituation herauskommen, haben Sorge um die Störung der Harmonie und tendieren dazu, viele und schnelle Zugeständnisse zu machen. Sie wollen ein schnelles Ergebnis erhalten. Dass dieses dann wohl kaum mit den eigenen Zielen vereinbar ist, liegt auf der Hand.

Durchsetzung der Interessen ohne Verhandlung

Dies funktioniert nur, wenn keinerlei Abhängigkeit vom Verhandlungspartner besteht. Wenn man selbst entscheiden kann und keinen anderen dazu braucht. In einem solchen Fall sind Menschen bestenfalls bereit, Verhandlungen für die Bühne zu führen. Wir kennen so etwas aus der Politik. Wähler und Medien erwarten beispielsweise, dass man sich mit einer Oppositionspartei oder einer Nichtregierungsorganisation auseinandersetzt und mit ihr verhandelt. Das zieht man dann über mehrere Runden vor den Kameras der versammelten Medienlandschaft hin, bis schließlich festgestellt wird, was eigentlich von Anfang an feststand: Man ist zu keinem gemeinsamen Ergebnis gekommen. Zum Schluss werden dann doch ausschließlich die eigenen Interessen durchgesetzt. Nur wenn keinerlei Abhängigkeit besteht, nur wenn Sie die Macht haben, alles allein zu entscheiden, können Sie auf eine Verhandlung verzichten.

Das Führen von Verhandlungen

Dies kann natürlich auf unterschiedliche Arten geschehen. Zum einen auf konstruktive Art und Weise. Das wäre der Idealfall einer Verhandlung, in der alles sachlich zugeht, Sachargumente überwiegen, beide Parteien arbeiten gemeinschaftlich an einer Lösung, verhalten sich dabei rational und gehen faire, belastbare Beziehungen miteinander ein. Bekannte Modelle wie das Harvard-Konzept streben dies an. Man geht von einer strikten Trennung zwischen Sachen und Personen aus – Emotionen spielen keine Rolle. Ein wunderbarer Gedanke – der leider in der Realität kaum Bestand hat. Viel öfter haben wir es nämlich mit zwei anderen Arten der Verhandlung zu tun: In einer manipulativen Verhandlung arbeitet man mit Appellen an Moral und Verstand, man täuscht und nutzt unsaubere Tricks. Und beim Verhandeln auf konfrontative Art versucht man, sich selber in eine verstärkte Machtposition zu bringen. Oft wird mit Drohungen und Benachteiligungen gearbeitet, häufig tritt ein echtes oder gespieltes irrationales Verhalten zutage.

Für alle Arten von Verhandlungen, konstruktive, manipulative wie konfrontative, ist das Verhandlungssystem F.I.R.E. geeignet. Natürlich wäre es wünschenswert, dass alle Menschen in Verhandlungssituationen konstruktiv wären und Sachargumente abwägen sowie die Beziehungsebene stabilisieren würden. Doch eine Verhandlung ist nun mal ein Konflikt. Und in einem Konflikt fühlen wir uns angegriffen, verletzt und haben Ängste, dass unsere Bedürfnisse nicht berücksichtigt werden. Das führt manchmal auch bei uns selbst zu Verhaltensmustern, die anderen völlig irrational erscheinen. Rationalität liegt immer auch im Auge des Betrachters.

Zuhören, Reinhören oder Überhören

Die Grundlage zum Lösen eines Konfliktes ist der Dialog. Die Wurzeln des Wortes »Dialog« stammen aus dem Griechischen: aus dem Wort *dia*, was so viel heißt wie »durch«, und *logos*, was unter anderem für »Wort« oder »Form« steht. Logos war zudem für die Griechen eine Eigenschaft der menschlichen Seele. Sie gab den Dingen eine Form. Worte sind solche Formen oder auch Formeln und Verpackungen für die Übermittlung der Bedeutung, die ein Mensch in sich trägt. Ein Dialog findet erst dann statt, wenn mindestens zwei Menschen Worte, Formeln und Behältnisse für die Dinge, die sie in sich tragen, austauschen. Dialog ist somit die gemeinsame Erforschung einer Art zu denken und zu reflektieren – eines der Grundwerkzeuge erfolgreicher Verhandler. Der Fokus liegt darauf, ein Verständnis für den Dialog- oder Verhandlungspartner zu finden. Verständnis dafür, was seine wahren Motive hinter den Positionen sind, die er in der Verhandlung vertritt. Verständnis dafür, in welchen Abhängigkeiten er oder sie sich befindet. Und auch ein Verständnis dafür, bis zu welchem Punkt er oder sie zu einer Lösung bereit ist. Ein Dialog ist jedoch nicht mit einer Debatte identisch, auch nicht mit dem Austausch von Argumenten. Bei Debatten oder Streitgesprächen, genauso wie bei Verhandlungen vor Gericht, gibt es ein Publikum und/oder Schiedsrichter. Dann sind Argumente entscheidend. Bei einer Verhandlung hingegen gibt es nur Abhängigkeiten, gefühlte und echte Abhängigkeiten. Das Affektive überwiegt. Emotionen bestimmen unser Denken. Also müssen wir in der Verhandlung auch mit Emotionen arbeiten. Argumente helfen da wenig.

Es gibt immer einen Grund, weshalb sich jemand mit Ihnen an einen Tisch setzt. Und der Grund ist, dass er ein Problem nicht ohne Sie lösen kann. Daraus entsteht eine Abhängigkeit. Und manchmal auch Hilflosigkeit. Das sollten wir uns bei einer Verhandlung grundsätzlich verdeutlichen. Es gehört zum Selbstbewusstsein und zum eigenen Selbstverständnis: Unser Verhandlungsgegenüber befindet sich auch in einer Abhängigkeit uns gegenüber. Sonst würde er oder sie doch gar nicht mit uns verhandeln. Egal, ob es die Chefin ist, die viel machtvoller erscheint, oder der Einkäufer eines Konzerns, der so unglaublich viel Machtpotenzial hinter sich hat und uns gerne spüren lassen möchte, dass wir machtlos sind – machen Sie sich stets klar: Es gibt einen Grund, weshalb die anderen mit Ihnen am Tisch sitzen. Dieser Grund ist eine wechselseitige Abhängigkeit.

Der Lösungsweg aus dem Konflikt, der jeder Verhandlung innewohnt, ist der Dialog, also der gemeinschaftliche Austausch. Im Kontext einer Verhandlung herrscht ein kontrollierter und gesteuerter Dialog. Und zu jedem Dialog gehören sowohl die individuellen Motive, Vorstellungen, Emotionen, verbale und nonverbale Ausdrucksformen als auch die dahinterstehenden Abhängigkeiten. Diese Punkte zu sehen und zu hören ist das, was wir im Verhandlungskontext Reinhören nennen. Das ist mehr als nur zuzuhören. Denn nur, wenn Sie in der Lage sind, in einen Menschen reinzuhören, sind Sie auch in der Lage, ihn in Ihrem Sinne zu steuern, zu führen und zu einem Ergebnis zu bewegen, das am Ende Ihnen nutzt. Verstehen Sie mich nicht falsch: Das bedeutet nicht, dass wir uns hier im Bereich des Coachings oder Therapierens befinden. Wir haben ein klares Konzept: unsere eigenen Ziele zu erreichen.

Relevante Fähigkeiten – eine Übersicht

Doch welche Fähigkeiten werden dafür benötigt? Was benötigt man, um seine Ziele in der Verhandlung durchzusetzen? Was schafft die Möglichkeit, negative Emotionen des Gegenübers zu reduzieren und die Verhandlung zu kontrollieren?

In den Trainingseinheiten, die für Spezialkräfte zur Bewältigung von Krisen und Geiselnahmen weltweit durchgeführt werden, wird eine Reihe von Kernfähigkeiten vermittelt, die auch in beruflichen und privaten Verhandlungsprozessen erfolgskritisch sind:

- professioneller Beziehungsaufbau,
- taktische Empathie,
- aktives Reinhören,
- ein Konzept der Kontrolle,
- Ausnutzung des Faktors »Zeit«,
- gezielte Einflussnahme auf den oder die anderen.

Diese Fähigkeiten tragen nachweislich dazu bei, auch unter extremen Bedingungen das Zepter des Handelns in der Hand zu behalten, die Verhandlung zu steuern und sie im eigenen Sinn zu einem guten Ergebnis zu führen.

Wenn diese Fähigkeiten schon in Extremsituationen zu großen Erfolgen geführt haben, was können sie dann erst bei Ihren weniger dramatischen Verhandlungen bewirken? Wie können Sie in irrationalen Verhandlungen für sich selbst rationale Ergebnisse erzielen? Und wie können Sie bei grundsätzlich rationalen Verhandlungspartnern noch bessere Ergebnisse erzielen?

Krisenverhandlungen bei Sicherheitsbehörden und Nachrichtendiensten basieren natürlich auf vielen vorangegangenen Trainingsstunden und kontinuierlichem Training während der gesamten beruflichen Laufbahn. Die Trainingseinheiten umfassen Rollenspiele und das Bearbeiten von lebensechten Krisenszenarien. Hinzu kommt die Bereitschaft, stets auf dem neuesten Stand der Forschung zu sein. Dieses permanente Training entscheidet am Ende häufig im wahrsten Sinne des Wortes über Leben und Tod.

Professioneller Beziehungsaufbau

Unter dem professionellen Aufbau einer Beziehung ist zu verstehen, dass Sie Ihrem Gegenüber Ihre Aufmerksamkeit schenken, ihm positiv gegenübertreten und Ihre Kommunikation disziplinieren und koordinieren. Darum wird eine solche Beziehung in hohem Maße von aktivem Zuhören bestimmt. Wenn Sie eine Beziehung erfolgreich aufbauen wollen, müssen Sie dafür sorgen, dass sich Ihre verbale mit Ihrer nonverbalen Kommunikation deckt. Das schließt Ihren Tonfall, offene Gesten und Augenkontakt ein.

Taktische Empathie

Sie müssen in der Lage sein, die Emotionen und stressbedingten Veränderungen bei Ihrem Gegenüber zu erkennen und interaktiv darauf einzugehen. Wer als Verhandlungsführer beim Verhandlungspartner eine Verhaltensänderung herbeiführen will, muss dessen aktuelle Gefühle und Verhaltensweisen verstehen. Empathie ist genau das – die Perspektive des anderen zu ergründen und zu verstehen. Das Facial Action Coding System (FACS), ein weltweit von Psychologen angewandtes Verfahren zum Decodieren nonverbaler Signale, verschafft uns die Möglichkeit, auf der Grundlage von kleinsten mimischen Reaktionen – sogenannten Mikroexpressionen – die Emotionen des Gegenübers genau zu erkennen. Erfolgreiche Verhandlungsführer benötigen die Fähigkeit, taktische Empathie gezielt einzusetzen und zugleich schnelle nonverbale Signale zu erkennen und auf dieser Basis ihr Vorgehen anzupassen. Die gute Nachricht lautet, dass das Erlernen des FACS und das Erkennen von schnellen Mikroexpressionen heute mit Onlinelernportalen sehr gut funktioniert und leichter ist, als es sich anhört. Der Mehrwert in einer Verhandlung ist allerdings unbezahlbar.

Aktives Reinhören

Einfach ausgedrückt, stellt das aktive Reinhören die wichtigste Kommunikationsfähigkeit dar, die ein Verhandlungsführer in einer Krise nicht nur anwenden, sondern auch *richtig* anwenden muss. Im Einzelnen gehören zum aktiven Reinhören:

- die Verwendung offener Fragen,
- die Verwendung emotionaler Labels,
- das Spiegeln/Reflektieren,
- das Schweigen,
- das Paraphrasieren.

Aktives Reinhören ermöglicht es einem Verhandlungs- oder Vernehmungsführer, von einem anderen wichtige Informationen (in der Verhandlungssprache als »Interessen hinter den Positionen« bezeichnet) zu erhalten. Gleichzeitig ist es von ebenso großer Bedeutung, Empathie und Beziehungsbereitschaft zu demonstrieren.

Aktives Reinhören ist vor allem dann erfolgreich, wenn alle eben genannten Techniken im Kontext gemeinsam eingesetzt werden. Sie dürfen nicht einfach nur willkürlich isoliert, sondern müssen strategisch eingesetzt werden. In einer Verhandlung sitzen Sie Menschen gegenüber, die an das zu behandelnde Thema Gewinn- und Verlusterwartungen haben. Erwartungen, die häufig mit Sorgen, Bedürfnissen und Ängsten verknüpft sind. Man spricht dabei auch gerne von einer krisenhaften Situation. Denken Sie an Ihre letzte Krise: Wollten Sie da mit einem anderen Menschen sprechen oder ihm zuhören? Die Antwort ist, dass Menschen, die sich in einer Krise befinden, sprechen und nicht zuhören wollen! Aktives Zuhören erlaubt dem Verhandlungspartner weiterzusprechen, während Sie mit Ihren kurzen Reaktionen das Gespräch kontrollieren und Ihrem Gegenüber signalisieren, dass es gehört wird. Eine Reduktion seiner negativen Emotionen ist die Folge, der Erhalt von verhandlungsrelevanten Informationen Ihr zusätzlicher Gewinn.

Das Konzept der Kontrolle

Befindet sich ein Mensch in der Krise, hat er höchstwahrscheinlich das Gefühl, dass etwas Wichtiges fehlt: die Kontrolle – zum Beispiel über sein Leben –, und genau das stürzt ihn in eine Krise. Wenn Sie diesen Menschen in den Entscheidungsprozess einbeziehen, trägt das wesentlich dazu bei, dass Sie am Ende bekommen, was Sie wollen. In nicht polizeilichen Verhandlungen bedeutet dies meist, »etwas zu geben«, um »etwas zu erreichen«. Man spricht hier von motivbedingtem Verhandeln.

Geben Sie Ihrem Gegenüber das Gefühl, dass er oder sie in den Prozess einbezogen ist. Ihn am Prozess teilnehmen zu lassen, bedeutet zunächst, ihn reden zu lassen, Informationen zu gewinnen und ihn dann am Aushandlungsprozess zu beteiligen.

Gleich zu Beginn einer Verhandlungsausbildung wird immer wieder klargestellt, dass die Bereitschaft, einem anderen Menschen ein Gefühl der Kontrolle zu geben, nicht bedeutet, dass Sie Ihre eigene Kontrolle aufgeben. Im Gegenteil, Sie vermitteln Ihrem Gegenüber nur das Gefühl der Kontrolle, um ihn zu steuern. Tatsächlich besitzen Sie selbst während des ganzen Prozesses die Kontrolle.

Denken Sie aber daran, dass Sie auch die Kontrolle über sich selbst behalten müssen – insbesondere über Ihre Emotionen. Emotionen sind ansteckend, und wenn Sie sich in eine Krisensituation begeben, in der die Handlungen eines anderen Menschen von einer Vielzahl negativer Emotionen bestimmt werden, müssen Sie sicherstellen, dass Sie nicht in dessen Emotionen verstrickt werden. Wenn Sie sich dagegen selbst unter Kontrolle haben (Tonfall und andere nonverbale Hinweise), kann Ihre Gelassenheit zur Deeskalation der angespannten Lage beitragen.

Kontrolle über das Gegenüber und sich selbst erhalten Sie dadurch, dass Sie die Verhandlung steuern. Dazu muss Ihnen natürlich auch bewusst sein, welche Phasen eine Verhandlung durchläuft und in welcher dieser Phasen Sie sich gerade befinden. Gelegentlich müssen Sie sich fragen, ob Sie gegebenenfalls eine Phase erneut durchlaufen müssen, um zu einem Ergebnis zu kommen.

Der Faktor Zeit

Zeit kann in einer Verhandlung Freund oder Feind sein. Aber eines ist sie auf jeden Fall: Macht! Deshalb ist Zeit auch der wichtigste Verbündete eines Verhandlungsführers. Das bedeutet, eher langsamer vorzugehen, als nach einer schnellen Lösung zu suchen. Treibt man den Prozess überstürzt voran, verstärkt man nur die negativen Gefühle, übersieht Informationen und löst Stress aus – schlimmstenfalls auch bei sich selbst.

Verhandlungs- und Vernehmungsführer bei Sicherheitsbehörden und Nachrichtendiensten werden ständig dazu angehalten, das Tempo zu reduzieren, und daran erinnert, dass es genau wie beim Balancieren auf einem Balken sinnvoller ist, einen Schritt nach dem anderen zu machen, wenn man nicht stolpern, die Kontrolle verlieren und abstürzen will. Die Berücksichtigung jedes einzelnen Schrittes trägt zur Entschleunigung bei und ermöglicht die Anwendung der übrigen fünf Fähigkeiten.

Einflussnahme

Mithilfe der vorgenannten Fähigkeiten können Sie als Verhandlungsführer kritische und extreme Situationen entschärfen. Bei Kriseneinsätzen besteht die Aufgabe darin, zu verhandeln und den Versuch zu unternehmen, die aktuell vorliegende Krise zu bewältigen. Es ist sinnvoll, den Prozess zu entschleunigen und durch aktives Zuhören Empathie zu demonstrieren sowie eine Beziehung aufzubauen.

Doch es geht nicht nur darum, eine menschliche Verbindung herzustellen; Verhandlungen zweier Parteien erfordern, dass man ein Ziel hat und dieses nicht aus den Augen verliert.

Sein eigenes Ziel zu definieren und auch zu wissen, was ein nicht mehr zu akzeptierendes Verhandlungsergebnis wäre, ist Bestandteil einer jeden gründlichen Verhandlungsvorbereitung und schafft die Sicherheit für den anstehenden Verhandlungsprozess.

Zweites Kapitel
Vorbereitung ist alles

»Nur wer sein Ziel kennt, findet den Weg.«

Laotse, chinesischer Philosoph
(6. Jahrhundert v. Chr.)

Der Himmel war diesig, kein Sonnenstrahl drang durch die Wolken. Aber auch diese hätten den tristen Eindruck der Arbeitersiedlung am Rande einer Großstadt in Baden-Württemberg nicht verwischen können. Aufgereiht standen sie da: Mehrfamilienhäuser, schmucklos wie Schuhkartons. Vier Stockwerke hoch, acht Wohnungen, jeweils zwei auf jeder Etage. Die teils milchigen, weil ungeputzten Fenster schienen uns anzustarren. Wir waren unter Hochspannung. In einem dieser Häuser hatte sich ein 42-jähriger Mann mit seinem 18 Monate alten Kind verschanzt. Nichts ist furchtbarer als Fälle, in denen Kinder gefährdet sind. Und nach allem, was wir wussten, war dieses Kind gefährdet.

Nachbarn hatten vor einigen Stunden die Polizei verständigt. Sie gaben an, dass aus der Nachbarwohnung lautstarke Auseinandersetzungen zu vernehmen waren. Ein Mann und seine Frau hätten sich lautstark gestritten, bis die Frau schreiend die Wohnung verlassen habe und durch das Treppenhaus gerannt sei, um aus dem Haus zu fliehen. Ihr Mann war ihr ins Treppenhaus gefolgt, wo er, immer noch wüste Beschimpfungen und Drohungen ausstoßend, auch von den Nachbarn nicht zu beruhigen gewesen war. Schließlich sei er mit einer Pistole in das Treppenhaus gekommen und habe zweimal in die Luft geschossen. »Er hat gedroht, sich umzubringen«, sagte die verzweifelte Mutter und Ehefrau später aus, »und ich wäre daran schuld!«

Sie hätten sich gestritten, erst nur mit bösen Worten, dann habe er sie geschlagen und mit einem Messer bedroht. »Er sagte: ›Ich bringe mich um, und deine Brut nehme ich mit.‹ Ich habe furchtbare Angst um meinen Sohn!«

Die »Brut« war das uneheliche Kind der Frau, welches sie mit einem anderen Mann gezeugt hatte. Es war in der Vergangenheit häufig Anlass von Auseinandersetzungen zwischen den Eheleuten gewesen. Als der Begriff »Brut« fiel, war klar: Das Kind war vom Geiselnehmer zum Objekt degradiert worden. Die Frau hatte allen Grund zur Sorge. Ich schaute sie an: Sie wies erhebliche Stresssymptome auf, zitterte, weinte und rang verzweifelt ihre Hände und knetete fortwährend ihre Finger – eine typische Geste, mit der Menschen versuchen, sich selbst zu beruhigen. Ihr hilfloses Kind in der Gewalt des tobenden, gewalttätigen und alkoholisierten Ehemanns – das Schlimmste war zu befürchten. Zumal sich in der Wohnung eine elf Kilo schwere Camping-Gasflasche mit Propangas befand. Propan ist schwerer als Luft und wirkt in hohen Konzentrationen narkotisierend bis erstickend. Propan ist zudem hochentzündlich und bildet in Verbindung mit Luft ein explosionsfähiges Gemisch.

Bei einem früheren Streit hatte der Mann bereits angedroht, sich unter Zuhilfenahme der Gasflasche in die Luft zu sprengen »und alle mitzunehmen«, so die Aussage der Ehefrau. Kein Zweifel: Es war eine dramatische Situation, eine echte Krise. Geiselnahme eines Kleinkindes, Schusswaffen, Messer und eine Gasflasche in der Hand eines aggressiven und irrational handelnden Täters. Sollte er wirklich die Gasflasche explodieren lassen, drohte eine Kettenreaktion, da einerseits die Statik des Hauses zerstört werden könnte und andererseits das gesamte Haus mit Gas versorgt würde. Eine unkontrollierte Explosion wäre die Folge. Die Lage konnte jederzeit außer Kontrolle geraten. Es war hochemotional – und wir mussten auf alles gefasst sein.

Wir – das war eine Besondere Aufbauorganisation (BAO), die aus Kräften des zuständigen Polizeipräsidiums, des Spezialeinsatzkommandos (SEK), der Verhandlungsgruppe und des Landeskriminalamtes gebildet wurde, und einem Polizeidirektor, der den Einsatz leitete. Mit ihm war das Vorgehen der Einsatzkräfte abgestimmt, außerdem war er bei kritischen Entscheidungen die letzte Entscheidungsinstanz. Er konnte in Verhandlungen mit dem mutmaßlichen Täter bestimmen, ob diesem etwas zugestanden würde – zum Beispiel Nahrungsmittel oder auch ein Fluchtfahrzeug. Er war aber auch derjenige, der letztendlich den Zugriff oder den finalen Rettungsschuss anordnen konnte. Ebenfalls dazu gehörte der Verhandlungsführer jener Verhandlungsgruppe, bei der ich damals im Rahmen eines Austausches arbeitete, also derjenige, der mit dem Geiselnehmer in Kontakt treten und eine Beziehung aufbauen musste.

Einen Kontakt zum Geiselnehmer hatte es bislang noch nicht gegeben. Doch alles war vorbereitet: Aufgrund der Explosionsgefahr und eines möglichen Schusswaffengebrauchs waren die umliegenden Häuser evakuiert worden. Die Personalien der Bewohner hatten wir festgestellt. Mit Pylonen war das Areal um das Haus abgesperrt worden – 200 Meter nach jeder Seite. Das SEK war angerückt. Auf »drei Uhr« – so der Polizeijargon für eine Positionierung, die sich nach einer imaginären Uhr richtet – hatte sich ein Beobachter des SEK positioniert, die Wohnung des Täters immer im Blick. Etwas entfernt von ihm hatte ein Präzisionsschütze Stellung bezogen, begleitet von seinem Spotter, der, ausgestattet mit einem Fernrohr, die Szenerie beobachtete, um den Präzisionsschützen mit gezielten Angaben zu unterstützen. Jeder war auf seinem Platz. Jeder kannte die örtlichen Gegebenheiten aus dem Effeff, denn natürlich hatten wir uns die Gebäudepläne besorgt und uns den Wohnungszuschnitt eingeprägt. Eine Einheit des SEK hatte sich an der Sturmaus-

gangsstellung positioniert, dem Sammelpunkt des Zugriffteams. Ein Notarztwagen stand bereit.

Auch unser Verhandlungsteam war bestens vorbereitet: Die Aufgaben jedes Einzelnen waren festgelegt und unsere Ziele hatten wir geklärt. Wir ließen die Frau psychologisch betreuen, forderten weitere Täterinformationen aus Datenbanken an, erstellten ein Profil und suchten nach näheren persönlichen Kontakten aus dem Täterumfeld. Wir mussten die Unversehrtheit des Kindes gewährleisten und die Lage auf jeden Fall stabil halten, das heißt, wir mussten verhindern, dass der Geiselnehmer die Situation eskalieren ließ.

Und wir mussten dafür sorgen, dass er die Wohnung auf keinen Fall verließ. Seit der dramatischen Geiselnahme von Gladbeck im August 1988, in deren Verlauf drei Menschen starben, wurden alle Geisellagen statisch gehalten, das heißt, oberstes Gebot war es, den Täter am Ort zu halten. Wir hatten auch unmissverständliche Forderungen festgelegt: Es musste klargestellt werden, wie es dem Kind ging und dass es angemessen mit Nahrung versorgt würde. Kinder dehydrieren schneller als Erwachsene, sind insgesamt verletzlicher. Wir brauchten Klarheit über die Schusswaffe und über Inhalt und Füllmenge der Gasflasche, um das Risiko einer Explosion oder eines Zugriffs abschätzen zu können. Zudem hatten wir auch über die Angaben seiner Frau hinaus das Umfeld des Mannes analysiert. Wir hatten Kontakt zu seinen Eltern aufgenommen, die in derselben Stadt wohnten. Ob und wie wir sie in der Verhandlung einsetzen würden, konnten wir zu diesem Zeitpunkt noch nicht sagen. Es gibt Fälle, in denen Familienmitglieder Positives bewirken können. Aber in ebenso vielen Fällen sind sie erst der Auslöser für die Tat gewesen. Dies herauszufinden war nun unsere Aufgabe, sobald wir mit dem Mann in Kontakt traten. Aber die Vorbereitungen waren getroffen …

Erfolg beginnt vor der Verhandlung

Wir blenden uns jetzt für eine Weile aus dieser Fallgeschichte aus, auf die ich später zurückkommen werde, und vertiefen die allgemeinen Überlegungen zur Verhandlungsvorbereitung. Denn intensive und systematische Vorbereitungen sind bei allen Verhandlungen definitiv ein erfolgskritischer Faktor.

Haben Sie sich auch schon mal kurz vor einer Verhandlung im Auto oder »zwischen Tür und Angel« schnell noch mit einem Kollegen abgestimmt? Und haben Sie dann auch in der Verhandlung die Erfahrung gemacht, dass an der einen oder anderen Stelle Unsicherheit aufkam? Dass ihnen nicht klar war, wie Sie reagieren sollten und was jetzt zu tun war? Dass Sie aus dem Bauch heraus gehandelt haben? Dass Sie mit dem Ergebnis dann aber nicht zufrieden waren? Und dass Ihnen nach der Verhandlung, auf dem Nachhauseweg plötzlich ganz großartige Ideen kamen, was Sie hätten tun sollen und was Sie besser gelassen hätten?

Nun, dann haben Sie einen elementaren Verhandlungsfehler begangen. Sie waren nicht ausreichend vorbereitet. Sie wussten nicht, was auf Sie zukam, und waren sich auch nicht im Klaren darüber, was Sie alles wollten. Sie hatten sich weder inhaltlich noch psychologisch für die anstehende Herausforderung präpariert. Doch …

Vorbereitung schafft Sicherheit

In der Wissenschaft ist unbestritten, dass mindestens 70 Prozent des Verhandlungserfolgs mit Psychologie zu tun haben. Entsprechend wichtig ist es, die psychologischen Effekte bereits bei der Vorbereitung mit zu bedenken. Kein Sportler würde unvorbereitet und »uneingestellt« in einen Wettkampf gehen.

Kein Profi würde unvorbereitet in eine Verhandlung starten. Jeder Boxer oder auch jede Fußballmannschaft stellt sich individuell auf den Gegner ein. Denn Vorbereitung schafft Sicherheit.

Verhandlungsexperten setzen sich vor einer Verhandlung mit Geiselnehmern oder vor einer Vernehmung von Schwerkriminellen intensiv mit der Person und der dahinterstehenden Organisation auseinander. Alle vorliegenden Informationen werden genau analysiert. Eigene Ziele werden festgelegt, Forderungen aufgebaut, Eskalations-, Entscheidungs- und Informationsstruktur für die Verhandlung geschaffen.

Und immer gilt: Je besser man vorbereitet ist, desto sicherer tritt man in der Verhandlung auf. Doch was genau ist bei der Vorbereitung konkret zu tun, um in einer Verhandlung erfolgreich zu sein? Und wer ist – je nach Verhandlung – zwingend einzubeziehen?

Das Argument ist der Tod der Verhandlung

Ich war auf dem Weg in die USA, nach Virginia, besser gesagt: nach Quantico. Diese kleine Stadt, 0,2 Quadratkilometer groß, besteht an drei Seiten aus Kasernen und grenzt an der vierten an den Potomac River. Rund 500 Menschen leben hier – der krasse Gegenentwurf zu New York City oder Dallas. Ich kam hierher, um zu lernen, denn auf dem Gelände der US-Marine Corps Base Quantico befindet sich die FBI-Akademie. Sie war mein Ziel. Meine Erwartungen an diesen Lehrgang zum Thema Gesprächs- und Verhandlungsführung waren groß. Ich erhoffte mir, rhetorische Tricks und Finessen zu erlernen, die ich damals noch für den Dreh- und Angelpunkt erfolgreicher Verhandlungen hielt. Meine hohen Erwartungen wurden tatsächlich erfüllt – aber auf völlig andere Weise.

Unser Ausbilder betrat den Hörsaal, in dem unsere aus 15 Personen bestehende Gruppe ein wenig verloren wirkte. Er musterte uns kurz und projizierte wortlos ein Bild an die Wand. Es zeigte einen Mann mit einem rund 30 Zentimeter langen Messer, mit dem er auf eine andere Person einstach. Der Oberkörper des Opfers war blutüberströmt, es war offensichtlich schon mehrfach getroffen worden. Eine grausame Szene. Das schockierende Bild war die Eröffnung des Vortrages. Der Ausbilder ließ es einen Moment wirken und sagte dann: »Argumente sind Serienkiller.« Wie bitte? Waren Argumente denn nicht das beste Mittel, um jemanden zu überzeugen? Je besser ein Argument, desto leichter muss es doch sein, den eigenen Standpunkt durchzusetzen. Wer konnte sich dem verschließen!? Ich schaute mich um zu meinen Kollegen. Auch in deren Gesichtern las ich Verwunderung und Irritation. Unser Ausbilder, der diesen Effekt einkalkuliert hatte, wiederholte den ungeheuerlichen Satz: »Argumente sind Serienkiller.« Er machte eine Pause. »Sie töten jeden Dialog.« Doch genau der Dialog sei es, der es uns ermögliche, in die Erfahrungs- und Erwartungswelt des Gesprächspartners einzudringen und ihn letztendlich auch zu steuern. Doch wer permanent mit Argumenten den Gesprächsfluss abtöte, werde nie erfahren, was sich hinter der Haltung eines Täters verberge. Und so würden wir nie erfolgreich sein in Verhandlungen. Damals musste ich ihm glauben. Heute weiß ich aus langjähriger persönlicher Erfahrung, dass er recht hatte.

Natürlich wäre es bei Verhandlungen mit einem Geiselnehmer nicht zielführend, ihn mit Argumenten zum Einlenken bewegen zu wollen. Stellen Sie sich nur mal folgenden Dialog vor:

»Lieber Geiselnehmer, was Sie da tun, ist strafbar. Denn …

- eine Tat ist strafbar, wenn sie im Strafgesetzbuch oder in einem anderen Gesetz als unzulässig beschrieben und mit einer Strafe bedroht ist. Ihr Handeln ist in Paragraf 239 b des Strafgesetzbuches geregelt. Dieser stellt Geiselnahme ausdrücklich unter Strafe.
- Strafbar ist demnach bewusst schuldhaftes Handeln. Sie haben als Geiselnehmer bewusst Ihr unschuldiges Opfer entführt und ihm die Freiheit entzogen.
- Der Täter muss ohne Rechtfertigungsgründe gehandelt haben. Dass Sie jetzt 100.000 Euro erpressen wollen, um Ihrer Gruppierung weitere Waffen zu kaufen, zählt nicht als Rechtfertigungsgrund.

Meine schlüssige und lückenlose Argumentation sollte doch ausreichen, um Sie zur Freilassung der Geisel zu bewegen. Ich denke, da sind wir uns einig, oder?«

Sie werden mir beipflichten, dass diese Form der Verhandlungsführung nicht zum Erfolg führen kann, weil sie komplett an der Motivlage des Geiselnehmers vorbeigeht. Trotzdem erlebe ich ein solches Vorgehen immer wieder in den unterschiedlichsten Verhandlungssituationen, zum Beispiel im wirtschaftlichen Umfeld. Man argumentiert rein aus der eigenen Betrachtung heraus. Zusätzlich bereitet man noch ein Argumentationspingpong vor. Das heißt, man überlegt sich, was man selbst sagt, wie das Gegenüber darauf reagieren wird, was man darauf dann erwidern kann und so weiter. Meist endet die eigene Vorbereitung damit, dass man sich selbst versichert: »Darauf können sie dann nichts mehr sagen.« Klar doch. Muss das Gegenüber auch gar nicht, weil es ihm im Zweifel ohnehin egal ist. Noch schlimmer ist allerdings, dass sich auch an Ihrer eigenen Einstellung nichts geändert hat. Und am allerschlimmsten ist, dass Ihr Gegenüber jetzt möglicherweise in einer kompletten Konfrontationshaltung Ihnen gegenüber verharrt und es Ihnen jetzt mal so richtig zeigen will.

Das betrifft nicht nur Geiselnehmer oder Kriminelle. Dieses Verhalten ist auch bei Kindern zu beobachten. Jeder, der schon mal mit Kindern einkaufen war, hat eine ähnliche Situation vielleicht schon erlebt: Tochter oder Sohn verlangen an der Kasse, dort, wo die »Quengelware« liegt, nach einem Überraschungsei. Wer jetzt anfängt zu argumentieren, dass zu Hause ein gesundes Abendessen aus Kartoffeln, Spinat und Spiegelei warte, weshalb es jetzt keine Schokolade gebe, da das Kind sonst keinen Appetit mehr habe, hat zwar alle Argumente auf seiner Seite. Allein, sie verhallen ungehört, wenn der Nachwuchs jetzt Lust auf etwas Süßes hat, das noch dazu ein Spielzeug enthält. Je ernsthafter man hier argumentiert, umso bockiger wird das Kind. Es wird laut – was Eltern nie angenehm ist – und wirft sich im Ernstfall schreiend auf den Boden. Um die peinliche Situation zu entschärfen – denn natürlich sind die meisten Mitmenschen genervt und einige sparen auch nicht mit Kommentaren wie »Da muss man sich jetzt mal richtig durchsetzen« oder »Kinder brauchen diese Phasen, um sich zu freien Menschen entwickeln zu können« –, kapitulieren die meisten Eltern bei den ersten Anzeichen eines kindlichen Wutausbruches und kaufen das Überraschungsei.

Was lernt das Kind daraus? Dass es Macht und Möglichkeiten hat und die Eltern dann doch tun, was sie vorher keineswegs wollten. Mehr Gesichtsverlust ist kaum möglich. Das Kind hat die Bedürfnislage der Eltern nach Ruhe und Harmonie perfekt genutzt. Zusätzlich hat es den vorhandenen Zeit- und Öffentlichkeitsdruck an der Kasse instrumentalisiert. Der betroffene Elternteil hat argumentiert und verloren.

Das ist frustrierend – und psychologisch zu erklären. Es sind vor allem zwei psychologische Effekte, die Argumente an dieser Stelle regelrecht verpuffen lassen: die sogenannte Einstellungsimpfung und der Besitztumseffekt. Letzterer besagt, dass wir etwas mehr schätzen, wenn wir es besitzen. Studien zeigen, dass wir einem Gegenstand, den wir in den Händen halten, einen höheren Wert beimessen, als wenn wir ihn nur aus der Ferne betrachten. Gleichzeitig gilt dies auch im übertragenen Sinne, etwa wenn wir eine Meinung »besitzen«. Wie bei all unseren Besitztümern wollen wir sie weder verlieren noch wollen wir, dass uns jemand diese Meinung wegnimmt. Um das zu verhindern, greift ein Mechanismus, den man in der Psychologie »Einstellungsimpfung« nennt: Wir setzen uns kleinen Mengen an gegenteiligen Meinungen aus, damit wir, wenn es hart auf hart kommt, »immun« gegen Versuche der Beeinflussung sind.

Anhand dieser beiden genannten psychologischen Effekte lässt sich erklären, warum Argumente in Verhandlungen oftmals ins Leere laufen. Nämlich weil wir unsere eigenen Argumente überschätzen – Besitztumseffekt –, während wir die Abwehrkräfte des Gegenübers unterschätzen beziehungsweise diese sogar noch stärken – das ist die Einstellungsimpfung.

Hinzu kommt, dass sich Einstellungen ohnehin nur schwer verändern lassen. Bei einer Einstellung handelt es sich im psychologischen Sinne um eine Bewertung von Menschen oder Dingen, die sich aus vier Komponenten zusammensetzt: genetische Veranlagung, Affekt, Kognition und Verhalten. Entscheidend an dieser Stelle ist, dass von den vier Teilaspekten nur ein einziger, nämlich die affektive Komponente, direkt beeinflusst werden kann, die anderen allenfalls indirekt. Allerdings nicht durch Argumente, sondern vielmehr durch Emotionen.

Trotzdem wird bei der Vorbereitung von Verhandlungen oft vorrangig darüber nachgedacht, mit welchen Argumenten man in die Verhandlungsschlacht zieht. Viele Menschen sind geradezu vernarrt in Argumente. Und wir übersehen gerne, was schon lange belegt ist: Argumente dienen vor allem uns selbst. Wir selbst sind es, die wir damit überzeugen. Auch hierfür sind die Ursachen in der Psychologie zu finden.

Egozentrismus werfen wir uns nicht nur in zwischenmenschlichen Konflikten gerne vor; es handelt sich tatsächlich um einen wissenschaftlich nachgewiesenen kognitiven Zustand. Der Entwicklungspsychologe Jean Piaget reihte vor kleinen Kindern drei Modellberge mit unterschiedlicher Größe auf und fragte sie, was sie sähen.[4] Einen kleinen, einen mittleren und einen großen Berg, so die richtige Antwort der Kinder. Die gleiche Antwort gaben sie allerdings auch, als sie die Berge aus der Sicht einer Puppe beschreiben sollten, die Piaget zuvor auf den größten Berg gesetzt hatte. Tatsächlich sieht die Puppe aber nur zwei kleinere Berge. Hintergrund ist, dass Kinder nicht, besser gesagt, *noch* nicht in der Lage sind, eine andere als die eigene Perspektive einzunehmen. Sie sind »egozentrisch«. Im Laufe unseres Lebens lernen wir nach und nach, Dinge auch aus anderen Blickwinkeln zu betrachten. Doch ganz ablegen können wir unsere egozentrische Veranlagung nie.

Auch deshalb geben uns eigene Argumente ein gutes Gefühl. Doch stellt sich die Frage, wie viel Zeit man aufwenden will, um dieses stumpfe Schwert zu nutzen, und wie viel Zeit bei der Vorbereitung in andere Bereiche investiert werden soll. Häufig habe ich bei Verhandlungen beobachtet, dass man sich im Vorfeld mit seinen Argumenten auseinandersetzte, vielleicht auch die Ziele definierte, aber nicht in Betracht zog, wie das Ende aussehen könnte, wann zum Beispiel der Zeitpunkt gekommen wäre, die Verhandlung sinnvollerweise abzubrechen. Wer all dies nicht bedenkt, läuft Gefahr, entweder ganz zu scheitern oder ein für ihn unvorteilhaftes Ergebnis zu erzielen.

Sechs wichtige Schritte zur Vorbereitung

Was gehört nun zu einer guten Verhandlungsvorbereitung? Was ist zu berücksichtigen, wenn Argumente eine derart untergeordnete Rolle spielen? Welche Systematik sollte berücksichtigt werden?

Ich habe einen sechsteiligen modularen Werkzeugkasten entwickelt, der bei jedweder Art von Verhandlung flexibel einsetzbar ist. Je wichtiger die Verhandlung für Sie ist, desto detaillierter sollten Sie die Module in Ihrer Vorbereitung berücksichtigen.

Zu einer guten Verhandlungsvorbereitung gehören folgende sechs Aspekte:

- Betrachtung des Gegenübers und seines Abhängigkeitsumfeldes,
- Betrachtung des grundsätzlichen Verhandlungsumfeldes,
- Definition des eigenen Zieles und der eventuellen Ausstiegsposition (»Walk-Away-Position«),
- Aufbau und Klassifizierung von Forderungen,
- Regeln für die Teamaufstellung,
- mentale Vorbereitung.

1) Das Verhandlungsgegenüber –
wer ist das und wie viele stehen dahinter?

Gerne stellen wir uns vor, dass in Verhandlungen zwei Menschen sitzen, die in allen Punkten frei entscheiden können. Doch das gilt nur in den seltensten Fällen. Denn meistens sitzen sich Menschen gegenüber, die ihrerseits in Abhängigkeitsverhältnissen zu anderen stehen. In meiner Zeit beim BKA habe ich Erfahrungen mit Entführern in Südamerika gesammelt. Und dort hat man es oft mit einem Verhandlungsführer zu tun, der in ein kompliziertes Beziehungsgeflecht eingebunden ist – möglicherweise auch mit verschiedenen Gruppen, die die Entführung von Menschen zum Geschäftsmodell erhoben haben. Dieser Verhandlungsführer kann, aber muss nicht der Entscheider sein. Je nachdem, wie stark das Beziehungsgeflecht ist und welche Position der Verhandlungsführer innehat, variiert dessen Abhängigkeit. Allerdings ist in solchen Fällen auch der Verhandler des BKA nicht allein unterwegs, weil bei Geiselnahmen immer auch Spezialkräfte, Ermittler und Führungskräfte der Polizei involviert sind. Und darüber ist in einigen Fällen auch noch die politische Ebene beteiligt, das heißt Mitarbeiter der zuständigen Ministerien und des Auswärtigen Amtes: Abteilungsleiter, ein Staatssekretär und manchmal sogar der Minister selbst – beispielsweise wenn es um eine größere Befreiungsaktion geht wie im Jahr 1977 im Entführungsfall der Lufthansa-Maschine »Landshut«.

In manchen Situationen gehören auch Sondereinsatzkommandos wie zum Beispiel die GSG 9 zum Team, die wiederum eigene Lösungsszenarien haben und diese auch anwenden wollen, sollten sie das Gefühl haben, dass der Verhandlungsführer mit seiner Strategie nicht weiterkommt und das Leben der Geiseln akut gefährdet ist.

Solche Beziehungsgeflechte und Entscheidungsebenen kennen wir auch in der Privatwirtschaft. Nehmen wir einen Autokauf. Zwar verhandelt meist der Mann um den Preis, aber der eigentliche Entscheider kann auch jemand »Unsichtbares« sein, zum Beispiel die Ehefrau. Sie entscheidet in der Regel, dass der Kombi gekauft wird, der als Familienkutsche besser taugt als der schnittige Sportwagen. Und manchmal treten auch noch ganz unerwartete Entscheider zutage. Ich habe das einmal bei einem Wohnungsverkauf erlebt: Ein Mann besichtigte die angebotene Wohnung und beging den klassischen Verhandlungsfehler, die eigentlichen Entscheider mitzubringen, in diesem Fall seine Frau und die Kinder. Während ich also mit dem Vater über den Preis sprach, machten sich die Kleinen, gefolgt von der Mutter auf und erkundeten die zweistöckige Wohnung, die ihnen von meiner Frau gezeigt wurde. Danach kamen sie mit strahlenden Gesichtern wieder. Die Kinder hatten schon genaue Vorstellungen davon, wo ihre jeweiligen Kinderzimmer sein und wie sie diese einrichten würden, die Ehefrau war begeistert von der »perfekten« Raumaufteilung und machte sich gedanklich bereits an den Ausbau des Schlaf- und Ankleidezimmers. Als der Vater in die glänzenden Augen seiner Kinder schaute, wurde ihm sein Fehler schmerzlich bewusst. Er blickte mich an und sagte: »Die Entscheidung ist ja nun schon vorweggenommen worden, da ist am Preis wohl nicht mehr allzu viel zu machen?« Damit hatte er natürlich recht.

Es gibt also viele Arten von Entscheidern, aber sie müssen nicht zwangsläufig auf den ersten Blick als solche zu erkennen sein. Und Entscheider gehören am Anfang eigentlich auch nicht an den Verhandlungstisch. In geschäftlichen Verhandlungen ist es deshalb sehr wichtig zu erkennen, in welchem Verhältnis und in welchen Abhängigkeiten das Verhandlungsgegenüber zu den einzelnen Bereichen und Personen seines

Unternehmens steht. Verhandelt man zum Beispiel mit den Einkäufern eines Unternehmens, so darf man nicht davon ausgehen, dass diese komplett frei entscheiden können. Ein Einkäufer ist zum Beispiel gefangen in unterschiedlichen Abhängigkeiten, die Druck auf ihn ausüben – so wird vielleicht die Fachabteilung unzufrieden sein, wenn er den billigsten und nicht den von der Abteilung vorgeschlagenen Anbieter nehmen würde (der aber vielleicht der mit Abstand teuerste ist). Auf der anderen Seite sieht vielleicht seine Zielvereinbarung vor, dass er ein bestimmtes Einsparungsziel zu erreichen hat.

Genauso sieht es bei Verhandlungen mit Betriebsräten aus. Sie sind gewählte Vertreter der Belegschaft und aus diesem Grund schon gefangen in Abhängigkeiten. Denn sie wollen schließlich wiedergewählt werden und müssen Ergebnisse präsentieren, die sich im nächsten Betriebsratswahlkampf einsetzen lassen. Wie oft habe ich es erlebt, dass einem Verhandlungsführer des Betriebsrates die wirtschaftlichen Komponenten eines Tarifkonfliktes sehr bewusst waren, er jedoch aus taktischen Gründen an überzogenen Forderungen festhielt!

Hinter die Kulissen zu blicken, zu analysieren, wer als Entscheider hinter den Verhandlungsführern steht, und zu durchschauen, wie deren Umfeld ausgestattet ist, gehört zu den wesentlichen Punkten einer Verhandlungsvorbereitung. Man unterscheidet hier zwischen denjenigen, die direkten Einfluss auf die Verhandlung haben und als solche Interessenvertreter auch erkennbar sind – in der Fachterminologie »primäre Stakeholder« genannt –, also Personen oder Gruppen, die ebenfalls Ansprüche/Interessen an der Verhandlung haben, und sekundären Stakeholdern, die ihren Einfluss indirekt ausüben, beispielsweise der Chef, der Unternehmenseigentümer, die Ehefrau oder Wettbewerber und Medien. Auch diese Interessenlagen müssen natürlich untersucht werden. Man sollte sich zum Beispiel immer anschauen, wer der nächste Vorgesetzte des direkten Verhandlungspartners ist. In einem Fall wie dem genannten Hauskauf kann man schon mal fragen: »Gibt es noch andere Interessen, die wir berücksichtigen sollten?«

In einem komplexen Umfeld, beispielsweise in der Politik oder in meinem früheren Betätigungsfeld beim BKA, ist es unerlässlich, dass man sich intensiv auf das Verhandlungs- oder Vernehmungsgegenüber vorbereitet. Das heißt, man zieht alle verfügbaren Daten heran, die über die Personen zu erhalten sind, um ein möglichst umfassendes Bild zu erlangen. In politischen Verhandlungen erhalten Spitzenpolitiker ein umfangreiches Dossier ihres Gegenübers, zum Beispiel des Ministers eines anderen Landes. In Ländern wie den USA oder Russland gibt es in den Geheimdiensten wie NSA oder FSB jeweils einen Analysten, der maximal fünf bis sechs Abgeordnete eines relevanten Landes dauerhaft beobachtet, der alles, was diese Abgeordneten sagen, wo und wie sie auftreten, zu welchen Themen sie sich äußern und zu welchen auch nicht, genauestens untersucht. Selbst physiologische und psychophysiologische Veränderungen werden wahrgenommen und analysiert.

Es geht also nicht nur um eine sachliche Vorbereitung, sondern es muss auch eine psychologische Einschätzung hinzugefügt werden. Schon bei normalen Verhandlungen kann man über sein Gegenüber eine ganze Menge erfahren, indem man einfach mal im Netz recherchiert. Aus der Art und Weise, wie eine Person sich auf Xing, LinkedIn oder Facebook darstellt, lassen sich viele Schlüsse ziehen: Wie lässt er oder sie sich hier fotografieren, wie stellt er sich dar? Welche Hobbys gibt die Person an? Wie will sie gesehen werden? Was ist ihr wichtig, anderen zu zeigen?

Ich hatte einmal mit einer Verhandlungsführerin zu tun, die regelmäßig an Triathlons teilnahm und sich mit verzerrtem Gesicht beim Laufen oder Radfahren und vor allem in Siegerpose präsentierte – applaudierende Massen inklusive. In einer Online-Community für Körpergewichtstraining, bei der man sich online mit anderen vergleichen und Fotos von sich und seinen Leistungen posten kann, präsentierte sie sich regelmäßig in den vorteilhaftesten Trainingsposen, die ihre austrainierte Muskulatur zeigten. Für jedes Bild sammelte sie Hunderte von Claps – eine andere Form der bekannten Facebook-Likes. Zudem konnten wir analysieren, dass sie viel daran gearbeitet hatte, ihre eigene Community zu vergrößern. Ich hatte es also mit einer Person zu tun, die es gewohnt war, an die eigenen Grenzen zu gehen, die ausdauernd und siegesgewohnt war. Aber sie suchte auch nach beständiger Anerkennung, und das Persönlichkeitsmerkmal der Selbstbezogenheit war unverkennbar. Entsprechend richtete ich mich darauf ein, eine Person zu treffen, die in den Verhandlungen überdurchschnittlich viel Wertschätzung und Lob benötigte. Eine Person, die Verhandlungen auch als Wettkampf verstand. Deshalb musste das subjektive Gefühl des Gewinnens erzeugt werden. Auf Zeit zu spielen und nur langsam Ergebnisse zuzulassen würde sie wahrscheinlich nervös machen. Zudem war zum Beziehungsaufbau ein Gesprächsanteil für sportliche Aktivitäten zu reservieren, um Gemeinsamkeiten zu erzeugen. Zur Verhandlungsstabilisierung konnte auch immer wieder auf Metaphern aus dem Sport zurückgegriffen werden.

Die Plattformen der sozialen Medien im Netz geben uns Aufschluss darüber, wie sich eine Person selber sieht, aber auch, wie sie gerne von anderen gesehen werden möchte. Allerdings reicht es nicht, sich ausschließlich in den sozialen Netzwerken zu tummeln, um etwas über unsere Verhandlungspartner zu erfahren. Man sollte auch versuchen herauszufinden, was der oder die Betreffende schon von mir gehört hat. Welche Gespräche gab es, welche E-Mails wurden ausgetauscht im Vorfeld der Verhandlung, was kann ihm oder ihr über mich, meine Organisation oder das Verhandlungsthema von anderen zugetragen worden sein und von wem? Hat er oder sie sich auch schon selbst zum Verhandlungsgegenstand geäußert – und wenn ja, wie und wo? Mit diesem Denkansatz kann abgeleitet werden, was mein Verhandlungspartner über mich denken, was er von mir halten könnte und welche Emotionen im Spiel sein könnten.

Bei der Beurteilung von Motivatoren, Hoffnungen und Ängsten sind hauptsächlich zwei elementare Gesichtspunkte relevant: Schmerz und Nutzen. Weil sich's im Englischen so schön reimt, auch »Pain« und »Gain« genannt. Was also könnte meinem Verhandlungspartner Sorgen, was könnte ihm Schmerz bereiten? Oder was würde ihm welchen Nutzen bringen, was würde ihm helfen? Das ist die Basis, um das Gegenüber zu steuern.

Und daraus ergibt sich auch, was jemand wie und wann von mir hören muss, damit er sich in der Verhandlung bewegt. Um vor einer Verhandlung alle relevanten Punkte für Ihren Fall gedanklich zu strukturieren, habe ich das bewährte Instrument der Empathie-Karte für die Verhandlung etwas modifiziert: die Gegner-Analyse. Diese ist für alle Verhandlungsarten tauglich – egal, ob es sich um den Chef oder einen Kunden handelt. Aber Achtung, bei allem, was Sie hier vorbereiten, müssen Sie sich darüber im Klaren sein, dass es sich um Annahmen handelt und nicht um gesicherte Erkenntnisse. Sie dürfen Pain- und Gain-Gesichtspunkte nicht als in Stein gemeißelt hinnehmen, sondern müssen diese Annahmen in der Verhandlung auch verifizieren. Machen Sie sich deshalb unbedingt klar: Die Gegner-Analyse ist nur ein Instrument für Vorüberlegungen, überprüft werden müssen die Annahmen in der Verhandlung.

Zusammengefasst: Um sich auf Ihr Gegenüber vorzubereiten, gibt es einerseits die Netzrecherche (oder auch Open-Source-Recherche), andererseits das Instrument der Gegner-Analyse und drittens noch die Herausarbeitung eines Verhandlungsprofils, das sogenannte Verhandlungsprofiling, das im Folgenden noch detailliert erörtert werden wird.

4. kognitiv
Vorannahmen/Offene Fragen/Was ist wichtig? Was ist unklar? Was könnte ihn beschäftigen?

5. affektiv
Sorgen/Wünsche/Ängste Welche Emotionen löst das bei ihm aus? Wie wird er sich verhalten?

3. gehört (Was hat der VP von anderen gehört)
z. B. Gerüchte, Medienberichte, Kollegenaussagen, Internet

VERHANDLUNGS-PARTNER

2. sieht (Was hat der VP von mir gesehen)
z. B. Gespräche, E-Mails, Memos, Präsentation

1. sagt (Zitat)
z. B. Zitate, Handlungen, Tun, Einstellung

6. PAIN (Schmerzpunkte)
Was belastet/stört die Person? Welche Ängste/ Hindernisse sieht sie?

7. GAIN (Nutzen)
Was hilft/nutzt der Person? Was hofft sie zu bekommen? Wie sieht Erfolg für sie aus?

8. Was muss die Person in Zukunft von mir hören, damit ich sie beeinflussen kann? Wie? Wann? Was sind die Botschaften zum Thema?

2) Allein ist keiner – Betrachtung des grundsätzlichen Verhandlungsumfeldes

Bei primären Anspruchsgruppen gilt es zu analysieren, ob man selber einen direkten Zugang zu ihnen hat, und wenn nicht, wer aus dem eigenen Netzwerk einen solchen Zugang haben könnte. Zudem ist es wichtig zu klären, welche Bedürfnisse Ihr Verhandlungsgegner haben könnte und wie Sie diese für sich nutzen könnten. Bei Geiselnahmen habe ich häufig nicht mit den eigentlichen Geiselnehmern verhandelt, sondern mit Mittelsmännern. Oft ist es gar nicht möglich, ohne diese Mittelsmänner zu verhandeln, aber es ist wichtig, deren Vertrauen zu erlangen und auch diese Personen zu überprüfen.

Bei größeren Verhandlungen skizziere ich deshalb, wer die Anspruchspersonen sind, die einen Einfluss auf die Verhandlung haben können. Was sind deren Ziele, Interessen und Herausforderungen? Und ich mache mir auch bewusst, wer für den Kontakt zuständig ist, und stelle sicher, dass es einen Rücklauf von der Kontaktaufnahme gibt. Hierbei empfiehlt sich ein Verfahren in fünf Schritten:

1. Personen auflisten

Listen Sie alle Personen auf, die auf Ihrer Seite an dem Verhandlungsergebnis in irgendeiner Weise interessiert sein könnten. Tun Sie dasselbe für die Seite Ihres Verhandlungsgegners.

2. Persönliches Profil der Hauptpersonen anlegen

Sammeln Sie möglichst viele Informationen, zum Beispiel aus den sozialen Netzwerken, und legen Sie ein Profil der wichtigsten Personen an. Berücksichtigen Sie dabei:

✓ *Persönliche Eigenheiten*
✓ *Marotten*
✓ *Vorlieben*
✓ *Hobbys*
✓ *Qualifikationen*
✓ *Unverträglichkeiten*
✓ *Antipathien*

3. Persönliches Umfeld der agierenden Personen ermitteln

Visualisieren Sie das persönliche Einflussumfeld Ihres Gegenübers:

✓ *Die Rolle der betreffenden Person*
✓ *Die Einflussmöglichkeit auf Planung, Verlauf und Ergebnis der Verhandlung*
✓ *Die Kommunikationsabläufe zwischen den beteiligten Personen*
✓ *Den Sympathie- beziehungsweise Antipathie-Faktor gegenüber Ihnen/Ihrer Organisation/Ihren Produkten*

4. Persönliche Gewinn-und-Verlust-Rechnung

Überlegen Sie sich bezüglich aller zuvor ermittelten Personen, was ein Verhandlungserfolg bzw. eine Verhandlungsniederlage für die Person bedeuten könnte. (Hier können Sie auch das Werkzeug der Gegner-Analyse einsetzen.)

5. Kommunikation/Beziehungsaufbau der agierenden Personen

Untersuchen Sie auf der Basis der in Schritt 3 ermittelten Sympathieskala, was genau im Falle hoher Antipathiewerte konkret der Auslöser solcher Verstimmungen ist bzw. sein könnte. Überlegen Sie sich konkret, was Sie tun können, um entsprechende Verstimmungen abzubauen bzw. positiv aufzulösen. Nutzen Sie diese Überlegung ebenfalls, um Unterstützer zu gewinnen – also die Personen, bei denen Sie hohe Sympathiewerte vermuten. Zusätzlich könne Sie auf der Basis der Überlegungen auch Informationswege erkennen und Ihre Kernbotschaften über Dritte senden.

So eingehend müssen Sie sich sicher nicht auf jede Verhandlung vorbereiten. Messen Sie einer Verhandlung allerdings einen großen Wert bei, so empfiehlt sich diese Art des Vorgehens.

In einer Verhandlung spielt immer auch das Umfeld eine große Rolle. »Umfeld« bezieht sich dabei etwa auf die Frage, wer sich noch im Wettbewerb mit meinem Verhandlungspartner und mir selbst befindet – volkstümlich gesagt: Wer hält noch die Angel in denselben Teich? Stellen Sie sich vor, Sie wollen ein Auto kaufen. Der Händler, den Sie sich ausgesucht haben, liegt in einem Gewerbegebiet, in dem mehrere Autoverkäufer angesiedelt sind. Möchten Sie nun eine bestimmte Marke kaufen, die gerade kritisch diskutiert wird, wie VW im Sommer 2017? Dann haben Sie bereits zwei Parameter, um auf den Händler Druck auszuüben: zum einen ein Umfeld, in dem Sie binnen kürzester Zeit eine große Auswahl haben, und andererseits Interesse an einem Auto, das gerade negativ konnotiert ist, weshalb eventuell größere Preisnachlässe möglich sind. Planen Sie, gleich mehrere Wagen abzunehmen, und wissen Sie aus den Medien, dass es diesem Händler gerade schlecht geht, so sollten Sie all diese Informationen in Ihre Vorbereitung mit einbeziehen und in der Verhandlung nutzen.

Ferner ist stets zu analysieren, ob es mit dem Unternehmen, mit dem Sie ins Geschäft kommen wollen, bereits Beziehungen und Abhängigkeiten gibt: Existieren andere Verträge? Haben Sie vielleicht gerade welche gekündigt? Laufen parallel weitere Verhandlungen? All dies ist Gegenstand von Überprüfungen und Sondierungen im Vorfeld. Dabei werden auch die Medien kontinuierlich und akribisch ausgewertet. Es gehört zwingend dazu, die Komplexität des Umfelds zu berücksichtigen, in dem die Verhandlung stattfindet. Sie müssen genau betrachten, in welcher Gesamtsituation Ihr Verhandlungskontrahent bestehen muss: Gab es gerade Gehaltsverhandlungen, die Schlagzeilen gemacht und die Position des Unternehmens geschwächt haben? Gab es Lieferengpässe oder Qualitätsmängel? Mussten vielleicht Mitarbeiter entlassen werden? Oder haben wichtige Personen selbst gekündigt und das Unternehmen verlassen? Das alles beeinflusst auch die Verhandlung.

Abhängigkeiten spielen eine große Rolle. Man kann nicht in jedem Verhandlungsumfeld gleich agieren, sondern muss seine Aktionen individuell anpassen. Blaupausen gibt es nicht, aber universell anwendbare Strukturen, um in jedem Fall zielgerichtet handeln zu können. Nehmen wir etwa politische Verhandlungen. Donald Trump ist ein gutes Beispiel. Er hat vom ersten Amtstag an – und genau genommen schon im Wahlkampf – ein Verhandlungsgebaren an den Tag gelegt, das zu dem Leiter einer Supermarktkette passt, bei der sehr viele Leute einkaufen, weil sie weitestgehend ein Monopolist ist. Daraus resultiert eine Abhängigkeit der Kunden, denen Trump nach Gutdünken die Preise diktiert (Schutzzölle). Gleichzeitig scheint er aber nicht wirklich zu verstehen, dass er in anderen Bereichen von seinen Verhandlungspartnern in hohem Maße abhängig ist, zum Beispiel in der internationalen Sicherheitspolitik – Bereichen, die auch auf das Wirtschaftliche ausstrahlen können. Das heißt, einzelne Deals, die Trump geschlossen hat, mögen erfolgreich gewesen sein, das gesamte Umfeld hat er jedoch nicht berücksichtigt. Auf Trump bezogen kann man sagen: Supermarkt ist nicht gleich

Supermacht. Er hat (bisher) den Fehler gemacht, die Komplexität seines Umfeldes nicht akribisch beobachtet und ausgewertet zu haben. Machen Sie diesen Fehler bitte nicht!

3) Ich will … – Definition des eigenen Zieles

Wer nicht weiß, wohin er will, wird auch nicht ankommen. So einfach ist das. Sie werden jetzt vielleicht einwenden, dass Sie doch wissen, dass Sie eine Gehaltserhöhung fordern, einen Mittelklassewagen erhalten oder die Konkurrenzfirma schlucken wollen. Doch die wenigsten Menschen formulieren ihre Ziele konkret genug: Wie hoch, in Euro oder prozentual, soll die Gehaltserhöhung sein? Und ab wann soll sie in Kraft treten? Meist bleibt man bei den Zielen im Vagen. Das Gehalt sollte »um einiges« höher sein als jetzt. Es sollte im Laufe des Jahres erhöht werden. Echte Ziele sind immer spezifisch, also konkret, eindeutig und präzise formuliert. Denn ein Ziel ist kein vager Wunsch. Es ist messbar und realisierbar. Hochgesteckte Ziele fordern uns. Sie dürfen uns aber nicht überfordern. Das Ziel muss erreichbar sein. Dazu gehört die genaue Betrachtung des Umfeldes.

Verhandlungsziele müssen in der Höhe wie auch im Umfang wohl fordernd, aber realistisch sein. Zudem machen sich die meisten viel zu wenig oder gar keine Gedanken über den Punkt, an dem es besser wäre auszusteigen, weil ein Nichtabschluss der Verhandlung besser wäre als das erzielte Ergebnis. Dabei wäre es unglaublich wichtig, dieses Ausstiegsszenario zu definieren. Sich die Rückzugslinie bewusst zu machen, stabilisiert das eigene Selbstbewusstsein. Aber diese Ausstiegslinie oder auch Walk-Away muss vorher auch mit den eigenen Anspruchsgruppen geklärt werden, wie das Beispiel mit dem Hauskauf zeigt: Hätte der Familienvater mit seiner Familie zuvor geklärt, dass das Haus zwar toll ist, aber eine bestimmte finanzielle Grenze nicht überschritten werden dürfe, dann wäre es zu der beschriebenen Situation nicht gekommen.

Und das gilt für jede Art von Verhandlung – vom Autokauf über die Gehaltserhöhung bis hin zu politischen Verhandlungen. Wer für sich selbst nicht definiert und mit seinem Verhandlungsteam nicht vorab festgelegt hat, wann man gegebenenfalls aussteigen will, ist in der Verhandlung verloren. Dann weicht man in der Regel zu weit zurück, um die Verhandlung nicht scheitern zu lassen, und entfernt sich dabei Schritt für Schritt von seinem Ziel. Damit steigt das Risiko, einem Abschluss zuzustimmen, mit dessen Ergebnis man nicht arbeiten kann und das man auch gar nicht angestrebt hat. Deshalb müssen Sie sich klarmachen, dass es in jeder Verhandlung einen Punkt geben wird, bei dem es eine bessere Alternative gibt als einen schlechten Abschluss – nämlich gar keinen Abschluss.

Dieser Alternative – in der Fachsprache »BATNA« genannt (»Best Alternative to a Negotiated Agreement«) – gilt es sich im Vorfeld in aller Klarheit bewusst zu werden. Ansonsten ist man »alternativlos« und wird jedem Abschluss zustimmen. Die Konsequenzen eines solchen Ergebnisses werden einem allerdings erst später schmerzlich bewusst. Umgekehrt hat der Verhandlungspartner seinerseits natürlich ebenfalls eine Ausstiegslinie, an der kein Abschluss die bessere Alternative wäre. Liegen die beiden Ausstiegslinien zu weit auseinander, kann gar kein für beide Seiten zufriedenstellendes Ergebnis erzielt werden. Ein Verkäufer, der mindestens 2.000 Euro für sein gebrauchtes Auto haben möchte, wird niemals mit einem Interessenten ins Geschäft kommen, der maximal 1.000 Euro ausgeben möchte. Die Verhandlung wäre von Anfang an zum Scheitern verurteilt.

Anders verhält es sich, wenn der Verkäufer mindestens 1.000 Euro erzielen und der Interessent maximal 2.000 Euro ausgeben möchte. In diesem Fall gibt es einen Korridor von 1.000 Euro zwischen beiden Ausstiegslinien, in dem eine Einigung potenziell möglich ist. Man spricht hier von der »Zone of Possible Agreement«, kurz »ZOPA« genannt. Innerhalb dieser Zone kann das Pendel stärker für die eine oder andere Verhandlungspartei ausschlagen, entscheidend aber ist: Das Ergebnis ist für alle Beteiligten besser, als die Verhandlungen ergebnislos zu beenden. Einigen sich Käufer und Interessent beispielsweise auf einen Kaufpreis von 1.700 Euro, so freut sich der Verkäufer, weil er 700 Euro über seiner Schmerzgrenze liegt. Aber auch der Käufer kann zufrieden sein, immerhin ist er 300 Euro unter seinem Maximalbudget geblieben.

Vom Punkt zum Korridor

Sie müssen sich also klarmachen, dass es nicht nur einen Ziel*punkt* gibt, sondern auch einen Ziel*korridor*. Verhandeln heißt schließlich, dass Sie handlungsfähig bleiben müssen – dafür brauchen Sie mehrere Optionen –, und es heißt auch, dass Sie nicht alleine entscheiden können, da Sie immer von irgendjemandem oder irgendetwas abhängig sind. Das hat eine positive und eine negative Seite. Die positive Seite der Abhängigkeit ist: Es gibt einen Grund, weshalb dieser Mensch hier mit Ihnen an diesem Tisch sitzt. Auch wenn er sich noch so irrational verhält, er hat ein Interesse, weshalb er überhaupt mit Ihnen redet. Die negative Seite: Sie sind auch von ihm abhängig, denn sonst würden Sie nicht dort sitzen. Aus dieser Konstellation folgt zwangsläufig, dass Sie innerhalb der Verhandlung nicht alles alleine entscheiden können. Die Vorstellung, ein einziges Ziel ohne Abstriche durchsetzen zu können, ist absurd. Und deshalb benötigen Sie einen Zielkorridor, der Ihnen die nötige Flexibilität gibt. Der entsteht, wenn Sie sich im Vorfeld klarmachen, wie Ihre Maximalforderung und Ihr Minimalziel aussehen. Letzteres markiert Ihre Ausstiegslinie, den Moment, an dem Sie die Verhandlung verlassen beziehungsweise bewusst in eine Sackgasse steuern.

Drei Arten von Zielen

Neben den sogenannten Sachzielen, also allem, was Kosten, Zeit etc. angeht, gibt es noch zwei weitere Ziele, an die Sie bei einer Verhandlung denken sollten: Beziehungs- und Prozessziele.

In unserer heutigen Welt, egal ob im beruflichen oder privaten Kontext, ist es meist so, dass wir mit einer Person oder Personengruppe nicht nur einmal, sondern regelmäßig verhandeln. Insofern ist eine aktuelle Verhandlung meist die Vorstufe zu einer folgenden. Wenn Sie in Südamerika mit sogenannten Entführungsindustrien verhandeln, werden Sie es in verschiedenen Fällen immer wieder mit denselben Verhandlungsführern zu tun haben. Selbst hier gilt also nicht, dass man in der Regel eine einmalige Verhandlungssituation hat.

Eine von Respekt und Wertschätzung geprägte Beziehung zum Verhandlungsgegenüber kann – beziehungsweise sollte – auch ein Ziel sein, das man sich in der Vorbereitung setzt. Es gilt, dauerhaft Vertrauen aufzubauen und damit für Sie und Ihre Organisation auch ein Image zu kreieren und zu verstetigen, welches auch in Zukunft erfolgreiche Verhandlungen auf vertrauensvoller Ebene ermöglicht. Das Zerstören des Vertrauens, das Verletzen des Gegenübers und Anzeichen von Geringschätzung können dagegen dazu führen, dass die Beziehungsebene dauerhaft zerstört wird. Welche Auswirkungen dies auf künftige Verhandlungen hätte, können Sie sich vorstellen. Es kann irreparabler Schaden entstehen. Generell gilt: Sollten Friktionen auf der Beziehungsebene entstehen, müssen diese vor den Sachverhandlungen geklärt werden.

Zu den Prozesszielen ist zu sagen: Verhandlungen können binnen Minuten, binnen Stunden oder Tagen abgeschlossen sein, müssen es aber nicht. Verhandlungen können sich auch über einen längeren Zeitraum hinziehen. Egal, ob es sich nun um eine kurze oder lange Verhandlung handelt, Sie sollten sich über den Verhandlungsprozess Gedanken machen. Dazu gehört auch, die Agenda zu definieren. Denn die Agenda determiniert, was in der Verhandlung besprochen wird beziehungsweise welche Inhalte bewusst ausgelassen werden. Setzen Sie die Agenda, so haben Sie die Kontrolle über die Inhalte. Lassen Sie sich die Agenda diktieren, kann es passieren, dass Ihre wichtigsten Punkte unter den Tisch fallen. Die Agenda selbst zu setzen versetzt Sie in die Lage, die Verhandlung zu steuern – sie ist gewissermaßen Ihr Steuerrad in der Verhandlung. Ein Steuerrad, das häufig viel zu leichtfertig aus der Hand gegeben wird. Verschenken Sie diese Möglichkeit der Verhandlungskontrolle nicht. Bereiten Sie vor, was in welcher Reihenfolge behandelt werden soll.

Sie müssen sich jedoch klarmachen, zu welchem Zeitpunkt Sie welche Verhandlungsziele erreicht haben möchten. Sie müssen also ihre Prozessziele vorab inhaltlich und zeitlich abstecken. Dazu ist es auch erforderlich, Kommunikationsziele und Kernbotschaften zu definieren, also festzulegen, was man vor, während und nach der Verhandlung kommunizieren möchte. Denn eine Verhandlung ist natürlich immer auch ein kommunikativer Aushandlungsprozess. Es spielt eine Rolle, was Sie am Tisch sagen, aber auch, was Sie außerhalb der Verhandlung mitteilen, vielleicht auch über Dritte mitteilen lassen. Dazu kann es auch gehören, bei Ihrem Gegenüber ein

Siegergefühl zuzulassen. Je weiter Sie Ihre eigene Eitelkeit zurückschrauben können, desto besser gelingt es Ihnen, Ihre Prozessziele umzusetzen.

Deshalb sollten Sie beim Definieren der Prozessziele auch festlegen, wie viele Verhandlungsrunden Sie planen und ob es irgendwo ein Zeitfenster gibt, das Ihr Verhandlungspartner nutzen kann oder muss. Ein Beispiel: Steht etwa eine Pressekonferenz an oder eine Hauptversammlung, zu der Ihr Verhandlungspartner ein Ergebnis präsentieren möchte? Dann können Sie natürlich mit diesem Zeitfenster arbeiten – Sie können für diesen Zeitpunkt ein Ergebnis in Aussicht stellen, sofern man Ihnen in anderen Punkten entgegenkommt. Sie können eine Verzögerungstaktik anwenden, die Ihren Verhandlungspartner unter Druck setzt und ihn seinerseits zu einem Entgegenkommen bewegt. Zeit ist ein Machtfaktor.

Bei Schwerkriminellen versucht man zum Beispiel festzustellen, ob sie Raucher oder Nichtraucher sind. Ihr Suchtverhalten kann den Zeithorizont sowie die Taktik der Vernehmung beeinflussen. Bei Geiselnehmern versucht man herauszubekommen, wann sie zum letzten Mal Nahrungsmittel bekommen haben. Je weiter dieser Zeitpunkt zurückliegt, desto wichtiger kann es sein, über Lebensmittel zu verhandeln. Denn der zeitliche Horizont des Hungerns kann auf einmal zum Verhandlungsgegenstand werden. Auch Müdigkeit spielt eine entscheidende Rolle. Und bei Entführungen im Ausland können auch klimatische Bedingungen wichtig werden. So kann sich zum Beispiel ein Zeitfenster öffnen, wenn eine Regenzeit ansteht oder jahreszeitlich bedingte Veränderungen der Witterung drohen, die eine Verlegung der Geiseln notwendig machen und auch für die Geiselnehmer riskant wären, weil sie so unter Umständen entdeckt werden könnten. Aber wir müssen gar nicht in die Untiefen der Kriminalität hinabsteigen, um die Bedeutung des

Zeitfaktors zu erkennen. Auch beim Vermieten oder Verkaufen von Wohnungen kann man den Faktor Zeit nutzen, wenn man als Vermieter oder Verkäufer weiß, dass der Interessent unter Zeitdruck steht, weil er seine Wohnung bereits gekündigt oder verkauft hat und binnen weniger Monate eine neue Bleibe finden und beziehen muss.

Egal, um welche Art Ziel es sich handelt, bedenken Sie stets die Spezifizierung Ihrer Ziele. Machen Sie Ihre Ziele messbar. Beides trägt dazu bei, dass Sie das Steuer in der Hand behalten und nicht von Ihrem Weg abweichen. Achten Sie zudem auf realistische Ziele – utopische führen schnurstracks zu unbefriedigenden Ergebnissen. Terminieren Sie Ihre Zielumsetzung und nutzen Sie den Machtfaktor Zeit. Und zu guter Letzt: Machen Sie sich klar, was Sie tun wollen und was passiert, wenn Sie die Ziele nicht erreichen.

4) Und ich will mehr ... – Aufbau und Klassifizierung von Forderungen

Neben den Zielen gehören die Forderungen zu den wichtigsten Punkten, die definiert werden müssen. Natürlich enthalten Ziele auch Forderungen, aber nicht alle Forderungen sind gleich wichtig. Die wichtigsten – und hier sollten Sie wirklich nicht mehr als drei oder fünf Kernforderungen benennen – können auch als Ziele definiert werden. Zusätzlich sollten genügend weitere Forderungen skizziert werden. Es handelt sich dabei um Dinge, die an sich wichtig, aber nicht so bedeutsam sind wie die zuvor definierten Ziele. Man sollte möglichst viele Forderungen entwickeln. Ich empfehle immer, für jeden Verhandlungsprozess mindestens 15 Forderungen zu erarbeiten – und diese auch zu klassifizieren, am besten nach einem dreistufigen Prinzip.

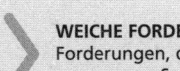

HARTE FORDERUNGEN
Forderungen, die von hoher Bedeutung sind

WEICHE FORDERUNGEN
Forderungen, die gut verhandelbar sind und bei denen
von unserer Seite Konzessionsbereitschaft besteht

SCHEINFORDERUNGEN (DUMMYS)
Forderungen, die wir nicht stellen, um diese unbedingt erfüllt zu
bekommen, sondern unsere Zielsetzung zu verschleiern, cen
Verhandlungsspielraum zu vergrößern oder Nebelkerzen zu legen

Neben harten Forderungen, also solchen, die wir durchbekommen wollen, und weichen Forderungen, bei denen wir durchaus konzessionsbereit sind und die sich leicht verhandeln lassen, empfiehlt es sich unbedingt, dass auch Scheinforderungen entwickelt und formuliert werden. Darunter versteht man Forderungen, die gar nicht erfüllt werden müssen und die für Ihr Ergebnis auch gar keine Bedeutung haben. Scheinforderungen dienen allein als Nebelkerzen. Sie können sie in die Verhandlung einbringen, um Streichmasse zu bieten beziehungsweise das subjektiv empfundene Verhandlungsergebnis des Gegenübers zu verbessern. Die Erfahrung zeigt, dass es in den meisten Verhandlungen leichter fällt, die harten Forderungen aufzustellen, wenn man sich sehr schnell klar ist, was man möchte. Schon schwieriger wird es dann bei den weichen Forderungen und ganz schwer fällt es den meisten, Scheinforderungen zu formulieren.

Deshalb sollten Sie sich schon im Vorfeld über *alle* Themen, die in der Verhandlung eine Rolle spielen könnten, Gedanken machen. Aus allen diesen Themen entwickeln Sie Ihre eigentliche Position und Ihre Hauptforderungen. Dabei werden Sie feststellen, dass viele der Themen, die beim sogenannten Trade-Storming auf den Tisch kamen, Ihnen gar nicht wichtig sind. Mit diesen Themen können Sie eine Gegenposition zu denen aufmachen, die Ihrem Verhandlungspartner vielleicht wichtig sind.

Machen Sie sich auch bewusst, wie die Positionen Ihres Gegenübers aussehen. Manche lassen sich leicht herausbekommen. Bei vielen Forderungen merken Sie vielleicht, dass Sie sie problemlos akzeptieren könnten. Dennoch nehmen Sie bewusst eine Gegenposition dazu ein. Warum? Wieder einmal gibt der Volksmund Antwort: Was nichts kostet, ist nix wert! Und das gilt auch für die Verhandlung. Wir sollten uns aber den Prozess dahinter bewusst machen – natürlich hat das auch wieder mit Psychologie zu tun.

Stellen Sie sich vor, Sie wollen ein Auto kaufen. Sie entscheiden sich für einen gebrauchten Golf, Sie hätten gerne einen Jahreswagen und Sie haben ein Maximalbudget von 25.000 Euro. Optimalerweise würden Sie das Fahrzeug gerne für 19.000 Euro kaufen. Denn dieser Preis entspräche genau den Angaben der sogenannten Schwacke-Liste für Gebrauchtwagen. Dort jedoch werden in der Regel keine Sonderausstattungen und keine weiteren Merkmale berücksichtigt, weshalb die Preisangaben in der Regel nur einen Richtwert darstellen. Nach längerer Suche bei verschiedenen Autohändlern stoßen sie schließlich auf Ihren Traumwagen – er verfügt über genau die Ausstattung, von der Sie geträumt haben! Er hat exakt die Farbe, die Ihrer Frau gefällt, Sportsitze und in integriertes Navigationsgerät. Kurz: Alle Merkmale, die Sie beim Konfigurieren Ihres Traumautos ausgesucht hätten. Aber keine Freude ohne Wermutstropfen: Auf dem Schild steht 27.000 Euro, also 2.000 mehr, als Ihre absolute Schmerzgrenze darstellt. Da Ihre Grenzlinie bei genau diesen 25.000 Euro liegt, können Sie sich den Wagen eigentlich nicht leisten, es sei denn, sie verhandeln klug.

Sie schauen sich den Wagen also an und signalisieren, dass Sie sich interessieren. Der Verkäufer ist auf Sie aufmerksam geworden und Sie sagen ihm, dass die 27.000 Euro zu viel sind. Natürlich hat auch der Autohändler kalkuliert. Er geht nicht davon aus, dass er den ausgewiesenen Preis erzielt. Also fragt der Verkäufer: »Was wäre denn Ihre Schmerzgrenze?« Natürlich orientieren Sie sich jetzt an Ihrer absoluten Grenze, darum wollen Sie die 25.000 Euro nicht ausreizen. Also antworten Sie, 22.500 Euro seien Ihre absolute Schmerzgrenze. Der Autohändler schaut Sie an, lächelt und sagt: »Kommen Sie mit, unterschreiben Sie, hier ist der Vertrag.« Sie folgen ihm also, etwas verunsichert, dass es so einfach war, und spätestens auf der Rückfahrt fällt Ihnen eines auf: 27.000 Euro standen auf dem Preisschild, ihre Forderung von 22.500 Euro wurde sofort akzeptiert. Daraus lässt sich nur eines schließen: Diese 22.500 Euro lagen noch deutlich über dem, womit der Verkäufer eigentlich kalkuliert hat. Sie beginnen zu zweifeln. Wahrscheinlich war es ein Montagsauto, denken Sie jetzt. Wahrscheinlich hat es einen Unfallschaden. Irgendwas stimmt doch sicher nicht und ich wurde über den Tisch gezogen. Ihr subjektives Empfinden des Ergebnisses ist somit negativ konnotiert.

Stellen wir uns jetzt die Situation noch einmal anders vor: Wieder stehen 27.000 Euro auf dem Preisschild und der Händler fragt, was Sie zu zahlen bereit wären. Erneut sagen Sie: »22.500 Euro«, doch diesmal sagt der Händler: »Das tut mir leid, das wird leider nicht ausreichen.« Nun beginnt der Aushandlungsprozess. Man handelt hin, man handelt her und schließlich trennen Sie sich noch mal ohne Ergebnis. Nach zwei oder drei Tagen einigen Sie sich schließlich auf 24.300 Euro. Der Preis liegt also um 2.700 Euro unter dem ursprünglichen Preis und knapp unter Ihrer eigenen Grenzlinie. Anders als im vorher beschriebenen Fall werden Sie sich nun vergnügt in Ihr

Auto setzen, glücklich, dass Sie 2.700 Euro gespart und 10 Prozent Nachlass ausgehandelt haben und damit unter Ihrem Maximalbudget geblieben sind. Das subjektive Empfinden ist positiv, anders als im vorherigen Fall, obwohl de facto mehr Geld bezahlt wurde.

Und genau darum geht es. Das Verhandlungsergebnis wird immer subjektiv wahrgenommen. Unser Gehirn misst dem, was wir mit Arbeit, was wir gegen deutlichen Widerstand erreicht haben, eine größere Bedeutung zu als Dingen, die wir geschenkt bekommen. Diesen subjektiven Bewertungsmechanismus des Gehirns machen wir uns während der Verhandlung auch zunutze, indem wir weder Forderungen, die uns nicht wichtig sind, unter den Tisch fallen lassen noch auf unwichtige Forderungen verzichten. Wir laden für unser Gegenüber diese Forderungen im Wert auf. Im Übrigen führt das nachweislich auch zu einer besseren Beziehungsebene. Das alles funktioniert natürlich nur, wenn Sie sich im Vorfeld genügend Gedanken gemacht, genügend Forderungen aufgestellt und diese entsprechend klassifiziert haben. Machen Sie sich klar: Viele Forderungen machen Sie sprachfähig. Haben Sie keine oder nur wenige Forderungen vorbereitet, so sind Sie in der Verhandlung sprachlos und damit handlungsunfähig. Eigentlich logisch, oder? Trotzdem gehört die Vorbereitung von Forderungen bislang leider zum stiefmütterlich behandelten Teil von Verhandlungen.

5) Profi- und Amateurteams – Regeln für die Teamaufstellung

Zurück zu unserer Geiselnehmer-Fallgeschichte vom Anfang des zweiten Kapitels:

Wir warteten noch immer auf einen Kontakt zum Geiselnehmer, der das Kleinkind in seiner Gewalt hatte. Unzählige Male schon hatten wir es klingeln lassen in der Wohnung im Haus gegenüber, wo sich der wütende, alkoholisierte Vater verschanzt hatte. Und jedes Mal ging unser Anruf ins Leere. Wir waren besorgt, hatten wir doch keinerlei Lebenszeichen von dem Kind und dem Geiselnehmer.

Das Team arbeitete akribisch. Jeder wusste, was zu tun war. Als der Verhandlungsführer zum wiederholten Male melden musste: »Kein Kontakt«, sagte der Einsatzleiter des Verhandlungsteams nur ein Wort: »Megafon!« Der Verhandlungsführer begab sich in den Hausflur auf der anderen Straßenseite, setzte das Megafon an und sprach den Geiselnehmer an. Kontakt aufzunehmen bedeutet auch, Kontrolle zu gewinnen. Deshalb war es so wichtig, mit dem Geiselnehmer zu sprechen. Der Verhandlungsführer stellte sich mit Namen vor und sagte: »Ich würde gerne mit Ihnen sprechen. Was ist Ihnen lieber – am Telefon oder hier?«

Totenstille. Wir warteten. Keine Reaktion. Der Verhandlungsführer unternahm einen neuen Versuch: »Ich werde Sie jetzt anrufen. Wenn gleich das Telefon klingelt und Sie drangehen, dann werde ich am anderen Ende der Leitung sein.« Wir riefen an – und wieder ging der Anruf ins Leere. Unsere Geduld wurde auf eine harte Probe gestellt. Erneut musste das Megafon herhalten. Der Verhandlungsführer begann mit dem »Labeling«, wie es in der Fachsprache heißt, mit dem Einfühlen in und Wiederholen von Emotionen des Gegenübers.

»Wie es scheint, haben Sie Sorge, mit uns Kontakt aufzunehmen. Vielleicht haben Sie Angst davor, ins Gefängnis zu kommen oder dass wir Sie verletzen. Lassen Sie uns bitte Kontakt aufnehmen. Ich werde gleich wieder bei Ihnen anrufen«, sagte der Verhandlungsführer.

Zweieinhalb Stunden ging das so. Im Fünf-Minuten-Takt. Langsam zog die Dämmerung herauf. Die Situation wurde dadurch zusätzlich erschwert. Noch eine halbe Stunde, und es würde vollends dunkel sein. Die Voraussetzungen für einen Einsatz hatten sich damit gravierend verändert. Weil die Siedlung mit Gas gespeist wurde, hatten die Spezialkräfte dafür gesorgt, dass die Elektrizität abgestellt wurde. Wir wollten verhindern, dass das etwaige Entzünden der Gasflasche eine Kettenreaktion auslöst. Doch auch das Telefon hing möglicherweise an der Elektrizität. Damals hatten die meisten Menschen ausschließlich Festnetzanschlüsse ohne Akkubetrieb. Der Geiselnehmer hatte ein Funktelefon mit Ladestation, aber wir wussten nicht, ob seine Akkus geladen waren oder ob er Strom brauchte. Sollten wir das Risiko eingehen und das Haus wieder mit Strom versorgen und damit eine elektrische Zündquelle freigeben? Nach Rücksprache mit den Stadtwerken beschlossen wir, die Wohnung wieder zu elektrifizieren; unseren Plan, nur das Wohnzimmer mit Strom zu versorgen, mussten wir fallen lassen. Wir wussten noch immer nicht, wie es dem Kind ging. Wir wussten nicht, wie es dem Geiselnehmer ging und was er plante, in welchem Raum er und das Kind sich befanden. In der Zwischenzeit hatten sich SEK-Beamte vom Dach des Hauses abgeseilt. Sie wollten versuchen, eine Kamera so anzubringen, dass sie uns Bilder aus der Wohnung liefern konnte. Es klappte nicht. Aber es gab ein Lebenszeichen des Geiselnehmers: Er ließ die Rollläden herunter.

Wir waren alarmiert: Tat er dies, um einen Raum abzudichten? Wollte er sicherstellen, dass der Inhalt seiner Gasflasche auch wirklich ausreichen würde, um eine Explosion auszulösen? Die Raumluft der gesamten Wohnung würde vielleicht das Gas zu sehr verdünnen. Wäre jedoch ein einzelner Raum abgedichtet, so könnte die Mischung durchaus explosiv sein. Ein Volumenanteil von 2,12 Prozent bis 9,35 Prozent Propangas in Luft reicht aus, um eine explosive Mischung zu erzeugen.

In der Nachbarwohnung hatten Techniker Stellung bezogen. Sie versuchten, durch die Steckdosen Kameras in die Täterwoh-

nung einzuführen. Wir ließen nichts unversucht. Aber es nutzte nichts. Keine Bilder. Kein Kontakt. Keine Informationen. Der Verhandlungsführer griff wieder zum Megafon. »Brauchen Sie etwas? Wie geht es Ihnen?« Ganz bewusst wurde nicht nach dem Kind gefragt, obwohl diesem unsere ganze Sorge galt. Aber wir wollten dem Geiselnehmer, der, unter emotionaler Hochspannung stehend, wohl zu Recht annahm, dass das Kind nicht von ihm war, und der es folglich zum Objekt degradiert hatte, das Gefühl geben, dass seine eigenen Bedürfnisse und Gefühle für uns im Vordergrund standen. Wir wählten erneut die Nummer der Täterwohnung. Diesmal nahm jemand ab. Und schwieg.

Soll eine Verhandlung nicht alleine, sondern mit mehreren Personen im Team geführt werden, ist es umso wichtiger, sich klarzumachen, wer welche Rolle und Aufgaben übernimmt. Nichts schadet einer Verhandlung mehr, als wenn Ihnen jemand aus den eigenen Reihen plötzlich ins Wort fällt. Solche gut gemeinten Interventionen haben schon in so mancher Verhandlung einen Vorteil in einen Nachteil verwandelt. Der Grund ist ein nicht abgestimmtes Verhandlungsteam. Noch schädlicher ist es, wenn aus dem eigenen Team Widerspruch ertönt und dieser am Verhandlungstisch für alle deutlich wird. Wenn Teamarbeit in der Verhandlung vorgesehen ist, müssen Sie mit Ihren Mitstreitern genau absprechen, was wann angesprochen wird und wer welche Rollen und Aufgaben übernimmt.

Wenn Aufgaben verteilbar sind, also immer dann, wenn Sie mindestens zu zweit in einer Verhandlung sind, sollten Sie diese unterschiedlichen Aufgaben auch verteilen. Hilfreich ist dabei ein Modell, das sich gut auf Verhandlungsteams unterschiedlicher Größe anwenden lässt – egal, ob Sie zu zweit oder als Gruppe von 20 und mehr Personen in eine Verhandlung ziehen. Angelehnt ist dieses Modell an die Überlegungen und Prinzipien des ehemaligen FBI Chief Negotiator Frederick Lanceley, der es speziell für Krisenverhandlungen entwickelte. Der deutsche Verhandlungsberater Matthias Schranner hat es schon einmal für den Einsatz in der Wirtschaft übersetzt. Bei professionell aufgestellten Einkaufs- und Verkaufsteams, in politischen Verhandlungen und selbst bei den TTIP-Verhandlungen wird dieses skalierbare System eingesetzt. Es ist so ausgelegt, dass verschiedene Eskalationsebenen innerhalb der Verhandlung genutzt werden können.

Nur zur Erinnerung: In einer Verhandlung sitzen Parteien mit unterschiedlichen Interessen an einem Tisch. Sie befinden sich, jede für sich, in unterschiedlichen Abhängigkeiten, sind aber auch wechselseitig voneinander abhängig, nehmen unterschiedliche Positionen ein und wollen trotzdem zu einem Ergebnis kommen. Da sich manchmal Sachthemen auf Emotionen auswirken, ist es wichtig, eine stabile Beziehungsebene zu haben. Und weil es in der Verhandlung viel auszuführen gibt, was besser auf mehrere Schultern verteilt ist, sollten auch alle Köpfe zwischen diesen Schultern wissen, was sie tragen müssen und dass alle im Team das Gleiche zu tragen haben. Ein gut abgestimmtes Verhandlungsteam weiß deshalb, wer was wann zu tun und auch zu lassen hat. Ein nicht abgestimmtes Verhandlungsteam reagiert hingegen oft wie eine Gruppe von kleinen Kindern, denen man einen Ball zuwirft: Alle rennen gleichzeitig los und jeder versucht, an den Ball heranzukommen. Bei schlecht aufgestellten Verhandlungsteams möchte jeder zu allem etwas sagen, und der eigentliche Verhandlungsführer, wenn es ihn denn gibt, verliert dadurch permanent seinen roten Faden. Ein Themenstrang wird nicht festgemacht oder ein unerwünschtes Ergebnis wird plötzlich detailliert besprochen. Und es werden Themen angesprochen, die man aus der Verhandlung eigentlich heraushalten wollte. Unter solchen Bedingungen lässt sich kein gutes Ergebnis erzielen.

Ich möchte, dass Ihr Teamspiel Champions-League-würdig ist und nicht auf den Bolzplatz gehört. In der Bundesliga oder Champions League weiß jeder Spieler, wo sein Platz ist. Jeder kennt seine Aufgabe. Er weiß nicht nur, ob er im Angriff oder in der Verteidigung spielt, er weiß auch, welchen Raum er einzunehmen hat und ab wann ein Mitspieler übernimmt.

Diese Klarheit gehört auch in ein Verhandlungsteam. Das Konzept, welches ich vorstellen möchte, wird nicht nur in Krisenverhandlungen oder bei Spezialeinheiten angewandt, sondern findet sich auch in Wirtschaft und Politik wieder. Es kommt zum Einsatz, wenn mehr als eine Person in die Verhandlung involviert ist, und enthält zwei Deeskalationsstufen. Es sieht drei Positionen vor: zwei am Verhandlungstisch (weshalb es ab dem zweiten Teilnehmer auf einer Seite funktioniert) und eine außerhalb des Verhandlungstisches. Die beiden Positionen am Verhandlungstisch bezeichnet man als Verhandlungsführung und Verhandlungssteuerung. Außen vor bleibt der eigentliche Entscheider. Natürlich ist dieses Konzept aufstock- und erweiterbar. Man kann jederzeit weitere Personen integrieren: Protokollanten, Experten (Juristen, Ökonomen, Wissenschaftler), Beobachter oder auch Profiler, die in größeren Verhandlungen eine zunehmende Rolle spielen. Dennoch ist immer eine Grundregel zu beachten: Masse ist nicht gleich Klasse. Denn jeder Beteiligte ist auch eine potenzielle Fehlerquelle. Eine akribische Vorbereitung, um geschlossen in die Verhandlung zu gehen, dient somit auch dem Ziel, Fehlerquellen zu minimieren. Nicht zuletzt deshalb ist es extrem wichtig, dass am Verhandlungstisch strenge Disziplin herrscht.

Dazu gehört, dass geklärt ist, wer spricht und wer das Wort erteilt. Denn nicht jeder kann reden, wann es ihm passt. Es darf auch nicht wild durcheinandergeredet werden. Das Wort erteilt der Verhandlungssteuernde. Um gleich ein Missverständnis auszuschließen: Der Verhandlungsführer muss nicht der Oberste in der Teamhierarchie sein. Das ist vielmehr der Verhandlungssteuernde. Dieser führt in die Verhandlung ein, begrüßt die Anwesenden und stellt die Verhandlungsagenda vor, ehe er an den Verhandlungsführer übergibt. Diese Übergabe muss nicht formell erfolgen, sondern kann auch fließend im Gespräch vonstattengehen. Obwohl der Verhandlungsführer in der Hierarchie unter dem Verhandlungssteuernden steht, hat er den größten Gesprächsanteil. Er führt mit Fragen die Verhandlung und bringt peu à peu die Forderungen ein. Zu seinen Aufgaben in der Verhandlung gehört es, durch genaues Herausarbeiten der genutzten Begrifflichkeiten die Positionen zu hinterfragen und die Motive der Gegenseite zu analysieren. Er regelt auch, wer aus den eigenen Reihen zusätzlich sprechen darf.

Der Verhandlungsführer hat den roten Faden im Kopf und weiß, was wann zu tun ist. In Absprache mit seinem Verhandlungssteuernden strukturiert er den Prozess, steuert konsequent durch die Verhandlung und achtet dabei im Wesentlichen auf zwei erfolgskritische Punkte: Begriffe und Motive, die bereits besprochen wurden, zusammenzufassen und festzumachen. In beiden Fällen ist es wichtig, dass er sich dafür eine Quittung in Form eines »Ja« von seinem Gegenüber abholt. Seine Aufgabe ist es, während des gesamten Verhandlungsprozesses weiter zu analysieren und mit seinen Fragen die Verhandlung zu steuern. Er hat die Strategien und Taktiken für die gesamte Verhandlungsrunde im Auge zu behalten. Bildlich gesprochen: Er sieht den Wald, für die einzelnen Bäume hat er seine Fachleute. Er sollte auch unter Druck in der Verhandlung seine Ruhe bewahren können, wobei man ihm aus taktischen Gründen auch eine Flexibilität im Verhalten zubilligen kann. Wenn es taktisch notwendig erscheint, kann er auch Emotionen zeigen. Aber Achtung: Solche Verhaltensveränderungen bergen auch das Risiko, die Beziehungsebene nachhaltig zu belasten. Denken Sie immer daran, dass der Gegner konsequent und kontrolliert durch die Verhandlung geführt, aber auch mit Empathie behandelt werden soll.

Ein weiterer wichtiger Punkt, der den Verhandlungsführer vom Verhandlungssteuernden unterscheidet, ist, dass er ausgetauscht werden kann. Ein solches Auswechseln sollte allerdings nur aus taktischen Gründen erfolgen. In bestimmten Fällen werden bereits im Vorfeld mehrere Verhandlungsführer bestimmt. Allerdings treten diese dann erst im Zuge einer größeren Verhandlung in Erscheinung. Wichtig ist, dass sie alle gleich kompetent und gleich ausgebildet sind. Dann kann man für jeden einzelnen Themenstrang der Verhandlung einen eigenen Verhandlungsführer einsetzen. Der Verhandlungsführer kann aber auch ausgetauscht werden, wenn beispielsweise die Chemie zwischen ihm und seinem Gegenüber nicht stimmt oder zu stark vorbelastet ist. So etwas muss der Verhandlungssteuernde erkennen und entsprechend einen Wechsel in der Verhandlungsführung einleiten.

Obwohl sich die Aufgaben der Verhandlungsführung und der Verhandlungssteuerung voneinander unterscheiden, gibt es Tätigkeiten, die bewusst gedoppelt sind. Der Verhandlungssteuernde kann auch Aufgaben übernehmen, die eigentlich in den Bereich des Verhandlungsführers fallen – aber nur dann, wenn dieser sie im Eifer des Gefechts übersehen hat. Sollten etwa Begrifflichkeiten, Motivlagen oder Verhandlungsergebnisse übersehen oder falsch zusammengefasst worden sein, so ist es Sache des Verhandlungssteuernden, dies zu korrigieren. In seiner übergeordneten Rolle, bei der er nicht ständig im Dialog agiert, hat er eher die Möglichkeit zuzuhören und zu beobachten. Er unterstützt dann den Verhandlungsführer und macht dessen Gesprächsergebnisse fest. Sollten Widersprüche in den Aussagen des Verhandlungsgegenübers auftauchen, so ist es ebenfalls an ihm, diese anzusprechen.

Während der Verhandlung sollte er die gemeinsame Strategie im Auge behalten. Möchte man eher druckvoll in die Verhandlung gehen oder ist es ein Spiel auf Zeit? Gibt es bestimmte Punkte, die man nach einer bestimmten Zeit bewusst aufgeben will? Der Verhandlungssteuernde achtet auf die besprochenen Taktiken und behält immer die Agenda und die darin fixierten Zeiträume im Auge. Die für die einzelnen Agendapunkte vorgesehenen Zeiträume müssen nicht allen offenbart werden, aber der Verhandlungssteuernde muss in seinem Team sicherstellen, dass für die Themen, die ihm wichtig sind, die entsprechenden Zeiträume ausgeschöpft und eingehalten werden. Er achtet auch darauf, dass die Verhandlungsdisziplin im Team eingehalten wird. Stellt er während der Verhandlung fest, dass ein Teammitglied außerhalb der zugewiesenen Redeeinheiten das Wort ergreift oder sich emotional nicht unter Kontrolle hat, muss er dies in einer Pause ansprechen. Im Extremfall muss der Betreffende ausgewechselt werden.

Zu den Aufgaben des Verhandlungssteuernden gehört es auch, das Gemeinschaftliche der Verhandlung immer wieder herauszustellen: alles, was bereits erreicht wurde und was gut geklappt hat. Es ist auch an ihm, Pausen anzuberaumen, wenn er merkt, dass es gerade hoch hergeht und die Emotionen die Oberhand gewinnen. Dabei hat er immer die Agenda und die Zeit im Auge. Er selbst lässt sich nicht direkt in die Verhandlung hineinziehen, sondern überlässt gewissermaßen den engeren Austausch dem Verhandlungsführer. Erst bei der Ergebnissicherung sollte er aktiv werden sowie immer dann, wenn die Beziehungsebene bedroht ist.

Die Rolle des Verhandlungssteuernden sollte optimalerweise mit einer Person besetzt werden, die schon über viel Erfahrung in Verhandlungsprozessen verfügt. Sollten sich die Verhandlungen in eine Sackgasse hineinbewegen, so ist es an ihm, das Zepter in die Hand zu nehmen und sie daraus wieder herauszuführen. Er ist damit die erste Deeskalationsebene. Das ist wahrlich kein Job für Anfänger.

Genauso verfahren übrigens Spezialeinheiten, die sich mit Geiselnahmen beschäftigen. Ein erfahrener Verhandler unterstützt den Verhandlungsführer und führt zwar nicht die Verhandlung, aber er hört laufend mit, steuert aus dem Hintergrund und greift im Ernstfall ein.

Eine Funktion, die am Tisch nichts zu suchen hat, ist die des tatsächlich abschließenden Entscheiders. Meistens handelt es sich um eine Person aus der höheren Führungsebene eines Unternehmens, einen Vorgesetzten. Dieser Entscheider sollte bei der Strategieentwicklung und der Definition der Ziele und Forderungen dabei sein und diese mittragen, aber er lässt sich nicht an den Verhandlungstisch ziehen. Seine Hauptaufgabe ist es, zu seinem Pendant auf der gegenüberliegenden Seite, sofern dieses identifiziert ist, eine Beziehungsebene aufzubauen. Dies gilt auf geschäftlicher Ebene, wenn man mit einem Unternehmen verhandelt, aber auch, wenn in der Politik verschiedene Fälle behandelt werden. Sollte es zu einer Eskalation kommen und sollten die zur Verfügung stehenden Mittel ergebnislos geblieben sein, braucht man nämlich jemanden zum Deeskalieren. Sollte die Verhandlung in einer Sackgasse gelandet sein, so besteht über die hierarchisch höhere Ebene weiterhin die Möglichkeit eines Abschlusses oder einer Rückführung der Verhandlung an den Verhandlungstisch. Dazu darf der Entscheider aber im Vorfeld nicht schon beschädigt worden sein. Er darf vorher nicht schon in der Verhandlung in Erscheinung getreten sein und auch keine Zugeständnisse außerhalb des Verhandlungstisches gemacht haben. Er muss im Krisenfall deutlich machen, dass sein Verhandlungsteam mit seiner hundertprozentigen Vollmacht agiert und sein vollstes Vertrauen genießt, und entscheidet in letzter Instanz über das weitere Vorgehen. Deshalb ist es so wichtig, dass er dem Verhandlungstisch fernbleibt. Er ist nach dem Verhandlungssteuernden die zweite Deeskalationsebene und die letzte Chance, die Verhandlung doch noch zu einem Abschluss zu bringen.

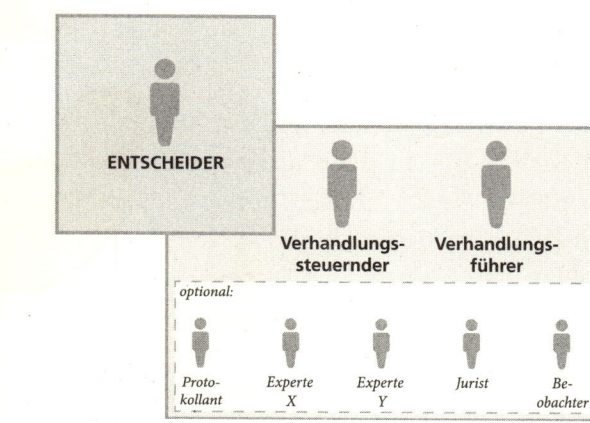

6) Mentale Vorbereitung –
Siegen beginnt im Kopf

Der chinesische General und Autor des Buches *Die Kunst des Krieges*, Sun Tzu, hat einmal gesagt: »Siegreiche Krieger gewinnen zuerst im Kopf und ziehen dann in den Krieg. Unterlegene Krieger ziehen erst in den Krieg und versuchen dann zu siegen.« Gedanken bestimmen unser Handeln. Die Gedanken, die ich mir vor einer Verhandlung mache, können entscheidend dafür sein, ob diese erfolgreich verläuft oder nicht. Gedanken definieren auch unser Auftreten. Wir alle kennen das aus dem Sport: Wenn sich ein Sportler schon im Vorfeld

Gedanken macht – ob sein Knie beim Weitsprung halten wird, ob die gegnerische Mannschaft nicht doch wesentlich stärker ist als die eigene, dass der Gegner ja so viel besser ausgerüstet ist, dass man eigentlich keine Chance hat –, dann geht er auch mit genau dieser mentalen Einstellung in den Wettkampf. Das wird das Ergebnis beeinflussen, und zwar negativ. Der mentale Zustand ist erfolgskritisch. Sich akribisch auf eine Verhandlung vorzubereiten, ist bereits ein wichtiger Aspekt, der dazu beiträgt, den mentalen Zustand zu optimieren.

Ein weiterer wichtiger Aspekt sind Vorannahmen. Stellen Sie sich vor, Sie gehen mit einem negativen Ansatz in eine Verhandlung hinein: Sie sagen sich, der Verhandlungspartner sei sprachlich doch so versiert und Ihnen überlegen, er wisse immer genau, was er tue, nutze Emotionen, um Sie zu beeinflussen, und ziehe einen womöglich über den Tisch. Er sei so selbstbewusst und lasse einen immer spüren, dass er viel mächtiger sei. Und immer wieder ziehe er überraschend ein Ass aus dem Ärmel, worauf man nicht mehr reagieren könne. Wenn Sie mit einer solchen Einstellung in eine Verhandlung hineingehen, setzen Sie sich selbst einen Filter und werden auch nur das wahrnehmen, was diese Vorannahmen erfüllt. Sie werden gar nicht merken, dass Ihr Gegenüber vielleicht nervös reagiert, und lassen sich von seinem raumfüllenden Wesen einschüchtern. Sie registrieren nicht, dass auch er Zwängen unterliegt, sondern warten nur auf den nächsten Coup, mit dem er Ihnen den Garaus machen will. Sie fühlen sich auf ganzer Linie in Ihren Vorannahmen bestätigt und werden schlecht verhandeln – ein typischer Fall für eine sich selbst erfüllende Prophezeiung.

Diesen nachteiligen Effekt kann man jedoch auch ins Positive verkehren. Denn was im Negativen wirkt, kann auch zu den eigenen Gunsten genutzt werden. Mit negativen Vorannahmen fühlen Sie sich machtlos, mit positiven können Sie Ihr Selbstbewusstsein aufbauen. Wenn Sie wahrnehmen, dass die gegnerische Seite mit hängenden Schultern an den Verhandlungstisch tritt, dann bemerkt die gegnerische Seite auch Ihr Selbstvertrauen. Sehr leicht ablesbar ist Unsicherheit übrigens auch an der Stimme. Wird eine Forderung mit schwankender, brüchiger Stimme vorgetragen, unterbrochen von zahlreichen Pausen, weil man besorgt auf die Reaktionen des Gegners wartet, dann schadet man sich nur selbst und stärkt den Gegner.

Haben Sie schon einmal die Übertragung eines alpinen Abfahrtslaufes im Fernsehen gesehen? Dann haben Sie sicher bemerkt, dass die Spitzenläufer vor dem Start mit geschlossenen Augen am Rand stehen und den Abfahrtslauf geistig simulieren. Was glauben Sie: Werden sie dann Angst haben vor der gefährlichsten Kurve? Werden Sie sich vorstellen, dort zu stürzen? Nein, sie werden diesen Lauf vor ihrem geistigen Auge optimal verlaufen lassen. Sie gehen auch diese Abfahrt mehrfach vor ihrem geistigen Auge durch. Alle Sportler machen das. Und auch Sie als Verhandler sollten so verfahren.

Arbeiten Sie an Ihrer mentalen Stärke, bereiten Sie sich darauf vor, wie Sie Ihre Anker setzen – also Informationen einbringen, die unbewusst die Entscheidung Ihres Gegenübers beeinflussen (wir kommen darauf noch intensiv zu sprechen). Bereiten Sie sich darauf vor, wie Sie Ihre Forderungen aufbereiten und vorbringen, stellen Sie sich vor, wie Sie Einwände behandeln und wie Sie mit Fragen durch die Verhandlung steuern – Schritt für Schritt. Durchleben Sie jeden Schritt der Vorbereitung und der Verhandlung und stellen Sie sich auf das optimale Ergebnis ein. Stellen Sie sich vor, wie es sich anfühlt, wenn Sie erfolgreich sind.

Das Gefühl der Leistungsstärke, des »Ich schaffe das«, darf allerdings nicht mit gnadenloser Selbstüberschätzung verwechselt werden. Denn Selbstüberschätzung ohne echte Selbstwirksamkeit zerbricht bei Stress am Verhandlungstisch. Selbstwirksamkeit ist die Überzeugung, dass wir für das, was wir erreichen oder nicht erreichen, selbst die Verantwortung übernehmen müssen. Selbstüberschätzung führt zu Arroganz und zum Unterschätzen des Gegners und weist jede Schuld äußeren Umständen zu (»Ich hatte keine Zeit, mich vorzubereiten ...« – »Der andere war unfair ...« – »Mir lagen nicht alle Informationen vor ...« etc.). Wer hingegen über große Selbstwirksamkeit verfügt, weiß sich genau einzuschätzen. Er weiß um seine Stärken und kann sich einen Erfolg somit selbst zurechnen. Er weiß aber auch, wann er etwas selbst verbockt hat, und sucht dann nicht die Schuld bei anderen.

Eine hohe Selbstwirksamkeit schützt uns davor, uns in Verhandlungen unterlegen zu fühlen – ein wichtiger Aspekt. Denn das Gefühl der Unterlegenheit löst sofort Reaktionen aus. Signalisiert uns unser Gehirn, dass wir unterlegen sind, werden archaische Fluchtreflexe in Gang gesetzt. Das Blut zieht sich zurück in die inneren Organe der Körpermitte, damit wir bei Verletzungen nicht verbluten. Ein genialer Mechanismus, nur geht es am Verhandlungstisch nicht um den Kampf mit einem Mammut. Und indem sich das Blut in die Körpermitte zurückzieht, bekommen wir nicht nur kalte Hände. Das Blut verlässt auch unser Gehirn. Unser Sprachzentrum ist sofort davon betroffen: Die Stimme wird brüchig, wir beginnen uns zu räuspern, unklar zu formulieren oder zu schnell zu sprechen – alles deutlich vernehmbare Merkmale von Verunsicherung.

Es ist deshalb nur folgerichtig, dass bei Verhandlungen Menschen eingesetzt werden, die über eine hohe Selbstwirksamkeit verfügen. Und auch wenn sie von Haus aus bereits sehr gute Voraussetzungen dafür mitbringen, so ist es doch wichtig, diese zu schulen und regelmäßig zu schärfen. Ohne mentale Stärke funktioniert keine Verhandlung.

Was kann man tun, um nicht unterlegen zu wirken? Die Navy SEALs, eine der härtesten Spezialeinheiten der Welt, unterziehen sich, so paradox das auch klingt, nicht aus physischen, sondern aus psychologischen Gründen härtesten körperlichen Übungen. Sie leben zeitweilig mit fünf Stunden Schlaf in der Woche oder halten Stunden in eiskaltem Wasser aus, um ihre mentale Kraft zu stärken. Ihre Selbstsuggestion funktioniert. Weniger martialisch ist die Übung, die ich mit Studenten regelmäßig nach der Mittagspause durchführe. Ich lasse sie ihre Arme heben und den Körper so weit drehen, bis sie nicht mehr können. Dann bitte ich sie, sich niederzulassen und sich mit geschlossenen Augen den Punkt zu merken, bis zu dem sie gekommen sind. Wenn anschließend die Übung mit geschlossenen Augen wiederholt wird, sage ich ihnen, sie sollen sich vor ihrem geistigen Auge über diesen Punkt hinausdrehen. Danach lasse ich sie die Augen öffnen und die Ursprungsübung wiederholen. Jeder ist danach in der Lage, noch ein paar Prozent zuzulegen. Selbstsuggestion wirkt.

Der Psy-Faktor – Verhandeln ist Psychologie

Wieso funktioniert diese Selbstsuggestion? Es ist unser Gehirn, genauer das limbische System, das uns hier dienlich ist – oder aber einen Streich spielt.

Psychologie spielt in Verhandlungen eine entscheidende Rolle. Vielen ist das nicht bewusst. Selbst wenn ich in meinen Seminaren und Workshops zuvor mitgeteilt habe, dass Argumente meistens überbewertet werden, beziffern die wenigsten den »Psy-Faktor«, also den Anteil, den die Psychologie in der Verhandlung spielt, korrekt beziehungsweise hoch genug. Es sind tatsächlich 70 bis 75 Prozent. Diese Zahl löst in der Regel zwei Reaktionen aus: zum einen Stirnrunzeln, weil es manchem unvorstellbar erscheint, dass psychologische Implikationen in der Verhandlung einen derart großen Raum einnehmen. Zum anderen eine massive Irritation. Wird doch eine bisher in Stein gehauene Überzeugung in ihren Grundfesten erschüttert. Wie, wenn nicht mit den besten Argumenten, kann ich überzeugen? Was, wenn nicht mein gutes Argument, gibt mir Sicherheit? Doch wer so denkt, hat immer eine dritte Instanz im Hinterkopf: jemanden Neutrales, der auch über den Wert der Argumente entscheidet. Eine solche Schiedsinstanz gibt es bei Gericht, bei Wahlen, in Fernsehdiskussionen, aber so gut wie nie am Verhandlungstisch mit zwei Parteien. Psychologie ist das erfolgskritische Merkmal der Verhandlung. Argumente haben dort natürlich auch ihren Platz, aber es kommt auf das Timing und die Verknüpfung an. An der falschen Stelle eingesetzt, wird das Argument häufig zum Hauptgrund des Scheiterns. Sein Einsatz will vorbereitet sein. Wird dieser Grundsatz nicht beachtet, so führt dies geradewegs in ein Desaster.

In Deutschland neigen wir dazu, uns auf das Sachliche zurückzuziehen und Zwischenmenschliches auszublenden. Mit Selbstbewusstsein und von der Macht unserer guten Argumente überzeugt, die alle faktisch belegbar sind, marschieren wir in die Verhandlung. Wir stellen unsere Forderung, untermauern sie mit sorgfältig aufbereiteten Fakten und stellen schnell fest: Nichts davon verfängt, niemand geht darauf ein. Unsere guten Argumente verhallen. Unserer gefühlt stärksten Waffe beraubt, fühlen wir uns nun nicht nur rat-, sondern regelrecht schutzlos. Selbstzweifel, Angst oder Wut machen sich breit – nicht nur tief in uns, sondern direkt am Verhandlungstisch. Denn längst ist für andere sicht- und hörbar, was in uns vorgeht. Wo vorher noch Siegesgewissheit in jedem Satz mitschwang, ist eine etwas brüchige Stimme übrig geblieben. Der fordernde Ton ist Verzagtheit oder Bockigkeit gewichen. Was ist nur passiert?

Den Beginn einer Verhandlung vergleiche ich gerne mit dem Betreten eines dunklen Raumes. Ich betrete ihn mit einem Ziel, aber ich weiß nicht, was mich erwartet. Als Erstes muss ich den Raum erhellen, Licht ins Dunkel bringen. Ich muss die Motive meines Gegenübers erfahren, so detailliert wie möglich. Dafür gibt es nur einen gangbaren Weg: Fragen stellen, gut zuhören, beobachten und weiterfragen. Das klingt einfach, ist aber unglaublich schwer. Denn die wenigsten Menschen sind bereit und in der Lage, ohne vorgefasste Meinung, ohne Vorannahmen diesen »dunklen Raum« zu betreten und sich auf diese Situation einzulassen. Indem wir uns intensiv auf das Gegenüber vorbereitet haben, indem wir sein Geschäftsgebaren in ähnlich gelagerten Fällen ausgiebig analysiert haben, meinen wir, dessen Bedürfnisse, Motivation, Zwänge, und Meinung zu kennen. Und dieses vermeintliche Wissen macht uns unempfänglich für das Wesentliche: zu hören und zu spüren, was das Gegenüber wirklich will. Ein guter Verhandler ist zwingend auch ein guter Zuhörer. Denn niemand wird uns so vieles und so Wichtiges über unser Gegenüber mitteilen wie dieses selbst. Den dunklen Raum werde ich nur dann erfolgreich erhellen, wenn ich nicht mit einer Vorannahme, einer vorgefertigten Meinung in das Gespräch gehe.

Warum ist das so? Sobald unser Verhandlungspartner etwas sagt, beginnen wir, diese Äußerung mit unserer vorgefassten Meinung abzugleichen. Wir machen Haken an vermeintlich zutreffende Vorüberlegungen, denken über unsere nächste Replik und Forderung nach – und vergessen dabei, auf das Wesentliche zu achten: Meinen wir wirklich dasselbe, wenn wir einen Begriff benutzen? Welche Bandbreite an Möglichkeiten öffnet mein Gegenüber gerade? Im triumphalen Gefühl, vieles – scheinbar – richtig vorhergesehen zu haben, vergessen wir, Dinge im Gespräch statt nur im Kopf abzugleichen, eine gemeinsame Verständnisebene durch Nachfragen herzustellen und ein Mosaiksteinchen nach dem anderen zu sammeln.

Ein guter Verhandler ist aber nicht nur ein guter Zuhörer, sondern auch ein geschickter Stratege, der nicht mit einer Alles-oder-nichts-Forderung in die Verhandlung geht, sondern für sich selbst eine Bandbreite von akzeptablen Ergebnissen definiert. Es geht in der Regel nicht um Sein oder Nichtsein, sondern es gibt fast immer zahlreiche befriedigende Möglichkeiten. Trete ich mit einer apodiktischen Maximalforderung in die Verhandlungen ein, so kann ich letztendlich nur mit Gesichtsverlust dahinter zurückfallen, wenn die Dinge nicht so laufen, wie ich es mir erhofft habe. Und, seien wir ehrlich: Wann ist man schon einmal in einer Situation, dass man alle seine Forderungen durchsetzt? Sobald wir uns an einen Verhandlungstisch setzen, müssen wir uns darauf einstellen, anderen entgegenzukommen. Denn gäbe es nichts auszuhandeln, könnten wir ja bestimmen. Wenn aber einer alles bestimmen kann, dann braucht es keine Verhandlung mehr.

Verhandlung heißt: Zwei haben Interesse an einer Lösung, sonst säßen sie nicht da. Das gilt für den Merger zweier Unternehmen, von denen das eine vielleicht kleiner ist als das andere, ebenso wie für Gehaltsverhandlungen mit den Chefs. Und es betrifft auch Verhandlungen über einen Waffenstillstand zwischen zwei kriegerischen Parteien. Selten gibt es dabei Situationen, in denen die Verhandlungspartner gleich mächtig erscheinen. Das Start-up erscheint uns wie David im Verhältnis zum Konzern, der es gerne übernehmen will, der Angestellte als kleines Licht gegenüber dem übermächtigen Chef. Doch ein solches Denken ist die falsche Herangehensweise an eine Verhandlung. Denn zwei Fehler darf man keinesfalls machen: sich zu überschätzen und sich von vornherein unterlegen zu fühlen. Egal, auf welcher Seite man steht –

ob man nun das Start-up oder der Konzern ist: Beide sind Verhandlungspartner auf Augenhöhe.

Diese Äußerung stößt immer wieder auf Verwunderung bei meinen Seminarteilnehmern oder Kunden. Ist es denn nicht offensichtlich, dass ein Konzern mit seiner finanziellen Potenz und seinen Ressourcen einem Start-up überlegen ist? Hat nicht der Arbeitnehmer per se schlechte Karten gegenüber dem Chef? Keineswegs. Die Tatsache, dass ein Konzern auf ein Start-up überhaupt aufmerksam wird, belegt doch, dass es einen Wert für das Unternehmen hat. Der Konzern mag groß, reich und global vernetzt sein – aber es fehlt ihm genau das innovative Produkt, das die Ideenschmiede in einem Kreuzberger Hinterhof mit Kompetenz und Kreativität erforscht und entwickelt hat. Ein guter Grund, selbstbewusst in die Verhandlungen einzutreten, an deren Ende dann ein Lizenzverkauf und ein Abkommen über Zusammenarbeit in der Grundlagenforschung stehen könnten. Ein Arbeitnehmer ist nicht von Haus aus in der schlechteren Position gegenüber dem Arbeitgeber. »Alle Räder stehen still, wenn dein starker Arm es will« – so sang der Allgemeine Deutsche Arbeiterverein selbstbewusst. Und wenn man auch nicht gerade bis zum Äußersten eines Streiks gehen will, der zudem eine solidarische Aktion ist, so tut ein Arbeitnehmer in individuellen Gehaltsverhandlungen doch gut daran, sich einiges zu vergegenwärtigen: Er ist kein Bittsteller, der gesenkten Hauptes vor den Chef treten muss. Seine Forderungen nach mehr Gehalt sind kein unsittliches Anliegen und er selbst stellt einen Wert für das Unternehmen dar.

Machen Sie sich klar: Die meisten Chefs empfinden sich gegenüber den Mitarbeitern gar nicht als übermächtig. Umfassende Vorschriften des Arbeitsrechtes sind das eine. Investitionen, die man in einen Mitarbeiter gesteckt hat, Weiterbildungen, Zeit etc. sind das andere. Seine Rolle im sozialen Gefüge des

Unternehmens oder als Ansprechpartner beim Kunden bringt den Chef ebenfalls in Abhängigkeit gegenüber dem Angestellten. Unzufriedene Mitarbeiter, die sich in die innere Kündigung zurückgezogen haben, können die Abläufe negativ beeinflussen. Das Maß an Eigeninitiativen, die einen guten Betrieb ausmachen, kann verloren gehen – und ein solches Verhalten kann ansteckend sein. Ein Mitarbeiter, der kündigt, weil ihm trotz allgemein anerkannter Leistung eine Gehaltserhöhung verweigert wurde, wirkt auch nach seinem Abgang noch stimmungsbildend: Andere Mitarbeiter identifizieren sich, ziehen Rückschlüsse auf die eigenen Positionen und werden verunsichert. Das alles kann kein Chef gebrauchen.

Jeder Mitarbeiter, der geht, reißt erst einmal eine Lücke, die geschlossen werden muss. Eventuell muss Mehrarbeit angeordnet werden, um die Zeit bis zur Neubesetzung zu überbrücken. Ein Bewerbungsverfahren muss angeschoben und durchgeführt und der Neuzugang schließlich eingearbeitet werden. Kein Arbeitgeber nimmt dies ohne Not auf sich. Das sollte sich der Arbeitnehmer klarmachen. Natürlich versucht ein Vorgesetzter, Forderungen gering zu halten, und setzt dabei Machtgebaren ein. Am Tag des vereinbarten Gespräches morgens mit mürrischer Miene oder grußlos an den Mitarbeitern vorbeizugehen wirkt einschüchternd. Der Arbeitnehmer fürchtet die Begegnung mit dem schlecht gelaunten Chef und betritt entsprechend verzagt den Raum. Körpersprache, Stimme – alles signalisiert dem Vorgesetzten, dass er ab nun leichtes Spiel hat. Statt mit einem gerechtfertigten Vorschlag anzutreten, reduziert der Mitarbeiter schon vorsorglich die Summe. Am Ende hat er sich vertrösten lassen, in einem Jahr noch mal darüber zu reden.

Oft machen Angestellte auch den Fehler, mit Blick auf in der Vergangenheit Geleistetes eine Gehaltserhöhung zu erbitten. Der Chef hat das letzte Jahr aber schon abgehakt. Ihm geht es um die Zukunft. Verbindet der Mitarbeiter seine vergangenen Leistungen jedoch geschickt mit den zukünftigen Bedürfnissen des Chefs, wird der Vorgesetzte hellhörig und lässt sich auf das Gespräch ein. Denn er sieht Möglichkeiten, SEINE Ziele zu verwirklichen: »Im vergangenen Jahr habe ich viele Erfahrungen gesammelt, die ich künftig noch stärker einbringen will ...« oder »Ich möchte Ihnen ein Konzept vorstellen, mit dem wir mehr Kunden erreichen können. Gerne übernehme ich dafür mehr Verantwortung« – solche Verknüpfungen führen zum Ziel.

Der Steuermann im Kopf

Zu Beginn meiner Ausbildung sagte mir ein Vorgesetzter: »In der Verhandlung musst du dich auf eine Person zu hundert Prozent verlassen können: dich selbst! Nur du bist verantwortlich für Erfolg oder Misserfolg.« In der Tat, wer sich dessen nicht bewusst ist, ist auf lange Sicht zum Scheitern verurteilt. Ein guter und erfolgreicher Verhandler braucht, was Psychologen Selbstwirksamkeit nennen, also die Überzeugung, für das Erreichte oder nicht Erreichte selbst die Verantwortung zu tragen. Zweifel kann dagegen genau das Gegenteil bewirken. Sie kennen sicher alle das Phänomen der sich selbst erfüllenden Prophezeiung: Das, was man vorher als Horrorszenario an die Wand gemalt hat, tritt auch ein. Wie kann das passieren?

Jeder nimmt die Welt anders wahr. Unser limbisches System speichert Erfahrungen, verknüpft vergangene mit aktuellen Ereignissen, selektiert aus der Fülle der Erfahrungen, packt sie in Schubladen oder generalisiert. Daraus entsteht ein Gefühl, das unser Handeln beeinflusst. Sie waren dreimal in London? Dreimal hat es geregnet? Also ist London für Sie die Stadt, in der es immer regnet, das Image hat sie ja sowieso. Der Sportler ist im Wettkampf immer an derselben Übung gescheitert? Er wird bald selber glauben, dass er diese Übung niemals können wird. Man kann sich einreden (lassen), was man kann und was nicht. Und man kann dagegen vorgehen: Bei einer Verhandlungsvorbereitung konzentriere ich mich mental regelmäßig auf Verhandlungen, die erfolgreich verlaufen sind. Ich durchlebe die einzelnen Stationen erneut, fühle die Freude und Erleichterung bei den erreichten Etappenzielen. Indem ich diese Bilder regelmäßig wiederbelebe, werden sie zu meiner vorherrschenden Erfahrung. So entwickelt man mentale Stärke. Sportler arbeiten deshalb schon lange mit Psychologen zusammen. So gelang es zum Beispiel dem Turner Fabian Hambüchen, dass seine Reckübung bei den Olympischen Spielen 2016 nicht von der Erinnerung an das Scheitern vier Jahre zuvor überlagert wurde, sondern von Gedanken an triumphale Erfolge.

Wie aber werde ich nun zum Hambüchen am Verhandlungstisch? Indem ich mir meinen erfolgreichen Verhandlungsabschluss vorstelle: Was werde ich empfinden? Was höre und sehe ich dabei? Wie um Himmels willen soll das denn funktionieren? Ganz einfach: Stellen Sie sich die Verhandlung wie einen Film vor. Jede Szene, jedes Wort, jeder Etappensieg wird vor ihrem geistigen Auge ausgeschmückt. Sie sind die Hauptperson. Und der Film hat ein Happy End.

Stellen Sie sich dazu bewusst folgende Fragen:
Wie werde ich in der Verhandlung auftreten?
Wie werde ich die Verhandlung gestalten?
Wie werde ich mich optimal fühlen?
Wie bekomme ich dieses optimale Gefühl?
Wie werde ich die Beziehung zu meinem Gegenüber aufbauen und sein Vertrauen gewinnen?

Wie werde ich Einwände behandeln?
Wie steuere ich mit Fragen durch die Verhandlung?
Wie werde ich meine Forderungen einbringen?
Wie fühlt es sich an, wenn ich mein bestes Ergebnis habe?
Wen werde ich danach anrufen?

Zusammenfassung

Wer erfolgreich verhandeln will, muss bei der Vorbereitung folgende Punkte beherzigen:

1. Klare Ziele definieren –
   aber nicht nur eins, sondern eine Bandbreite.
2. Keine Vorannahmen –
   immer zuhören, beobachten und nachfragen.
3. Den Gegner analysieren –
   wer verhandelt, ist immer abhängig und nicht per se über- oder unterlegen.
4. Wer zuerst argumentiert, verliert –
   ohne die Interessen der Gegenseite wirklich zu kennen, sind meine Argumente wirkungslos.
5. Sich mental auf die Verhandlung vorbereiten –
   den optimalen Verhandlungsfilm vor seinem geistigen Auge entwickeln und sich verdeutlichen, dass zwei voneinander abhängige Parteien zusammensitzen.

Drittes Kapitel
F.I.R.E. Concept of Control –
Mit Struktur zum Erfolg

*»Disziplin ist die Brücke zwischen unseren
Zielen und ihrer Verwirklichung.«*

Jim Rohn (1930–2009), amerikanischer
Unternehmer und Autor

So methodisch, wie wir Deutschen eigentlich veranlagt sind,
so verblüffend ist es für mich doch immer wieder zu sehen,
dass wir ausgerechnet in Verhandlungen viel zu oft auf das
reine Bauchgefühl setzen. Dabei hängt der Verhandlungserfolg zu einem sehr großen Teil von einem strukturierten Vorgehen ab. Struktur gibt uns einen klaren Rahmen vor. Struktur schafft Sicherheit, sie stabilisiert uns, wie die Stäbe eines
Korsetts eine labile Wirbelsäule stabilisieren. Im Rahmen einer definierten Struktur haben wir zu jeder Zeit Klarheit und
Kontrolle darüber, wo wir in einer Verhandlung stehen. Dabei
wird uns auch bewusst, wie wir Werkzeuge erfolgskritisch
einsetzen und Konflikte vermeiden können. Struktur hilft uns
dabei, in festgefahrenen Situationen das Steuer noch einmal
herumzureißen. Und dabei ist es egal, ob jemand mit Geiselnehmern verhandelt, mit Vertragspartnern oder mit dem
fünfjährigen Sohn, der an der Supermarktkasse ein paar Süßigkeiten von den genervten Eltern erpressen will – die Mechanismen bleiben dieselben.

Die perfekte Verhandlungsstruktur ist ein Konzept der konsequenten Kontrolle, unterteilt in mehrere Phasen, entwickelt

und erprobt beim FBI, bewährt auch beim BKA. Ich habe dieses Prinzip für die Wirtschaft weiterentwickelt: das F.I.R.E. Concept of Control für erfolgskritische Verhandlungen. Es bildet den Kern des F.I.R.E. Business Negotiation System. Psychologisches Wissen und dessen Anwendung entscheiden dabei maßgeblich über Erfolg oder Misserfolg. Die exklusivsten, für den Erfolg entscheidenden Informationen erhält man dabei durch den Verhandlungspartner selbst – auch wenn dieser sie gar nicht selbst anspricht. Mittels Techniken, die auch beim FBI und CIA gelehrt werden, können in einer Verhandlung vielfältige Gelegenheiten genutzt werden, um wertvolle Informationen zu gewinnen und diese strategisch einzusetzen.

Das F.I.R.E. Concept of Control startet mit einer oft unterschätzten Phase: Dem Beziehungs- oder Rapportaufbau. Was immer Sie vorhaben, wer auch immer vor Ihnen sitzt, Bekannter oder Fremder – an dieser Phase 1 führt kein Weg vorbei. Haben Sie schon einmal zwei frei laufende Hunde beobachtet, die sich begegnen? Sie springen umeinander herum, bellen, beobachten und beschnuppern einander und entscheiden danach, ob sie sich ineinander verbeißen oder ob sie miteinander spielen. Sie klären den Stand ihrer Beziehung ab. Es handelt sich um eine archaische Anlage, die auch wir Menschen in uns tragen. Es ist ein Urbedürfnis zu wissen, mit wem wir es zu tun haben, und Vertrauen aufzubauen. Eine Beziehungsphase schafft die Möglichkeit, Ergebnisse abzustimmen und Forderungen einzubringen. Und unterschätzen Sie nicht, wie wichtig es ist, auch und gerade mit Freunden und Bekannten den Beziehungsstatus abzuklären, wenn Sie in Verhandlungen treten. Denn eine Verhandlungssituation verändert vieles. Die eigenen Motive treten in den Vordergrund, und gerade bei Menschen, die einem näherstehen, die man gut zu kennen meint, treten auf einmal Charakterzüge zutage, die man bislang nicht kannte. Den guten Freund auf einmal als harten Verhandler zu erleben, kann höchst irritierend wirken, genauso wie die Vorstellung, ihm selbst mit Härte begegnen zu müssen. Deshalb ist es gerade in solchen Fällen besonders wichtig, die Beziehungsphase vor dem Hintergrund der anstehenden Verhandlung zu durchlaufen.

Sie können jetzt zwar sagen: »Das ist doch eine Binsenweisheit: Natürlich mache ich erst mal Small Talk und baue eine Beziehung auf.« Aber wenn ich echte Verhandlungen oder auch nur Verhandlungssimulationen beobachte, sehe ich meistens etwas ganz anderes. Das hat mit professionellem Beziehungsaufbau, dem Herstellen einer Vertrauensbasis, dem Herunterfahren des affektiven Abwehrschirms und dem Nutzen von Dankesschuld nur wenig zu tun.

Nach dieser ersten Phase des Beziehungsaufbaus folgen die Phasen 2, Begriffs- und Themenklärung, und 3, Herausarbeitung der Motive des Gegenübers. Diese ersten drei Phasen gehen partiell ineinander über und sind nie abgeschlossen, bis ein Ergebnis erzielt wurde. Denn das Abklären von Begriffen und Wahrnehmungen ist ein fortwährender Prozess, der den gesamten Verhandlungsakt durchzieht. Oder besser: durchziehen sollte. Denn in den meisten Fällen findet genau das nicht statt. Viele Menschen unterschätzen, wie missverständlich ein einzelnes Wort sein kann, wie unkonkret – und was es beim Gegenüber auslösen kann. Es sind unsere Assoziationen und Interpretationen, die ein Wort konkret machen. Und die müssen nicht die gleichen sein wie bei unserem Verhandlungspartner. Das birgt Sprengstoff, wenn wir nicht aufpassen. Also heißt es einzudringen in die Sprachwelt unseres Verhandlungspartners, um zu verstehen, was er wirklich meint. Denn wie sagte doch der irische Literaturnobelpreisträger George Bernard Shaw: »Der größte Irrtum in der Kommunikation ist zu glauben, sie sei gelungen.« Um diesem Irrtum nicht zu erliegen, müssen wir uns im Kopf des anderen bewegen, in seine Gedanken- und Begriffswelt ein-

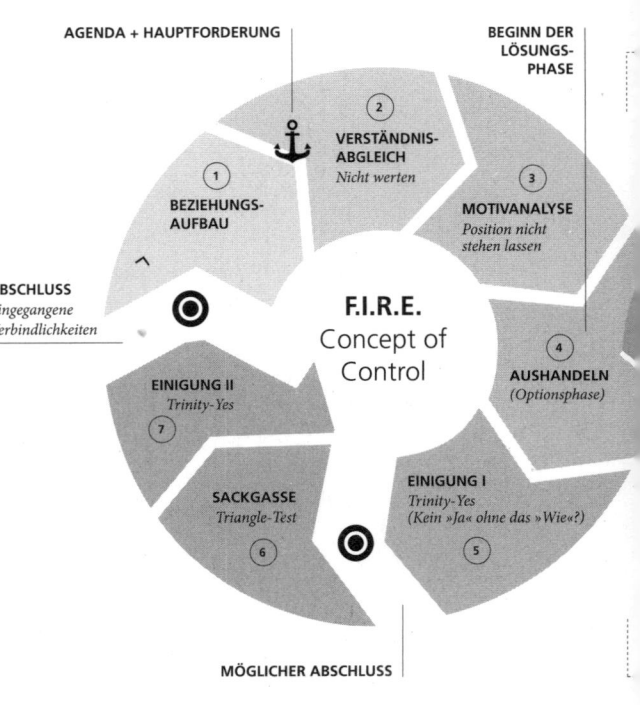

In the diagram:

AGENDA + HAUPTFORDERUNG

BEGINN DER LÖSUNGS-PHASE

2
VERSTÄNDNIS-ABGLEICH
Nicht werten

1
BEZIEHUNGS-AUFBAU

3
MOTIVANALYSE
Position nicht stehen lassen

ABSCHLUSS
Eingegangene Verbindlichkeiten

F.I.R.E.
Concept of Control

4
AUSHANDELN
(Optionsphase)

7
EINIGUNG II
Trinity-Yes

6
SACKGASSE
Triangle-Test

EINIGUNG I
Trinity-Yes
(Kein »Ja« ohne das »Wie«?)
5

MÖGLICHER ABSCHLUSS

tauchen. Aber eines dürfen wir dabei nicht tun: seine Gedanken- und Begriffswelt bewerten.

In den Phasen eins bis drei kommt eine effektive Technik zum Tragen: das Anker-Setzen. Dabei nehmen wir direkt Einfluss auf die Denkweise und Urteilsfindung unseres Gegenübers – und zwar im Sinne des von uns angestrebten Verhandlungsziels. Wir machen uns zunutze, dass Menschen direkt auf Worte reagieren. Unbewusst lassen sie sich von Worten, Dingen oder Zahlen beeinflussen. Die Agenda, die erste Summe, die erste Forderung wird ins Spiel gebracht – und sie brennt sich in unser Bewusstsein ein, ob wir wollen oder nicht. Sie werden zu Ankern, zu Dreh- und Angelpunk-

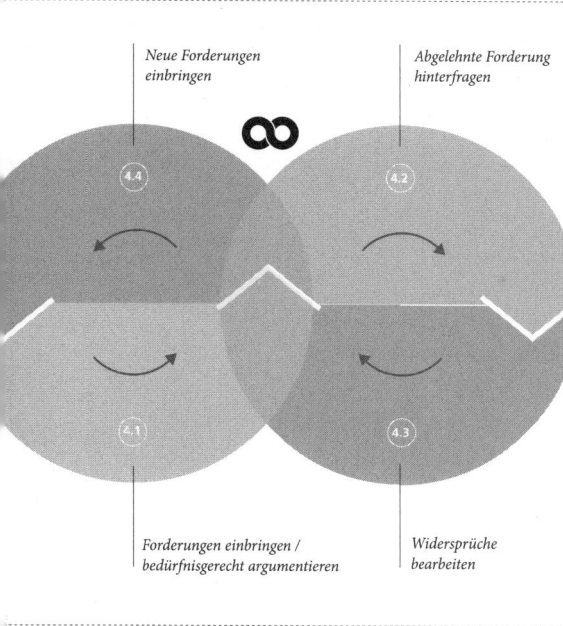

Neue Forderungen einbringen

Abgelehnte Forderung hinterfragen

Forderungen einbringen / bedürfnisgerecht argumentieren

Widersprüche bearbeiten

ten der Verhandlung, denn sie determinieren unser nachfolgendes Denken und Handeln.

Vor allem kommt es in der dritten Phase aber darauf an, die Motive unseres Gegenübers zu erkennen. Je besser ein professioneller Verhandler dessen Bedürfnisse, Ziele oder auch Ängste herausarbeitet und versteht, desto besser ist die Verhandlungsposition. Nur dann ist es möglich, Forderungen strategisch zu platzieren und das Verhandlungsergebnis immer weiter zu optimieren. Um ihre wahren Bedürfnisse zu befriedigen, sind die meisten Menschen bereit, fast alles zu tun.

Also im Vorfeld alles recherchieren und dann munter losverhandeln? Das würde wahrscheinlich scheitern. Denn die wichtigsten Informationen erhalten wir nicht von außen, sondern vom Verhandler selbst. Aber wir müssen sie herausarbeiten. Wir müssen überdies die verbale und nonverbale Kommunikation richtig deuten, um die echten Motive von Täuschungen und Bluffs unterscheiden zu können. Denn eines ist klar: Nicht immer wird uns das Gegenüber seine Motivationslage direkt präsentieren. Und manchmal werden ihm auch erst durch unser Nachfragen die eigenen Bedürfnisse richtig klar.

In Phase 4 ist es dann so weit: Jetzt geht es konkret ums Aushandeln. Jetzt ist die Zeit, die eigenen Forderungen einzubringen. Auch in dieser Aushandlungsphase muss jedoch sequenziell und strategisch vorgegangen werden. Disziplin und das Management der eigenen Emotionen sind an dieser Stelle extrem wichtig. Sie haben einen ganzen Köcher voller Forderungen? Dann schießen Sie nicht alle auf einmal ab! Denn mit Forderungen wird gearbeitet, bedürfnisgerecht agiert und lösungsbezogen argumentiert, und zwar so, dass die Argumente vor allem den Nutzen für das Gegenüber belegen. Denn dessen Motive, dessen Bedürfnisse muss ich mir zunutze machen, wenn ich selbst Erfolg haben will. Forderungen dienen im Falle einer Ablehnung auch dazu, diese zu hinterfragen und somit das Gegenüber noch besser zu analysieren.

Phase 5 läutet die Einigung ein. Hier steht das Thema Einflussnahme im Vordergrund. In Verhandlungen agiert die gegnerische Seite häufig mit nicht spontan verifizierbaren Behauptungen und Bluffs. Diese zu erkennen und außer Kraft zu setzen ist unser Ziel in dieser Phase. Eines sei an dieser Stelle vorweggenommen: Niemand ist dem hilflos ausgesetzt, wenn er die richtigen Werkzeuge kennt und die Regeln beachtet. In dieser Phase könnte die Verhandlung auch schon abgeschlossen werden, doch nicht jeder Abschluss ist machbar. Manchmal kommt man an den Punkt, an dem das Scheitern in der

Luft liegt. Um dann doch noch das Ruder herumzureißen, gibt es eine zusätzliche Phase 6: die Sackgasse. In dieser Phase werden Grenzen dargestellt, aber auch der Korridor für eine Lösung offengehalten. Zwar muss nicht jede Verhandlung von Erfolg gekrönt sein, doch es gibt immer einen Bereich der Einigung, die Zone of Possible Agreements (ZOPA), den Korridor für mögliche Einigungen. Bevor nicht dieser Lösungskorridor ausgelotet wurde, sollte niemand eine Verhandlung scheitern lassen.

Für jede Phase gibt es zahlreiche sprachliche und psychologische Instrumente. Es ist ein regelrechter Werkzeugkasten, der alles enthält, um in Verhandlungen mit schwierigen Gegenübern zu bestehen.

Phase 1: Taktische Empathie

Es war morgens früh um sechs. Wir standen vor einem Mittelklassehaus im Südwesten der Republik. Eine friedliche Wohngegend, schmuck, aber nicht vornehm. Hier lebten gut situierte, aber keine superreichen Menschen. Die ganze Gegend atmete pure Bürgerlichkeit. Alles war unspektakulär – bis auf die Männer in schwarzen Einsatzanzügen mit Sturmhauben und Maschinenpistolen, die sich bereithielten, das Haus zu stürmen. Trotz der friedlichen Morgenstimmung lag Spannung in der Luft. Ein kurzes Nicken des Einsatzleiters, und der Zugriff begann. Das Kommando brach durch die vordere Haus- und die hintere Terrassentür, die MP5 im Anschlag. Der Hauseigentümer wurde aus dem Schlaf gerissen, in Handschellen gelegt und in ein kleines Zimmer geführt, augenscheinlich ein Büro. Nachdem klar war, dass kein bewaffneter Widerstand zu erwarten war, wurde das ganze Haus systematisch durchsucht. Jedes

Stück Papier wurde umgedreht, nichts sollte übersehen werden. Was war der Grund für diese Aktion? Der Mann, der hier hinter bürgerlichen Fassaden lebte, wurde dringend verdächtigt, ein führender Kopf im Bereich des organisierten Autodiebstahls und des Drogenschmuggels zu sein. Uns lagen Erkenntnisse vor, dass er für einen polnischen Ring von Autodieben arbeitete. Er koordinierte in dessen Auftrag eine Gruppe von professionellen Fahrzeugdieben, die in großem Stil exklusive Autos auskund-schafteten und bestimmte Wünsche zahlungskräftiger Kunden bedienten, für die der Gang ins Autohaus nicht die erste Adresse beim Autokauf war. Suchte jemand beispielsweise einen schwar-zen Porsche 911 Turbo mit karierten Sitzen und einer speziellen Ausstattung, so war der Besitzer dieses Hauses der Strippenzie-her, der seine Späher ausschwärmen ließ. Er sorgte nicht nur dafür, dass die gewünschten Edelkarossen gefunden, sondern auch ohne Schaden anzurichten geknackt und nach Polen über-führt wurden.

Doch das war noch nicht alles. Er stand auch in dringendem Verdacht, synthetische Drogen aus Polen in den deutschen Süd-westen einzuführen. Wir hatten es hier mutmaßlich mit organi-sierter Kriminalität zu tun, und er war eine Schlüsselperson.

Für mich war ein solcher Einsatz beileibe noch keine Routine. Ich befand mich in der Ausbildung beim BKA und war zu die-sem Einsatz in die Polizeidirektion dieser kleinen südwestdeut-schen Stadt abgestellt worden, um zu lernen. Die ganze Szene hatte etwas von einem Actionfilm. Der Leiter des Einsatzes hat-te für mich eine Aufgabe: »Bewachen Sie den Verdächtigen!« Das klingt aufregender, als es ist, schließlich war das Haus bes-tens bewacht und der mutmaßliche Täter trug Handschellen. So saß ich also morgens kurz nach sechs Uhr mit einem etwas des-orientierten mutmaßlichen Verbrecher, dessen Blut voller Adre-nalin und dessen Blick voller Abscheu war, in seinem Arbeits-zimmer und musste darauf achten, dass nichts passierte. Die

Stimmung war entsprechend frostig. Der Mann wirkte aggressiv und schaute mich zornig und prüfend an, um dann ostentativ wegzuschauen. Währenddessen kehrten die Kollegen der Polizei im ganzen Haus das Oberste zuunterst, um Beweise zu finden und sicherzustellen. Meine Aufgabe bestand im Prinzip aus reinem Nichtstun. Da zu erwarten war, dass die Hausdurchsuchung mehrere Stunden dauern würde, drohte mir die pure Langeweile. Und so beschloss ich, etwas auszuprobieren, das ich gerade in der Ausbildung gelernt hatte: den Beziehungsaufbau zum Täter. Natürlich rechnete ich nicht mit einem Erfolg. Aber ich wollte mich nicht langweilen und das, was ich im Unterricht gelernt hatte, für mich selbst einmal ausprobieren.

Zunächst wollte ich ein Gefühl für den Mann entwickeln, dessen kriminelle Machenschaften diesen drastischen Einsatz im Morgengrauen erforderlich gemacht hatten. Ich sah mich in dem Arbeitszimmer um. Es war sehr aufgeräumt. In den raumhohen Bücherregalen stand wohlsortiert eine Reihe von Büchern, die sich mit Technik beschäftigten. Eines davon handelte von der Mechanik alter Uhren. Mein Blick fiel wieder auf meinen Zimmergenossen. An seinem Arm blitzte eine silberne Uhr. Keineswegs protzig, aber hochpreisig. Ich schätzte sie auf rund 18.000 DM. Es war ein Liebhaberstück, ein Chronograf von Piaget, sehr schmal, in Weißgold, mit Handaufzug. Als Nächstes fiel mir ein Buch über die Dominikanische Republik auf, ein Land, das ich selbst schon mehrfach besucht hatte, um dort zu tauchen. Ob mein unfreiwilliger Gastgeber auch Taucher war? Das könnte ein Anknüpfungspunkt sein. Auf dem Schreibtisch stand prominent platziert ein Familienfoto. Es zeigte ihn, seine Frau und zwei Kinder – einen Jungen und ein Mädchen. Die Familie strahlte in die Kamera, er schaute stolz auf Frau und Kinder. Die Harmonie, die dieses Bild verströmte, wirkte nicht gestellt. Ein Familienmensch. Einer, der detailorientiert und ordnungsliebend ist, Freude an Technik hat und in seinen Arbeitsprozessen strukturiert ist. Fast etwas spießig. Alle diese ersten Eindrücke deuteten auf eine gewissenhafte, nachhaltige Persönlichkeit hin. Kaum zu glauben, was man ihm vorwarf. Es war Zeit, mit ihm ins Gespräch zu kommen.

Ich erinnerte mich daran, dass es durchaus hilfreich ist, die biologischen Grundbedürfnisse seines Verhandlungspartners zu bedienen, um erfolgreich eine Beziehung aufzubauen. Biologischen Grundbedürfnisse wie Atmung (saubere Luft), Bekleidung, Trinken, Essen, Schlaf. Den Schlaf hatten wir ihm gerade geraubt. Aber wie sah es mit Trinken aus? Mein Grundbedürfnis morgens um mittlerweile halb sieben bestand aus einem Wort: Kaffee! Man musste kein Hellseher sein, um zu ahnen, dass sich auch der finster dreinblickende Mann auf der anderen Seite des Schreibtischs nach dem unsanften Wecken durch vermummte Männer mit Maschinenpistolen sich sicherlich auch nach etwas zu trinken sehnte. Ich machte einen Vorstoß: »Möchten Sie etwas trinken? Einen Kaffee vielleicht?« Ich hatte mich etwas vorgebeugt, um auch körperlich Distanz abzubauen.

Mein Gegenüber schwieg zunächst. Sein Blick wurde noch prüfender, er bemühte sich sichtlich um Ablehnung, doch ich hielt seinem Blick stand und lächelte ihn ermunternd an: »Wenn Sie mir sagen, wo Ihre Kaffeemaschine steht, dann kann ich Ihnen gern einen Kaffee machen.« – »Können Sie eine italienische Profimaschine bedienen?«, fragte er schließlich – das Bedürfnis nach einer guten Tasse Kaffee schien zu gewinnen, wenn auch unverhohlene Verachtung in seiner Stimme lag. Er ließ mich spüren, dass er mir den Umgang mit einer derart luxuriösen technischen Hochleistungsmaschine von La Marzocco nicht zutraute, und begann mir zu schildern, wo die Maschine stand. Er erklärte detailliert, wie sie zu bedienen sei und wie man den besten Café Crème erzeugte. Der Stolz auf diese damals für einen Privathaushalt noch ungewöhnliche Maschine war ihm anzumerken, seine Begeisterung für die Technik und die Vorfreude auf den Kaffee, der für ihn wohl mehr war als ein morgendlicher Koffeinschub. Als ich die Tür öffnete, um einen Beamten zu verständigen, der mich kurz ablösen sollte, rief er mir nach: »Und bringen Sie sich auch einen mit!« Das lief nicht schlecht.

Ich kam mit zwei Tassen Kaffee und einem Tablett zurück, auf dem Wasser sowie Milch und Zucker standen. Der Kaffee duftete, die Crema sah aus wie gemalt. Der Beschuldigte nahm die Tasse; Milch und Zucker ignorierte er. Ich tat es ihm gleich, obwohl ich damals immer Zucker und Milch nahm, denn ich wollte seine Gewohnheiten spiegeln, so wie ich es in der Ausbildung gelernt hatte. Zunächst tranken wir schweigend. Der Kaffee war köstlich! Kein Vergleich zu der abgestandenen Plörre von der Nachtbesprechung zur Einsatzplanung. »Der Kaffee ist großartig! Vielen Dank, dass Sie mich dazu eingeladen haben! So guten Kaffee habe ich bisher nur in Südamerika und der Karibik getrunken«, beendete ich das Schweigen. Mein »Gastgeber« taute auf. Er bestätigte meinen Eindruck. Auch er sei häufig in Südamerika gewesen und habe stets den Kaffee dort genossen. Er erzählte auch, dass er mehrfach in der Dom Rep gewesen sei und dort großartige Tauchgänge gemacht habe. Wir hatten unser Gesprächsthema! Ich erzählte vom Wracktauchen in der Dom Rep und dass ich bereits beim Militär im Tauchen ausgebildet worden sei. Wir unterhielten uns über die Vorzüge beim Wracktauchen mit Heliox-Gemischen in größeren Tiefen.

Ich zeigte auf das Familienfoto: »Tauchen Ihre Kinder auch?« Der Sohn – er hieß Micha – sei mit ihm getaucht, erfuhr ich. Ein großartiger Junge, mathematisch begabt, technisch interessiert und ein sehr guter Sportler. Die Kinder habe seine Frau mit in die Ehe gebracht, aber er liebe sie wie seine eigenen. Der Micha sei sein ganzer Stolz, ihm werde er ein Studium finanzieren. Er spiele jetzt Handball – Rückraumspieler in der Landesauswahl. Ich konnte es nicht fassen – die nächste Gemeinsamkeit! »Ich habe in der Landesauswahl von Hessen gespielt«, erzählte ich.

Wir tauschten uns über das Prozedere eines solchen Auswahlprozesses aus und welche zeitliche Belastung Trainingseinheiten und Spiele darstellten. Die Atmosphäre in dem kleinen Raum entspannte sich zusehends, während hin und wieder die Stimmen der Beamten an unsere Ohren drangen, die Schränke und Schubladen durchsuchten.

Ich lobte nicht nur, suchte nicht nur nach gemeinsamen Interessen, sondern kopierte auch seine Sprachmuster, so wie ich es gelernt hatte – kurze schnörkellose Sätze verwandte mein Gegenüber und ich antwortete auf dieselbe Weise. Die Beziehung wurde immer besser. Nach einer Stunde intensiven Gesprächs war von der starren Ablehnung nichts mehr zu spüren. Wir lachten viel, mir war es gelungen, ein gutes Gespräch zu etablieren. Plötzlich, aus heiterem Himmel, sagte der Beschuldigte: »Ich mag Sie. Ich vertraue Ihnen. Ich möchte eine Aussage machen.« Ich war völlig verdattert. Das hatte ich nicht erwartet. Ich stotterte regelrecht, als ich seine Aussage wiederholte: »Das heißt … ich verstehe das also richtig … Sie wollen … Sie wollen aussagen?« – »Ja«, bestätigte er, »ich will aussagen. Aber bei Ihnen!«

In dem Moment ging die Tür auf, mein Vorgesetzter steckte den Kopf herein und fragte, ob alles okay sei. Ich bejahte und berichtete, dass der Verdächtige aussagen wolle. Mein Vorgesetzter zog mich auf die Seite und fragte nach, was passiert sei. Ich erzählte nicht, was ich alles getan hatte, aber ich führte die Befragung durch, einen erfahrenen Kollegen an meiner Seite. Dank der lückenlosen Aussage konnte ein umfangreiches Täternetz aufgedeckt werden. Unser Beschuldigter wurde Kronzeuge in dem Verfahren; er und seine Familie kamen in ein Zeugenschutzprogramm. Und für mich gab es eine aktenkundige Belobigung.

Der Mensch sehnt sich generell danach, jemandem vertrauen zu können. Und gerade in Verhandlungen ist ein Mindestmaß an Vertrauen unerlässlich. Andernfalls überschattet das Grundgefühl des Misstrauens die Szenerie – das Scheitern der Verhandlungen liegt schon in der Luft, bevor sie begonnen haben.

Wenn ich hier vom Beziehungsaufbau spreche, dann geht es gewiss nicht darum, neue Freunde zu finden oder aus purer Menschenfreundlichkeit oder Sympathie zu handeln. Ich brauche eine vertrauensvolle Beziehung, um zu meinem Gegenüber durchzudringen, seine Gedankenwelt aufzubohren und meine Strategie zielführend anzuwenden. Doch wie stelle ich eine vertrauensvolle Beziehung her, wenn ich mit einem Geiselnehmer verhandele? Geht das überhaupt? Und wie soll das klappen, wenn ich bei Kundenverhandlungen weiß, dass mein Gegenüber als aggressiv und irrational gilt und dass er meinen Produktpreis möglichst weit in den Keller drücken möchte? Wie schaffe ich es, Vertrauen herzustellen, ohne das nach Ansicht des Wirtschafts-Nobelpreisträgers Paul Krugman jede Form des Aushandelns, des Verhandelns und auch des Handelns generell unmöglich ist? Das alles sind berechtigte Fragen, und es ist erstaunlich, dass sich bislang die wenigsten Menschen professionell damit beschäftigen, Beziehungen aufzubauen. Klar, es gibt Flirtschulen oder man lernt es zumindest teilweise im Vertrieb. Doch in den meisten Verhandlungskonzepten wird diese so elementare Phase sträflich vernachlässigt.

Und das fällt den Beteiligten dann auf die Füße, wenn die ersten Konflikte in der Verhandlung auftreten. Denn schafft man es nicht, die Beziehungsebene während der Verhandlung stabil zu halten, auch wenn Konflikte auftreten oder es hoch hergeht, dann schafft man es nur schwer oder gar nicht, die Verhandlung erfolgreich abzuschließen. Tatsächlich wurden schon Verhandlungen gekippt, weil die Verhandlungspartner sich schlichtweg nicht leiden konnten – und zwar völlig unabhängig davon, dass die einzelnen Fachbereiche optimale Ergebnisse ausgehandelt hatten.

Ein Beispiel dafür ist der Streit zwischen REWE und Kaiser's Tengelmann, der im Herbst 2016 die Wirtschaftsseiten der Tageszeitungen beherrschte. Was war passiert? Da saßen zwei Verhandler am Tisch, die unterschiedlicher nicht sein konnten: Tengelmann-Eigentümer Karl-Erivan Haub und REWE-Chef Alain Caparros. Der eine, ein in Tacoma, Washington geborener deutscher Milliardärssohn, der andere ein Sohn von Algerienflüchtlingen mit deutsch-französischem Doppelpass. Karl-Erivan Haub wurde zwar in eine der reichsten Familien Deutschlands hineingeboren, aber er verdiente sich erste Meriten außerhalb des Familienimperiums, unter anderem bei McKinsey. Nach Eintritt in das Familienunternehmen baute er nach der Wende im Osten die Geschäfte aus, lebte vor Ort in einem Wohnwagen. Haub, der seine Hartnäckigkeit und Ausdauer auch regelmäßig beim Marathonlauf unter Beweis stellt, tritt öffentlich für klassische deutsche Tugenden wie Ordnung, Zuverlässigkeit und Pünktlichkeit ein. Mit seinem Vater legte er sich an, als er in die Unternehmensleitung eintrat. Der Patriarch hatte aus Sicht des Sohnes zu sehr aus dem Bauch heraus gewirtschaftet und aus »emotionalen Gründen«, wie Haub junior sagte, an unwirtschaftlichen Unternehmungen festgehalten. Die Mutter fungierte schließlich als Mediatorin zwischen den zerstrittenen Familienmitgliedern. Schlagzeilen machten Gerüchte, wonach Haub Familienmitglieder und Führungskräfte hatte überwachen lassen.

Auf ein bewegtes Leben blickt auch Alain Caparros zurück. Seine Vorfahren waren aus der Normandie und Spanien nach Algerien ausgewandert, wo seine Eltern als Mühlenbesitzer in Wohlstand lebten. Doch dann kam 1962 die Unabhängigkeit Algeriens, woraufhin die Familie alles verlor. Caparros, der für einen Topmanager erstaunlich viel Privates preisgibt, erzählt gerne, dass sein Vater immer mit einem Revolver herumlief, da er sich einer Geheimorganisation angeschlossen hatte, die gegen die algerische Unabhängigkeit kämpfte. Seine Eltern hatten den Verlust von Wohlstand und Bedeutung nie verkraftet, was großen Eindruck auf den Sohn machte. Ebenso wirkte sich die kalte Ablehnung aus, die der Familie nach der Rückkehr in Frankreich entgegenschlug. Caparros fühlte sich zurückgesetzt: »Das hat in mir das Bedürfnis geweckt, erfolgreich zu werden – ohne zu vergessen, woher ich komme. Ich will Geld verdienen, ich will was aufbauen. Das war mein Antrieb.« Caparros, der nach eigenen Angaben ein Fan von Deutschland ist, bezeichnet sich selbst als harten Chef, der aber trotzdem überzeugt ist, mit Zuneigung im Management erfolgreicher zu sein.

Dass diese beiden Alphatiere sich in Verhandlungen nichts schenken würden, schien von Anfang an klar. Aber wie schwierig es werden würde, konnte keiner ahnen. Haub, eine wahrscheinlich eher zwanghafte und misstrauische Persönlichkeit, die eher zurückhaltend im Außenauftritt ist und dies auch in seinem Bekleidungsstil mit gedeckten Tönen zum Ausdruck bringt, auf der einen Seite, auf der anderen Caparros, eher eine initiative Persönlichkeit mit selbstbezogenen Charakteranteilen, der die Öffentlichkeit nicht scheut und auch in seinem extrovertierten Bekleidungsstil mit auffälligem Brillengestell und buntem Schal einen Gegenpol zu Haub bildet.

Bei derart unterschiedlichen Persönlichkeitstypen wäre es gut gewesen, zu Beginn der Verhandlungen mehr in die Beziehungsebene zu investieren. Stattdessen tat man das Gegenteil. Zunächst unterstellte Tengelmann-Eigentümer Karl-Erivan Haub REWE unlautere Absichten, dann beschuldigte REWE-Chef Alain Caparros Haub und EDEKA-Chef Markus

Mosa der gezielten Verweigerungstaktik. »Wir befürchten, dass Haub und Mosa von Anfang an einen Plan B hatten und nur Zeit gewinnen wollten«, so die öffentlichen Vorwürfe von Caparros. Hintergrund: Haubs ursprünglicher Plan, sein Unternehmen an EDEKA zu verkaufen, wurde vom Bundeskartellamt verhindert. Die Arbeitsplätze von 15.000 Menschen standen auf dem Spiel. Die Situation war aufgrund persönlicher Animositäten derart verfahren, dass Altbundeskanzler Schröder als Vermittler angefordert wurde. Ohne die Mediation durch Schröder gäbe es wahrscheinlich bis heute keine Einigung. Und dies auch, weil die Protagonisten daran gescheitert waren, ihre Unterschiede nicht zu behandeln, die gegenseitigen Animositäten zu unterdrücken und für die Dauer der Verhandlung eine stabile, vertrauensvolle Beziehung aufzubauen.

Diese Art des professionellen Beziehungsaufbaus, dem beide Protagonisten offenkundig wenig Bedeutung beigemessen hatten, nennt man in der Fachsprache »Rapport«. Er ist Voraussetzung für eine wirkungsvolle und erfolgreiche Kommunikation, die zum Verhandlungsabschluss führt. Ohne Rapport könnten gar keine Kommunikationsbrücken gebaut werden. Das gilt für einen Vertragsabschluss und Verkaufsgespräche genauso wie für Verhandlungen mit einem Geiselnehmer.

Wenn Menschen in Kontakt treten, geschieht das zunächst meist unbewusst. Der andere wird dabei nicht nur über das, was er sagt, sondern auch nonverbal wahrgenommen. Und je positiver dieser Kontakt durch den Einzelnen bewertet wird, desto stärker ist dann seine Anpassung und Bezogenheit auf das Gegenüber. Kurz gesagt: Wen ich mag, dem helfe ich. Menschen neigen bei einem bestehenden Rapport tendenziell eher dazu, das Gegenüber positiv zu bewerten. Sie vertrauen einander leichter und nehmen im Verlauf der Verhandlung Gesagtes weniger kritisch auf.

Wir alle kennen solche Situationen aus dem Alltag: Der Rasenmäher des sympathischen Nachbarn stört uns weniger als der vom Stinkstiefel gegenüber. Schuld daran ist unser träges Gehirn. Statt uns sprichwörtlich den Kopf über einen Sachverhalt zu zerbrechen, treffen wir Entscheidungen lieber aus dem Bauch heraus, auf der Basis emotionaler Kriterien. Unser Gehirn bewertet einen Sachverhalt nicht rational, auch wenn es im Nachhinein eine rationale Begründung liefert. Zu diesem Zeitpunkt wurde die Entscheidung aber schon längst getroffen, und zwar auf der Basis von Emotionen – es geht also um das Gefühl, das wir in Bezug auf einen Sachverhalt oder eine Person entwickelt haben. Ist es positiv, fällt auch die Entscheidung höchstwahrscheinlich positiv aus; ist es negativ, stehen wir der Person oder dem Sachverhalt eher ablehnend gegenüber. Erst dann machen wir uns an die rationale Begründung und untermauern die affektive Bauchentscheidung mit kognitiven Argumenten. Psychologen nennen dieses Phänomen übrigens »Affektheuristik«; es macht deutlich, warum der Rapport in Verhandlungen so wichtig ist.

Beim Aufbau eines tragfähigen Rapports ist Sympathie ein erster wichtiger Hebel. Nun wäre es aber höchst unbefriedigend, wenn Verhandlungserfolg davon abhinge, dass auf der gegnerischen Seite eine Person sitzt, die einem sympathisch ist oder der man selbst auf Anhieb sympathisch ist. Darauf sind wir glücklicherweise nicht angewiesen, denn persönliche Sympathie lässt sich herstellen. Ingratiation ist eine von Edward E. Jones, Professor an der renommierten Princeton-Universität, geprägte psychologische Technik, um beim Gegenüber Sympathie zu erzeugen.[5] Das einfachste Mittel hierzu ist das, was ein wahrer Gentleman im Schlaf beherrschen sollte und uns in Verhandlungen doch so schwer über die Lippen kommt: Komplimente machen. Doch Vorsicht! Je nach Persönlichkeitstypen gilt es, das Lob zu dosieren und richtig anzubringen. Brauchen selbstbezogene oder narzisstische Persönlichkeiten einen großen Umfang an Lob für ihre eigene Person, so benötigen zum Beispiel gewissenhafte Personen deutlich weniger Lob und dann eher für eine erledigte Aufgabe. Zu viele oder zu weit hergeholte Komplimente können kontraproduktiv sein, vor allem dann, wenn der Eindruck entsteht, man wolle sich beim Gegenüber lediglich einschleimen. Ingratiation wird nicht umsonst mit »Einschmeicheln« oder »Anbiederung« übersetzt. Dabei ist Einschmeicheln eigentlich nichts Verwerfliches, im Gegenteil. Allerdings hängt der Erfolg, nämlich der Aufbau von Sympathie, maßgeblich davon ab, dass das Verhalten nicht als bloßes Mittel zum Zweck empfunden wird. Denn dann wird aus dem Einschmeicheln schnell das besagte Einschleimen, und die Sympathie – und damit auch der Rapport – ist dahin, noch bevor sie entstehen konnte.

Das gilt auch für eine weitere Methode der Ingratiation, die genau wie das Schmeicheln beim Selbstwertgefühl des Gegenübers ansetzt. Während ein Kompliment direkt darauf abzielt, geht eine vermeintliche Einstellungsänderung den indirekten Weg. Hier wird der Gegenseite suggeriert, man hätte durch ihr Einwirken, aufgrund ihrer Argumentation seine Einstellung geändert. Dies kann sehr gut in der Verknüpfung mit den Scheinforderungen oder Dummys eingesetzt werden. Geht die Taktik auf, fühlt sich das Gegenüber gestärkt. Immerhin glaubt es, man schätze seine Werte oder Überzeugungen so sehr, dass man bereit sei, seine eigenen über Bord zu werfen. Dies schafft Nähe und Vertrauen und im Gegenzug ist das Gegenüber möglicherweise bereit, eine andere Forderung zu akzeptieren. Wem dieses Spiel zu riskant ist, der kann es auch mit einer abgeschwächten Form versuchen, indem er keine Einstellungsänderung, sondern lediglich eine Einstellungskonformität vortäuscht. Oder aber man wählt eine Methode, die mit dem eigenen Auftreten, der Selbstdarstellung, arbeitet. Ziel ist es dabei, ein bestimmtes Merkmal oder einen bestimmten Wert zu betonen, von dem man weiß, dass er positiv beim anderen ankommt. Das kann eine Charaktereigenschaft sein, die dem Gegenüber von Grund auf sympathisch ist, Werte, für die er eintritt, oder eine bestimmte Verhaltensweise, die von der Gegenseite besonders honoriert wird. Spätestens hier zeigt sich die gute Vorbereitung bei der Analyse der Person. So können Sie bei einer gewissenhaften und peniblen Persönlichkeit eine stärkere Sympathie aufbauen, wenn Sie Ihre Unterlagen ebenfalls fein säuberlich hinlegen, anstatt sie wild über den Tisch zu streuen. Es sind Kleinigkeiten, die Großes bewirken können, wenn sie tatsächlich dazu führen, dass wir dem anderen sympathisch sind.

Allerdings ist es bei dieser Ingratiationstaktik wichtig einzuschätzen, welche Form der Selbstdarstellung tatsächlich die gewünschte Wirkung erzielen wird. Findet es der Verhandlungspartner sympathisch, wenn ich als selbstbewusste Person noch selbstbewusster auftrete – mein Verhalten also verstärke – oder wenn ich ihm gegenüber gerade nicht selbstbewusst bin – mein Verhalten also abschwäche? Ohne eine fundierte Vorbereitung, in der ich die Persönlichkeitsstruktur meines Gegenübers genau analysiert habe, kann die Selbstdarstellung zum Tanz auf Messers Schneide werden. Nicht minder riskant ist eine weitere Methode, Sympathie zu erzeugen – nämlich auf die Humor-Karte zu setzen. Es ist der Klassiker bei der Frage nach dem Traumpartner: Hauptsache, lustig. Auch in Verhandlungen kann Humor durchaus nützlich sein, sofern man ihn richtig einsetzt. Förderlich für den Sympathieaufbau ist es zum Beispiel, einen »gemeinsamen Lacher« zu erzeugen, also eine lustige Situation aufzugreifen, die man mit dem Gegenüber teilt. Auf diese Weise lassen sich nicht nur Sympathiepunkte sammeln, sondern man fördert zugleich auch die Gemeinsamkeiten. Aber auch hier gilt es, äußerst vorsichtig zu sein und nicht zu übertreiben. Der gemeinsame Lacher sollte auch wirklich für beide Seiten gleich unterhaltsam sein und keinesfalls auf Kosten genau der Person gehen, die ich eigentlich für mich gewinnen will.

Wesentlich ungefährlicher und womöglich auch effektiver, gerade in Verhandlungen, ist eine Taktik, die sich das sogenannte Gegenseitigkeitsprinzip zunutze macht. Denn wir folgen nicht nur dem eingangs erwähnten Leitspruch »Wen ich mag, dem helfe ich«, sondern streben darüber hinaus auch nach der Faustregel »Wie du mir, so ich dir«. Soziale Interaktionen unterliegen der unbewussten Regel, dass das Verhältnis von Kosten und Nutzen für jeden Interaktionspartner ausgeglichen sein soll. Es ist somit ein menschliches Grundbedürfnis, jede Beziehung auf einer ausgeglichenen Balance aus Geben und Nehmen aufbauen zu wollen. Entsprechend erzeugen wir bei unserem Verhandlungspartner einen Zugzwang, wenn wir in Vorleistung gehen, indem wir ein Bedürfnis von ihm befriedigen und in Vorleistung gehen, also ihm »einen Gefallen tun«. Sein Gehirn versucht nun, die Balance wiederherzustellen, und er fühlt sich unbewusst verpflichtet, uns eine mindestens genauso große Gefälligkeit zu erweisen. Damit lösen wir nicht nur ein positives Gefühl in Form von Sympathie aus, sondern manövrieren ihn auch in eine Art »Bringschuld«. Dabei lässt sich der Wert einer Vorleistung natürlich nicht objektiv messen, sondern hat für jeden eine subjektive Bedeutung. Dann erzeugen Sie bei Ihrem Gegenüber nicht nur ein Gefühl von Sympathie, sondern auch ein immer stärker werdendes Bedürfnis, etwas zurückzugeben. Wenn Sie immer freundlich und zugewandt sind – beispielsweise wenn Sie in der Verhandlung dafür sorgen, dass die Raumtemperatur angenehm ist, dass das Glas immer voll ist, wenn Sie zugewandt sind und darauf achten, dass es ihm gut geht – bleibt dies nicht ohne

Folgen: Der Verhandlungspartner wird uns mögen. Mehr noch – er wird uns entgegenkommen.

Gegenseitigkeit ist eine Variante, um Sympathie zu erzeugen, Ähnlichkeit eine andere. Zahlreiche Experimente, bei denen die Gesichtsmuskeln gemessen wurden, haben belegt, dass Menschen glücklich sind und lächeln, sobald sie etwas wiedererkennen. Die Psychologie spricht hier vom Ähnlichkeitsprinzip.

Finden sich Studenten, die einander zuvor nicht kannten, in einer Wohngemeinschaft ein, so lässt sich ziemlich sicher vorhersagen, wer sich mit wem anfreundet: Nämlich jene, die die größte Ähnlichkeit in Bezug auf Herkunft oder Hobbys, Werte oder Ziele etc. haben. Wer also Erfolg haben will in Verhandlungen, der sollte so viele Ähnlichkeiten wie möglich mit seinem Gegenüber identifizieren und aktiv herausstellen – sei es der gleiche Lieblingsverein, der gleiche Musikgeschmack, die Art, sich zu kleiden, der gleiche Dialekt oder eine gemeinsame Überzeugung. Grundsätzlich können Gemeinsamkeiten sowohl über Interessen als auch über deren Umsetzung und Struktur auftreten. Und sie werden ihre Wirkung nicht verfehlen. Die Psychologie spricht hier von der reziproken Zuneigung, was nichts anderes bedeutet, als dass uns sympathisch ist, wem wir sympathisch sind. Selbst Menschen, mit denen wir nichts gemein haben, bei denen das Ähnlichkeitsprinzip nicht verfängt, reagieren positiv, wenn sie das Gefühl haben, dass das Gegenüber sie mag. Voraussetzung ist jedoch, dass diese Menschen nicht über ein schwaches Selbstwertgefühl verfügen. Sonst gieren sie danach, dass andere deren schwaches Selbstbild bestätigen.

Menschen sind von Geburt an in der Lage, einen Rapport herzustellen. Ja, wir existieren eigentlich nur durch diese Fähigkeit. Denken Sie an ein Baby – es gibt nichts Hilfloseres, nichts, was abhängiger wäre von der Zuwendung anderer als ein Neugeborenes. Instinktiv setzt es ein Lächeln auf und macht große Augen, ahmt die Mimik der Eltern nach und baut so Verbindungen auf. Ohne Worte und maximal erfolgreich. Denn nicht nur die leiblichen Eltern reagieren positiv, sondern auch völlig Fremde können sich in der Regel dem Charme der Babys nicht entziehen. Die Neuropsychologie hat entsprechend spezialisierte Gehirnstrukturen gefunden, die dafür verantwortlich sind: die sogenannten Spiegelneuronen. Sie sorgen dafür, dass wir unsere Umwelt immer dahingehend scannen, ob etwas gleich ist, ob es etwas gibt, das wir kennen. Kommt uns etwas »anders« vor, dann stufen wir es unterbewusst eher als Risiko ein. Finden wir hingegen Bekanntes, Gleiches oder Ähnliches, dann schöpfen wir Vertrauen. Wir fühlen uns, wenn schon nicht zu Hause, so doch im Freundesland.

Auch wenn wir das vielleicht nicht gerne hören: Wir unterscheiden uns darin nicht von unseren Vorfahren in der Steinzeit. Denn aus dieser Zeit rührt diese Fähigkeit her. In der Frühzeit des Menschen, als die Sprache noch nicht ausgebildet war, war die Fähigkeit, die Körpersprache der anderen richtig zu deuten, überlebenswichtig. Das System der Spiegelneuronen hat also eine bedeutende Rolle in der Evolution des Menschen und in der Entwicklung der Kulturen gespielt. Begegneten unsere Vorfahren auf der Jagd einem anderen Menschen, dann konnten sie durch das Abgleichen bestimmter Merkmale feststellen, ob wir es mit einem Freund oder einem Feind zu tun hatten. Dieses Verhalten hat auch unsere Gehirnstrukturen gefestigt. Menschen sind in der Evolution auf zwei Dinge angewiesen: das eigene Überleben durch permanente Anpassung zu sichern, zu erkennen, von wem und was Gefahr ausgeht, und gleichzeitig andere zu finden, die die eigenen Gefühle und Bedürfnisse »spiegeln«. Über viele Jahrtausende wurden so die Spiegelneuronen ausgebildet und wir profitieren davon noch heute.

Die Spiegelneuronen führen auch zu dem, was den Rapport überhaupt erst ausmacht: zum Spiegeln des Gegenübers. Wir schauen, wo es Gemeinsamkeiten gibt, woran wir anknüpfen können. Dies geschieht in der Regel unbewusst. Auch Ihnen ist es schon so gegangen, im privaten Bereich wie im Beruf. Was tun Sie, wenn Sie als Fremder in eine Gesellschaft kommen? Sie schauen sich um und nähern sich den Menschen, die auf Sie anziehend wirken, bei denen Sie das Gefühl haben, dass Sie sich etwas zu sagen haben könnten. Sie schnappen vielleicht ein Gespräch auf, in dem es über Ihren Lieblingsfußballverein geht, über Ihr Hobby, eine Band, die Sie mögen. Oder Sie vernehmen einen Dialekt, der Sie an Ihre Heimat oder Ihren Studienort erinnert. Aber Achtung: Sie sollten nicht versuchen, einen Dialekt zu spiegeln, den Sie nicht beherrschen. Gleichwohl kann er Anknüpfungspunkt für ein Gespräch sein: »Sie sind Rheinländer, wie ich höre. Woher kommen Sie denn? Ich habe meine Studienzeit in Köln sehr genossen ...« Sie sehen jemanden, der sich ähnlich kleidet wie Sie. Oder jemanden, dessen Kommunikationsverhalten dem Ihren ähnelt. Und schon geht eine Tür auf und man ist im Gespräch, die Beziehungsebene wird aufgebaut. Was unterbewusst geschieht, lässt sich aber auch bewusst herbeiführen. In Bezug auf das gemeinsame Kommunikationsverhalten sind wir dann allerdings schon im hochprofessionellen Bereich des Beziehungsaufbaus, nämlich beim Nutzen von Sprachmustern. Die dafür notwendigen Techniken sind nicht nur beim Verhandeln wichtig, sondern gehören zum Rüstzeug eines jeden verdeckten Ermittlers und werden auch bei der Informantengewinnung genutzt.

Man muss wahrlich keine Sympathie für sein Gegenüber empfinden, um eine professionelle Beziehung aufzubauen. Jeder, der im Verkauf tätig und entsprechend geschult ist, weiß das und handelt danach. Er spiegelt sein Gegenüber, um eine

Beziehung aufzubauen, und geht so weit, auch Haltung, Gestik und teilweise auch die Mimik einzubeziehen. Eine besondere Rolle spielen dabei auch Sprachmuster. Die Art, sich zu artikulieren, die Sprechgeschwindigkeit – das ist für den erfahrenen Verhandler wie ein offenes Buch. Doch darf man es sich dabei nicht zu leicht machen. Stereotype Urteile sind zu vermeiden. Ein Beispiel: Sitzt einem jemand gegenüber, der schneller und unstrukturierter spricht als man selbst, so kann dies den Eindruck erwecken, der Gesprächspartner sei nervös, hektisch, sprunghaft. Doch Vorsicht! Nicht man selbst ist der Maßstab, sondern ausschließlich das Gegenüber. Entscheidend ist, wie diese Person gewöhnlich spricht – also in Situationen, die nicht besonders stressig und nicht besonders herausfordernd sind. Die Psychologie spricht hier von Baseline. Spricht diese Person immer schnell und mit vergleichsweise hoher Stimme? Geht ihr generell am Satzende der Atem aus? Dann taugen diese Beobachtungen nicht, um Rückschlüsse auf die Glaubwürdigkeit, Sprunghaftigkeit oder fehlende Gelassenheit zu ziehen. Wir müssen uns davor hüten, dem Unterbewusstsein nachzugeben, vorschnell zu etikettieren und ein Urteil zu fällen. Deshalb ist es lohnend im privaten Umgang und im professionellen Umfeld der Verhandlung sogar zwingend notwendig, Menschen bei der ersten Begegnung genau zu kalibrieren und ihren Ausgangszustand zu bestimmen. Achten Sie also sehr genau darauf, wie eine Person in unterschiedlichen Situationen spricht. Redet sie schnell oder eher langsam? Sucht sie oft nach Worten oder spricht sie grundsätzlich druckreif? Nutzt sie die Hochsprache oder eine Mundart, redet sie stets kultiviert oder wird sie auch mal flapsig und umgangssprachlich?

Zwei Dinge gilt es hier zu bedenken: Erstens: Was ist der »Ausgangszustand« einer Person und unter welchen Bedingungen, an welcher Stelle weicht sie davon ab? Denn an dieser

Stelle wird es interessant. Zweitens: Versuchen Sie im Gespräch, auch diese Eigenarten zu spiegeln. Ja, ich weiß, was Sie jetzt sagen wollen: »Da bin ich doch gar nicht mehr authentisch, ich verstelle mich doch komplett!« Doch darum geht es an dieser Stelle nicht. Alles, was Sie in einer Verhandlung tun, dient nur einem Ziel: das bestmögliche Ergebnis für Ihre Seite herauszuholen. Was bei Ihnen als Privatperson nicht authentisch ist, gehört in diesem Fall durchaus zur Authentizität Ihrer Rolle als Verhandler. Zu Ihren Aufgaben am Steuerrad der Verhandlung zählt es, alles zu tun, was dem Verhandlungserfolg dient. Wer Verhandlungen gewinnen will, muss sie aktiv führen. Und Führung zu übernehmen beginnt bereits beim Spiegeln des Gegenübers und dem Aufbau des Rapports. Das kann man lernen.

Während einer meiner Ausbildungen gab es eine bestimmte Prüfung, die schon allein vom Hörensagen Eindruck auf uns Ermittler machte, so anspruchsvoll war sie. Und wer sie das erste Mal hinter sich gebracht hatte, dessen Respekt vor der Aufgabe war nochmals gestiegen: Wir wurden in ein größeres Café geschickt mit der Aufgabe, binnen einer gesetzten zeitlichen Frist mit einer uns unbekannten Person ins Gespräch zu kommen und Antworten auf zuvor ausgeteilte Fragen zu bekommen: Wir mussten herausbekommen, wer die Person war, wann sie geboren war, wo sie wohnte, was sie beruflich machte, was ihr Familienstand war und wohin der nächste Urlaub gehen sollte. Wir wussten nicht, ob diese Personen willkürlich ausgesucht waren oder ob sie von den Ausbildern entsprechend gebrieft worden waren. So sollte verhindert werden, dass wir mit irgendeinem erfundenen Inhalt zu den Ausbildern zurückkamen. Ich hatte immer einen erhöhten Adrenalinausstoß vor diesen Übungen. Heute bin ich dankbar für jede einzelne Übungseinheit, denn dadurch wurde ich nachhaltig geschult. Wer durch eine solche Schule gegangen ist, der wird das Thema Rapport nie wieder aus den Augen verlieren.

Und das sollte auch niemand, der in Verhandlungen geht. Während des gesamten Verhandlungszyklus ist es erfolgskritisch, den Stand der Beziehung immer wieder neu zu hinterfragen und stabil zu halten. Kommt Sand ins Getriebe des Verhandlungsmotors, gilt es, immer zuerst die Beziehungsebene wiederherzustellen. Streitigkeiten in Sachfragen werden generell erst dann geklärt, wenn die Beziehungen wieder verlässlich stabil sind.

Aber ist nicht gerade im Streitfall das richtige Sachargument das beste Mittel, um Emotionen und damit Druck aus der Debatte herauszunehmen? Eindeutig nein. Wer Sachthemen bespricht, ohne die Beziehungsprobleme geklärt zu haben, riskiert, dass sich der schwelende Konflikt auf der Beziehungsebene mit den Sachthemen vermischt. Der Konflikt spitzt sich zu und ein Verhandlungserfolg rückt in weite Ferne. Der Wunsch, die Probleme auf der Beziehungsebene zu lösen, darf jedoch nicht dazu führen, dass man nachgiebig wird.

Es bleibt bei dem Grundsatz »Der Gegner wird konsequent und kontrolliert durch die Verhandlung geführt, dabei aber empathisch behandelt«. Das bewusste Erzeugen von Sympathie über die Ingratiationstaktiken, das Ähnlichkeits- und Gegenseitigkeitsprinzip werden auch als »taktische Empathie« bezeichnet. Es unterstützt uns dabei, Vertrauen beim Gegenüber aufzubauen, seine Warnlampen auszuschalten, die Kontrolle in und über die Verhandlung zu behalten und die Wahrscheinlichkeit zu erhöhen, unsere eigenen Forderungen durchzusetzen. Mit Nachgiebigkeit hat das nichts zu tun.

Zusammenfassung

- Eine gute Beziehung ist Voraussetzung und Grundlage für wirkungsvolle und erfolgreiche Kommunikation – egal in welchem Bereich: Partnerschaft, Verkauf, Führung.

- Treten Menschen miteinander in Kontakt, passt sich in der Regel ihre verbale und nonverbale Kommunikation einander an. Dieser Vorgang läuft meist unbewusst ab. Je positiver der Kontakt durch den Einzelnen bewertet wird, desto stärker ist seine Anpassung (Bezogenheit) an das Gegenüber.

- Menschen neigen bei bestehendem Rapport dazu, einander tendenziell positiv zu bewerten, sich eher zu vertrauen und Gesagtes weniger kritisch aufzunehmen.

- Setzen Sie »taktische Empathie« ein.

- Nutzen Sie die fünf Ingratiationstaktiken:
  - Komplimente,
  - Einstellungsänderung,
  - Einstellungskonformität,
  - Selbstdarstellung,
  - Humor.

- Nutzen Sie zusätzlich das Ähnlichkeitsprinzip und das Gegenseitigkeitsprinzip, um strukturiert eine Beziehung aufzubauen.

- Sympathie lässt sich auch bei Menschen erzeugen, die einem nicht ähnlich sind – sofern deren Bedürfnisse befriedigt werden.

- Beziehungsfragen müssen vor den Sachfragen geklärt werden: Ohne eine geklärte Beziehungsebene kann es keinen Verhandlungserfolg geben.

Phase 2: Verständnis- und Mandatsklärung

Nachdem der Beziehungsaufbau erfolgreich abgeschlossen wurde, die Beziehung stabil ist, geht es darum, die Verhandlungsphase einzuleiten. Eine der wichtigsten Aufgaben in dieser Phase ist der dauerhafte Abgleich von Wahrnehmung und Begrifflichkeiten. Sobald ein neuer Begriff eingeführt wird, ist es zwingend notwendig, diesen regelrecht abzuklopfen: Was genau meint die Gegenseite mit diesem Begriff? Was löst er bei einem selbst aus? Es mag verwundern, dass dieses Thema so große Aufmerksamkeit erhält. Vor allem dann, wenn es um Verhandlungsgegner geht, die dieselbe Muttersprache sprechen und in der gleichen Branche tätig sind. Was soll da an sprachlichen Missverständnissen auftreten? Oscar Wilde hat es mit einem wunderbaren Bonmot angedeutet, als er in den USA auf das Verhältnis zwischen den Vereinigten Staaten und England angesprochen wurde: »Heutzutage haben wir mit den USA alles gemeinsam – bis auf die Sprache!« Was so absurd klingt, ist wahr: Wir sprechen alle nur vermeintlich dieselbe Sprache. Jeder füllt einen Begriff mit eigenen Vorstellungen. Und das birgt naturgemäß die Gefahr eines Missverständnisses. Denn Menschen sind leider nicht dazu geschaffen, von Natur aus in den gleichen Denkwelten unterwegs zu sein. Oder wie es George Bernard Shaw sagte: »Das Problem mit der Kommunikation ist, dass man glaubt, sie sei gelungen.«

Und in der Tat, häufig unterliegen die Beteiligten in Verhandlungen der Illusion, sie hätten den anderen schon verstanden und Begriffe, die er nutzt, komplett und auf Anhieb durchdrungen; und so arbeiten sie mit diesen Begriffen weiter. Erst in einer späteren Phase merken sie dann, dass die ganze Zeit über unterschiedliche Dinge gesprochen wurde, obwohl alle dieselben Worte benutzten. Schon eine ganze Zeit hatten sie sich gewundert, dass sie bei der Suche nach Lösungen noch nicht zu einem einheitlichen Blickwinkel gekommen waren. Dabei war doch vermeintlich alles geklärt! Aber eben nur vermeintlich. Sie hatten es versäumt, herauszufinden, was der andere mit diesem Begriff verbindet, was sich für ihn dahinter verbirgt, welche Bedeutung er für ihn hat. Um auf diesem Terrain wirklich trittsicher zu sein, ist es notwendig, die Landkarte des Gegenübers zu studieren. Das heißt, wir müssen in seine Sprachwelt eindringen, um ihn zu verstehen. Jede Begrifflichkeit verbirgt Vorstellungen des Gegenübers. Und diese Vorstellungen herauszuarbeiten ist ein permanenter Prozess, der niemals aufhört.

In meinen Seminaren führe ich gern folgende Übung durch. Ich bitte die Teilnehmer, sich eine Brücke vorzustellen, über die ein Fahrzeug fährt. Jeder soll nun das Fahrzeug beschreiben. Für einige Teilnehmer verbirgt sich hinter dem Begriff »Fahrzeug« ein Fahrrad, für andere ein Auto oder ein Panzer. Ein Auto wiederum kann ein Kombi, ein Cabrio oder eine Limousine sein. Wenn wir an Cabrios denken, hat der eine einen Golf, ein anderer einen Audi, der Nächste einen Mercedes oder Porsche vor Augen. Hinter den Marken verbergen sich wiederum unterschiedliche Farben, Ausstattungen etc. Hier merken wir ganz schnell: Selbst bei einem so einfachen Begriff wie »Fahrzeug« assoziieren die unterschiedlichen Menschen in einer größeren Gruppe auch unterschiedliche Bedeutungen. Diese Erkenntnis muss uns sensibilisieren: Taucht in der Verhandlung ein verhandlungsrelevanter Begriff auf – zum Beispiel, wenn eine Seite 24 Dienstfahrzeuge fordert –, dann ist es zwingend notwendig, den Begriff »Dienstwagen« zu klären. Was genau erwartet der andere, welche Vorstellungen hat er? Die Aufgabe lautet, in die Welt des Gegenübers einzudringen. Denn bin ich in seiner Sprachwelt angekommen, bin ich auch in seinem Kopf. Und bin ich in der Lage, seine Begrifflichkeiten zu verstehen, kann ich auch zu einem späteren Zeitpunkt seine Bedürfnisse analysieren.

Alfred Korzybski, Begründer der Allgemeinen Semantik und selbst mehrerer Sprachen mächtig, prägte folgenden Satz: »Eine Landkarte ist nicht das Gebiet, das sie repräsentiert, aber wenn sie korrekt ist, ist sie in ihrer Struktur der Struktur des Gebietes gleich (oder ähnlich), worin ihre Brauchbarkeit begründet ist.«[6] Auch wenn es zunächst nicht so klingt: Es geht Korzybski hier nicht um Geografie, sondern tatsächlich um Sprache. Was er mit seiner Metapher von der Landkarte meint, ist Folgendes: Der Mensch lebt in zwei Welten – in der Welt der Sprache und der Symbole einerseits und andererseits in der realen Welt der Erfahrung. Nach Korzybski abstrahiert die Welt der Sprache die Welt der Erfahrung. Die Sprache, die er mit der Landkarte gleichsetzt, kann allerdings niemals mit der Erfahrung – symbolisiert durch die Landschaft – identisch sein. Die Landkarte gibt uns das Gefühl und die Möglichkeit, in den Kopf des anderen einzudringen, sofern die sprachliche Welt die der Erfahrungen richtig abbildet. Und genau das gilt es herauszufinden.

Wie wir die Welt sehen, welche Bedeutung ein Begriff für uns hat, das hängt ganz wesentlich damit zusammen, wie wir sozialisiert wurden. Es ist entscheidend, wie wir aufgewachsen sind, was uns als Kinder geprägt hat. Wir nutzen diese Begriffe im täglichen Sprachgebrauch und gehen wie selbstverständlich davon aus, dass auch andere exakt dasselbe damit verbinden wie wir. Will ich also eine Verhandlung führen und gestalten, dann darf ich nie davon ausgehen, dass ich wirklich die Sprache und Begriffswelt meines Gegenübers kenne. Ich muss immer wieder reflektieren und hinterfragen und mir klarmachen, dass wir in der Regel nicht in der gleichen Begriffswelt unterwegs sind. Es klingt so banal, aber es ist doch so schwer, sich das immer wieder ins Bewusstsein zu rufen.

In den meisten Verhandlungen wird genau das nicht berücksichtigt. Erinnern Sie sich einfach mal daran, wie es bei Ihnen ist, wenn Sie sich im Gespräch mit anderen befinden. Wie oft gehen Sie davon aus, verstanden zu haben, was der andere meint? Und wie oft ist es Ihnen passiert, dass das Gegenüber sich missverstanden fühlte, wenn Sie seine Aussagen mit eigenen Worten wiederholten? Auf einmal tauchen Widersprüche auf und es ist klar: Hier wurde nicht das verstanden, was gesagt wurde, und nicht gesagt, was verstanden wurde. Es wurde einfach nur interpretiert und das Wort des Gegenübers mit der Bedeutung abgeglichen, die es für einen selbst hat. Das ist ein Fehler, der im normalen Leben schon Konflikte birgt, in Verhandlungen jedoch oftmals zum Abbruch derselben führt.

In einem Verhandlungsfall, den die Teilnehmer meiner Seminare bearbeiten müssen, besteht die Aufgabe darin, dass zwei Bereiche einer fiktiven Firma über ein vorhandenes Budget, welches stark gekürzt wurde, miteinander verhandeln. Jede Partei hat eine vorgegebene Budgetgröße, die sie erreichen muss, da ihr ansonsten Konsequenzen drohen. Hinter jedem ihrer Budgets verbergen sich verschiedene Positionen, die der anderen Seite unbekannt sind. Innerhalb dieser Positionen gibt es zum Beispiel bei der einen Partei ein Besprechungszimmer, bei der anderen ein Konferenzzimmer. In der laufenden Verhandlung wird nun der Punkt erreicht, an dem die Parteien sich über ihre Positionen austauschen. Häufig wird dann das angesprochene »Zimmer« als Einigungsmöglichkeit betrachtet, ohne zu hinterfragen, was die jeweils andere Seite darunter versteht. Stattdessen wird über das unterschiedliche Planungsbudget gestritten und werden Vorwürfe erhoben, dass die andere Seite »zu unwirtschaftlich kalkuliert« habe oder »nur bluffen« wolle. Tatsächlich verbirgt sich hinter dem »Konferenzzimmer« der einen Seite ein Raum für

30 bis 35 Besprechungsteilnehmer mit einigen technischen Ausstattungsmerkmalen. Das Besprechungszimmer der anderen Seite ist lediglich für sechs Personen konzipiert. Aber mit dem Tunnelblick der Verhandlung sehen die jeweiligen Parteien nur ihr eigenes »Zimmer« und projizieren diese Vorstellung in die Begrifflichkeit des Gegenübers.

Sie werden jetzt vielleicht sagen: »In meiner Branche sind die Begriffe klar verständlich« oder »So etwas passiert nur unerfahrenen Verhandlern«. Tatsache ist allerdings, dass in meinen Seminaren häufig sehr erfahrene Verhandler, Geschäftsleute und Kommunikatoren genau daran scheitern. Um solche Fehler zu vermeiden, gibt es eine einfache, aber sehr bewährte Technik: die des aktiven Reinhörens. Im Verkaufsbereich gehört das aktive Zuhören längst zum »Goldstandard«. Für Verhandlungen werden die Protagonisten bislang leider viel zu wenig darin geschult. Deshalb kommt es hier darauf an, grundsätzlich eine »Territorialanalyse« durchzuführen und durch die Technik des aktiven Reinhörens besser zu verstehen, was der andere meint.

Wer mit dem Begriff des aktiven Reinhörens erstmals konfrontiert wird, ist nicht selten irritiert. Was am Hören ist denn aktiv? Ist vielleicht »konzentriertes Zuhören« gemeint? Ja, Konzentration ist wichtig, sogar unerlässlich. Aber Konzentration alleine würde uns nicht weiterbringen. Aktives Reinhören ist mehr. Obwohl wir in der vermeintlich verhaltenen Rolle des Zuhörenden sind, können wir doch den Redefluss des anderen lenken und dessen Aussagen präzisieren. Aktives Reinhören trägt nicht nur zur Begriffsklärung bei, sondern auch zur Beziehungspflege. Schließlich gibt diese Technik dem anderen Raum und vermittelt ein Gefühl der Wertschätzung. Es klingt so einfach. Und doch stellt aktives Reinhören für viele Menschen eine schwierige Aufgabe dar – zumindest am Anfang.

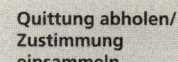

**Quittung abholen/
Zustimmung
einsammeln**
*Bestätigung des Gegenübers
einfordern und
Bewegungsfreiheit
einschränken*

Zusammenfassen
*Habe ich das Gehörte
inhaltlich richtig verstanden?
Hier fasse ich das Gehörte in
eigenen Worten zusammen.
Das dient nicht nur meinem
Verständnis, sondern auch
dem Gegenüber, seine
Gedanken zu klären. Ich
helfe ihm, auf den Punkt
zu kommen.*

**Begrifflichkeiten
und/oder Ergebnis
erfragen**
*Bei Unklarheiten nach-
fragen, was damit zum
Ausdruck gebracht werden
soll. Damit signalisiere ich
dem Gegenüber, mich mit
dem Gesprächsthema auf
seine Art und Weise aus-
einandersetzen zu wollen,
und ermögliche es mir selbst,
ihn besser zu verstehen.*

Zuhören
*Dem Gesprächspartner
aufmerksam zuhören, ihm
dies durch Blickkontakt,
Nicken oder durch Laute wie
»Mhm«, »Ja« und »Ah«
signalisieren*

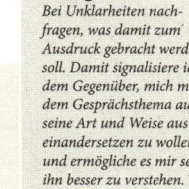

Ich nutze in meinen Seminaren folgende Übung: Ich fordere die Teilnehmer auf, sich an eine Situation zu erinnern, in der sie besonders gestresst waren, und diese zu schildern, während ein anderer Teilnehmer sich aktiv in die Schilderung hinein-hören muss. Die Übung ist jeweils auf sieben Minuten be-schränkt. Meistens gelingt es, drei bis vier Minuten aktiv hi-neinzuhören. Doch dann wechselt der aktiv Hörende seine Rolle: Er beendet die Analysephase und beginnt stattdessen, das Gesagte zu kommentieren oder Ratschläge zu geben, wie das Gegenüber seine Stresssituation hätte auflösen können. Ein fataler Fehler. Denn wer möchte schon ungefragt Ratschläge erteilt bekommen? Das ist vollkommen übergriffig und wird von den meisten Menschen auch so empfunden. Damit kann man jede Verhandlung atmosphärisch stören. Außerdem verpasst man eine wichtige Chance: durch empathisches Nachfragen zu klären, was das Gegenüber unter einzelnen Begriffen versteht, wie es bestimmte Themen einschätzt.

Um das Gegenüber zum Reden zu bringen, bedarf es häufig auch gar nicht des ausformulierten Nachfragens. Sie können einfach den jeweiligen Begriff »spiegeln« und mit einem Fragezeichen versehen. Etwa:

»Wir müssen die Verhandlung zeitnah abschließen.«

»Zeitnah?«

»Nun, ich meine: in wenigen Stunden.«

»Wenig?«

»Ja, also maximal drei Stunden.«

Was ist geschehen? Indem jeweils ein entscheidendes Wort in Frageform wiederholt wird, zeigt man seinem Gegenüber nicht nur, dass man zuhört und verstehen will – ein Signal, das sich auch positiv auf das Vertrauen auswirkt. Gleichzeitig unterbricht man den Redefluss des Gegenübers nicht mit einem eigenen Redeschwall – gerade in Krisensituationen ein wichtiger Aspekt. Der wesentlichere Effekt ist jedoch, dass dadurch der Gesprächspartner angeregt wird, auf die Frage einzugehen. Er möchte seinerseits verstanden werden und erläutert unwillkürlich, was er unter dem Begriff versteht. Somit führt dieses Spiegeln von Begrifflichkeiten in Frageform zu einer Präzisierung – ein wesentlicher Schritt, um einen Verhandlungserfolg zu erzielen. Aus dem abstrakten »zeitnah« werden im Verlauf des Spiegelns konkrete drei Stunden.

Ich habe einmal mitbekommen, wie bei einer groß angelegten Wissenschaftsaktion der Bundesregierung von der Industrie ein »deutlich sichtbares Engagement« – so die Formulierung – erwartet wurde. Nun wissen wir spätestens seit Einstein, dass alles relativ ist. Der entsprechende Branchenverband hatte natürlich seine eigene Vorstellung, was damit gemeint sein könnte: eine größtmögliche Darstellung der Branche durch eine umfangreiche Leistungsschau und den Auftritt des Verbandsvorsitzenden bei der geplanten Gala. Es wurde jedoch versäumt, diese Begrifflichkeiten zu klären. Was der Vertreter des federführenden Ministeriums tatsächlich meinte, war eine substanzielle finanzielle Unterstützung. Hätte man frühzeitig darüber geredet, wäre ein gehöriges Maß an Verstimmung zu vermeiden gewesen.

Bitte beachten Sie unbedingt: Wurde eine Begrifflichkeit geklärt, so lassen Sie sie zunächst unbewertet. Ihr Gegenüber versteht unter einem »adäquaten Fahrzeug« einen schwarzen Porsche Cabrio mit weißen Ledersitzen? Das mag Ihnen noch so geschmacklos vorkommen, es mag für Sie das falsche Signal senden, doch behalten Sie es für sich. Und es ist auch nicht damit getan, sich Äußerungen zu verkneifen wie »So was fahren doch nur dekadente Turbokapitalisten«. Nein, entscheidend sind auch Körpersprache und Mimik. Entsetztes Zurückweichen, genervtes Augenrollen, Naserümpfen, verächtliches Ein- oder Ausatmen müssen unterbleiben. Genauso wenig würden wir kommentieren, dass eine Ente (also ein Citroën 2CV) als Fahrzeug der Inbegriff von linker und grüner Lebensphilosophie sei. Die goldene Regel lautet: Man nutzt die Klärung der Begriffe, um in die Welt und in den Kopf des Gegenübers einzudringen, aber man bewertet dies nicht. Weder verbal noch nonverbal. Wie Paul Watzlawick so richtig sagte: »Man kann nicht nicht kommunizieren.«[7] Denn jede Kommunikation, auch ohne Worte, ist ein Verhalten. Und man kann sich schließlich auch nicht *nicht* verhalten.

Gehen Sie beim aktiven Reinhören in vier Stufen vor.

Stufe 1: Intensives Zuhören. Die Körperhaltung ist dem Redner zugewandt. Halten Sie sich zurück und signalisieren Sie durch regelmäßiges sogenanntes therapeutisches Grunzen – ein eingestreutes Hm oder Aha – oder durch Kopfnicken, dass Sie dem Gesagten folgen. Wichtig: Sie signalisieren Aufmerksamkeit, ohne zu bewerten!

Stufe 2: Gezieltes Nachfragen, sobald Begriffe fallen, die für die Verhandlung relevant sind, etwa Begriffe, die eine Forderung beschreiben wie »Dienstwagen« etc. Bei der Nachfrage sollten Sie Sätze nutzen wie »Hier müsste ich kurz nachfragen« – »Ich bräuchte hier ein besseres Verständnis« – »Ich würde gerne wissen, was genau Sie darunter verstehen«. Stellen Sie jedoch – egal ob als Satz oder einzelnes Wort – immer nur eine Frage und nutzen Sie danach die Macht des Schweigens. Nur so können Sie sich Begriff für Begriff vorarbeiten und sicherstellen, dass Ihnen nichts entgeht.

Stufe 3: Das Paraphrasieren. Sie fassen das Gesagte in eigenen Worten zusammen, aber so, dass die Begrifflichkeit auch klar widergespiegelt wird. An dieser Stelle offenbaren sich Missverständnisse am deutlichsten.

Stufe 4: Die Quittung des Gegenübers. Sie schließen nach Ihrer Zusammenfassung in Stufe drei mit folgendem Satz: »Das habe ich also so richtig verstanden?« Mit der Zustimmung des Gegenübers, der »Quittung«, ist ein Begriff nunmehr geklärt – und Sie sollten dies auch schriftlich festhalten. Diese Technik gilt es im Übrigen auch in der Phase der Interessenklärung anzuwenden.

Erläutern Sie in Abständen von zwei bis drei Fragen auch den Grund Ihrer Nachfrage, damit kein Verhörklima aufkommt und Ihr Gegenüber »zumacht«. Sollte Ihr Gegenüber ein notorischer Vielredner sein, bei dem man kaum die Chance hat, Nach-

fragen zu platzieren, dann hilft meist folgender Trick: Brechen Sie das aktive Zuhören kurzfristig ab. Entziehen Sie Ihrem Gesprächspartner sichtbar die Aufmerksamkeit und stellen Sie für einen Moment das Nicken ein. So merkt er, dass Sie ihm nicht mehr folgen. Die Chance für die Nachfrage ist gekommen.

Alternativ können Sie in Stufe zwei auch einfach einzelne relevante Worte in Frageform spiegeln, um den Verhandlungspartner zu einer vertiefenden Begriffsklärung zu animieren.

Allerdings sind nicht nur die inhaltlichen Begriffe zu klären. Auch emotionale Begriffe sollten zwingend angesprochen werden, wenn Sie den Eindruck gewinnen, dass irgendetwas zwischen Ihnen und Ihrem Verhandlungspartner steht; wenn es etwa Anzeichen für fehlendes Vertrauen gibt, weil Ihr Gegenüber von falschen Vorannahmen ausgeht. Auch wenn es Ihnen schwerfällt: Fragen Sie nach, um die Situation zu klären. Andernfalls schleppen Sie diesen Ballast durch die gesamte Verhandlung. Das kostet Zeit und im schlimmsten Fall den Abschluss.

Wichtig ist, dabei den Konjunktiv zu benutzen. Spüren Sie also während der Verhandlung, dass Ihr Verhandlungspartner sich unwohl fühlt oder nicht mitzieht, so sollten Sie das niemals als Feststellung formulieren. Also keinesfalls: »Sie sind unzufrieden!« – »Sie gehen hier nicht mit« oder »Sie haben wohl Angst?«, Derart wertende Formulierungen würde Ihr Gegenüber automatisch als Angriff verstehen. Statt eine Verbindung aufzubauen – was Sie mit diesem Werkzeug der taktischen Empathie eigentlich erreichen wollen –, reizen Sie Ihren Verhandlungspartner eher, sich gegen diese Behauptungen zu verwahren. Ganz anders sieht es aus, wenn Sie den Konjunktiv benutzen: »Es wirkt so, als seien Sie nicht zufrieden?« – »Mir scheint, Sie sind noch nicht so glücklich mit dem bisher Besprochenen?« – »Ich habe das Gefühl, Sie fürchten, verletzt zu werden?« Oder: »Ich habe den Eindruck, Sie glauben, ich wollte Sie über den Tisch ziehen?«

Solche Fragen stellen sich Ihnen, wenn Sie Ihr Gegenüber genau beobachten und sein Verhalten analysieren. Denn in den seltensten Fällen wird jemand sein Unbehagen direkt ansprechen. Indem Sie dies im Konjunktiv und damit auf feinfühlige Weise tun, zeigen Sie, dass Sie sich in Ihren Gesprächspartner hineinversetzen können und dass Ihnen wichtig ist, was er oder sie empfindet. Nutzen Sie dieses sogenannte emotionale Labeling, indem Sie versuchen, die Emotionen Ihres Gegenübers genau anzusprechen.

Ein Verhandlungsführer muss sich immer wieder klarmachen: Mit allem, was er tut oder unterlässt, sendet er eine Botschaft, die interpretiert wird und Reaktionen auslöst. Deshalb muss er bei der Klärung von Begriffen darauf achten, alles mit positiv geladener Aufmerksamkeit zur Kenntnis zu nehmen. Machen Sie sich vor allem frei von Vorannahmen. Indem Sie sich mit Vorannahmen beschäftigen, verlieren Sie die Aufmerksamkeit für das, was gerade passiert. Ihnen entgeht womöglich eine entscheidende Botschaft, die in der Verhandlung zum Ziel führen könnte.

Zusammenfassung

- Verhandlungsrelevante Begriffe.müssen immer geklärt werden. Das spart im weiteren Prozess kostbare Zeit.
- Glauben Sie nicht zu wissen, was sich hinter den vom Gegenüber genutzten Begriffen verbirgt. Fragen Sie nach.
  - Gehen Sie in vier Stufen vor: zuhören, nachfragen, paraphrasieren und Quittung abholen!
  - Oder nutzen Sie die Technik des Spiegelns in Frageform.
- Sprechen Sie eine negative Stimmung an. Nutzen Sie dabei die Taktik des emotionalen Labelings.

Exkurs: Ankern im Kopf

Die Verhandlungen zwischen Betriebsrat und Geschäftsleitung waren ins Stocken geraten. Das Unternehmen aus dem Finanzbereich war aufgrund der Bankenkrise gezwungen, neue Strukturen einzuziehen und zu sparen. Standortschließungen waren unvermeidlich. Arbeitsplätze standen auf dem Spiel. Eine bedrückende Situation, auch für die Unternehmensführung, die gerade mit dem Betriebsrat über die Modalitäten dieses unternehmerischen Transformationsprozesses sprach. Die Verhandlungsführerin aufseiten des Betriebsrates war eine Frau. Jemand, der sich um die Belange jedes einzelnen Mitarbeiters kümmerte und sich jedes Einzelschicksal zu Herzen nahm. Eine Frau, die äußerst subtil zu agieren imstande war. Ihr Gegenüber war ein Mann. Ein Alphamann, der es gewohnt war, die Richtung vorzugeben. Ein Macher, bei dem Selbstzweifel nicht unbedingt anzutreffen waren. Einer, der sich durchsetzte. Diese beiden höchst unterschiedlichen Typen saßen nun am Verhandlungstisch und mussten das Schicksal Tausender Angestellter aushandeln.

*Die Betriebsratsvorsitzende neigte sich plötzlich über den Tisch, blickte ihrem Gegenüber tief in die Augen, lächelte dezent und sagte mit Nachdruck in der Stimme: »Ich habe von Ihren Mitarbeitern gehört, dass diese Sie sehr schätzen. Mir wurde auch ein Fall skizziert, wie Sie sich um das Arbeitsumfeld einer erkrankten Führungskraft gekümmert haben. Sind Sie eine sozialverantwortliche Führungskraft?« Mehr sagte sie zunächst nicht. Sie wartete. Mit Erfolg: Ihr Gegenüber bejahte diese Frage und legte sich damit fest. In der weiteren Verhandlung war er auf einmal bereit, weitere Schritte auf den Betriebsrat zuzuge-*hen. Was war passiert? Die Dame hatte erfolgreich einen Anker gesetzt. Sie hatte in ihrem Gegenüber durch ihre Aussage etwas ausgelöst.

Hätte der gegnerische Verhandlungsführer verneinen sollen, eine sozialverträgliche Führungskraft zu sein? Indem er dieses nicht tat, hatte er eine Einstellung eingenommen und seinem Gehirn den Impuls gegeben, sich kongruent dazu zu verhalten. In der psychologischen Fachsprache nennt man dieses Szenario »kognitive Dissonanz«. Unser Gehirn möchte Einstellung und Verhalten stets in Einklang bringen, sonst entsteht ein als unangenehm empfundener Gefühlszustand – grundsätzlich dadurch, dass jeder Mensch mehrere Kognitionen (Wahrnehmungen, Gedanken, Meinungen, Einstellungen, Wünsche oder Verhaltensweisen) hat, die nicht miteinander vereinbar sind. Jedes Mal, wenn Verhalten und Einstellung vom Gehirn als widersprüchlich empfunden werden, tritt eine physiologische Erregung ein. Diesen Zustand versucht das Gehirn aufzulösen. Eine kognitive Dissonanz motiviert Personen somit unbewusst, die entsprechenden Kognitionen miteinander vereinbar zu machen.

Im Falle der Führungskraft war die Festlegung der »Einstellung« als »sozialverträgliche Führungskraft« ein entscheidender Faktor.

Jedes weitere »Verhalten« wurde nun durch diese »Einstellung« beeinflusst. Sich »nicht sozialverträglich« zu verhalten wurde stark erschwert, sprich: Es wurde für diese Führungskraft ungleich schwerer, Forderungen der Gegenseite einfach abzulehnen. Der »Kognitionsanker« hatte seine Wirkung nicht verfehlt. Dabei handelt es sich um eine einfache Anker-Taktik, die das Verhalten der Gegenseite maßgeblich verändern kann.

Anker als probate Mittel der Beeinflussung begegnen uns überall.

Kennen Sie das? Sie sehen im Schlussverkauf ein Kleidungsstück mit durchgestrichenem Preisschild und einer neuen Preisangabe: Sie sind elektrisiert von der Preissenkung und hinterfragen gar nicht mehr, ob der neue Preis nicht immer noch zu hoch sein könnte. Sie hinterfragen eigentlich auch gar nicht, ob Sie den Pullover wirklich brauchen. Wieso auch? Schließlich ist es ein Schnäppchen, da muss man doch zugreifen. Man hat ja gespart … Wenn Ihnen eine solche Szene bekannt vorkommt, dann sind Sie einem Anker aufgesessen.

In jeder Verhandlung spielen Anker eine wichtige Rolle. Entsprechend steht auch das Anker-Setzen weit vorne innerhalb der Verhandlungsstruktur. Denn was wir im Anfangsstadium als Anker setzen, determiniert die Entscheidungen des Gegenübers. Strukturell versuchen wir alle, immer möglichst schnell zu klaren Aussagen über für uns relevante Themen zu kommen. Doch steht uns dafür fast immer nur begrenztes Wissen zur Verfügung. Und das Setzen eines Ankers spielt genau mit diesem Phänomen: Wir versuchen in der Verhandlung auf der Grundlage von Informationen, die wir von unserem Gegenüber erhalten, Schlussfolgerungen zu ziehen. Doch sind wir in dieser Situation kaum in der Lage, den Wahrheitsgehalt dieser Informationen nachzuprüfen. Nennt uns also jemand einen Preis für eine Ware oder macht uns ein Angebot, dann versuchen wir sofort, diese Information einzuordnen: Wir gehen automatisch mit diesem Preis um, machen ihn zum Dreh- und Angelpunkt der Verhandlung. Und damit bewegen wir uns weg von der geplanten eigenen Eröffnungsposition, die vielleicht noch gar nicht genannt wurde, in Richtung des Ankers. Deshalb ist es wichtig, selbst frühzeitig Anker zu setzen.

Begriffsklärung, Motivationsanalyse und Anker-Setzen sind gleichermaßen wichtig. Sie gehen ineinander über und bewegen sich – mit Ausnahme des Ankers – auch zirkulär. Der Anker wird nur einmal geworfen und gegebenenfalls noch einmal wiederholt. Richtig angewandt, dient das Wiederholen

Position der eigenen Glaubwürdigkeit. Die Forderung wird dann nicht als Bluff wahrgenommen. Zum anderen steigt die Wahrscheinlichkeit, dass sie anstelle der Gegenposition ins Zentrum der Verhandlung rückt. Aber wie so oft steckt auch hier der Teufel im Detail. Wenn Sie nicht aufpassen, kann eine solche Haltung auch als kompromisslos ausgelegt werden, was im schlimmsten Fall die Verhandlung gefährden kann. Spätestens jetzt wird klar, wie wichtig es ist, während der Verhandlung die Beziehungsebene stabil zu halten.

Die Wirkung des ersten Angebotes ist in der Psychologie auch weitestgehend untersucht. Und diese Wirkung ist gravierend. Wer den Anker setzt, will der Gegenseite eine extreme, aber dennoch realistische Eröffnungsposition anbieten, um diese auch im Denken der Gegenseite zu verankern. Zitiert nun die Gegenpartei unsere eigene Anker-Position, und sei es auch nur, um diese abzulehnen, verfestigt sich diese Position noch weiter in deren Denken – auch gegen deren Willen. Oft vergisst unser Verhandlungspartner bei der Wiederholung der Gegenposition seine eigene Position. Man arbeitet sich dann im Folgenden an dem gesetzten Anker der Gegenpartei ab.

Ein Beispiel dafür war in den ersten Amtstagen des neuen US-Präsidenten Trump zu beobachten. Er drohte der Automobilindustrie einen Strafzoll von 35 Prozent an. Das Erstaunliche: Eine ganze Industrie näherte sich ihm an, versuchte, ihm »nur« 15 oder 20 Prozent abzuringen. Tatsächlich hat Trump damit wirkungsvoll einen Anker gesetzt. Doch was hätte die Automobilindustrie tun können? Zum Beispiel sich erst einmal der eigenen Stärke besinnen und gar nicht auf den Anker eingehen. Sie hätte eigene Positionen einbringen müssen. Das klingt ganz leicht. Doch es ist unglaublich schwer, sich einem Anker zu entziehen.

Es gibt eine ganze Reihe von Studien zum Anker-Effekt. Die US-Psychologen Amos Tversky und Daniel Kahneman,

Nobelpreisträger für Wirtschaft, konnten belegen: Ein Anker muss noch nicht einmal etwas mit dem Thema zu tun haben und erzielt dennoch eine Wirkung.[8] Kahneman ließ Studenten der Universität von Oregon in einem Experiment ein Glücksrad drehen und die Ziffer notieren, die dabei herauskam. Was die Studenten nicht wussten: Das Glücksrad war so eingestellt, dass es lediglich bei 10 oder bei 65 stehen blieb. Danach sollten sie folgende Fragen beantworten: »Ist der Prozentsatz afrikanischer Staaten unter den Mitgliedsstaaten der Vereinten Nation größer oder kleiner als die Zahl, die Sie gerade aufgeschrieben haben?« Und: »Wie hoch ist Ihrer Einschätzung nach der Prozentsatz afrikanischer Staaten in den Vereinten Nationen?« Was das eine mit dem anderen zu tun hat, werden Sie jetzt fragen. Nun, rational rein gar nichts, psychologisch schon. Das wird klar beim Blick auf das Ergebnis der Auswertung: Jene, die am Glücksrad eine 10 gedreht hatten, schätzten den Prozentsatz der afrikanischen Mitgliedstaaten in der UN im Durchschnitt auf 25 Prozent. Wer eine 65 erzielt hatte, gab einen Schätzwert von 45 Prozent an. (Auf die echte Zahl kommt es hier gar nicht an.)

Ein weiteres verblüffendes Ergebnis lieferte der US-Verhaltensökonom Dan Ariely.[9] Er hatte Laien zu einer Weinversteigerung gebeten. Niemand der Anwesenden hatte mangels Fachkenntnis eine realistische Vorstellung, was ein Wein wirklich wert sein könnte. Ariely bat die Anwesenden zu Beginn der Veranstaltung, die letzten beiden Ziffern ihrer Sozialversicherungsnummer auf einen Zettel zu schreiben. Danach stellte er den Wein vor und bat die Gruppen, einen Preis für den Wein zu benennen. Interessant war, dass die Probanden, deren Versicherungsnummer niedrige Endziffern aufwies, im Schnitt ungefähr 8,65 US-Dollar für den Wein ansetzten. Diejenigen, deren Nummern im höheren zweistelligen Bereich lagen, waren bereit, 27,91 Dollar zu bezahlen. Die

Korrelation zwischen Sozialversicherungsnummer und Preisangebot war nicht zu leugnen.

Noch skurriler war ein Experiment der Psychologen Clayton R. Critcher und Thomas Gilovich:[10] Sie luden Gäste in ein Restaurant ein. Einmal nannten sie es »Studio 17«, gegenüber einer anderen Gruppe wurde es »Studio 97« genannt. Ausstattung, Angebot und Service – alles war komplett identisch. Zum Schluss stellte sich heraus, dass die Gäste des Studios 97 im Durchschnitt acht Dollar mehr Trinkgeld gegeben hatten als die Gäste des Studios 17.

Wie kann das passieren? Anker wirken auf zwei Weisen: Als unbewusste Suggestion aktiviert der Anker eine dazu passende Assoziation, die im Anschluss die Urteilsfindung beeinflusst. In der Psychologie nennt man das Priming, einen bahnenden Reiz. Wesentlich wichtiger für Preisverhandlungen ist die zweite Wirkungsweise: Der Anker liefert den Startwert für einen bewussten Gedankengang, der zu einem rational begründeten Urteil führen soll. Man spricht hier auch von Anpassungsheuristik. Was heißt das? Gebe ich in einer Verhandlung ein erstes Eröffnungsangebot ab, wird dieses zum Dreh- und Angelpunkt für mein Gegenüber. Alles, was folgt, ist an diesem Eröffnungsangebot ausgerichtet. Deshalb ist es so wichtig, frühzeitig einen Anker zu setzen. Kurz gesagt: Wer zuerst ankert, gewinnt, nicht immer, aber sehr oft. In Preisverhandlungen sollte man unterscheiden, ob man einen relativen oder absoluten Anker setzt. Relative Anker stellen immer den Vergleich zu etwas her.

Ein absoluter Anker macht sich hingegen immer an einer Zahl fest. An einer kompletten Zahl, einem Preis oder an einem Prozentwert. Absolute Anker finden wir in der Wirtschaft, aber auch beim Verhandeln mit Straftätern. Bei der Vernehmung eines Auftragsmörders mit dem Ziel, Informationen über dessen Hintermänner zu gewinnen, hatte ich die

Aufnahme ins Zeugenschutzprogramm in Aussicht gestellt. Durch seine Taten und aufgrund eines Wechsels auf der Führungsebene innerhalb der kriminellen Struktur war er selbst ins Fadenkreuz geraten und deshalb an dem Programm sehr interessiert. Um den Druck zu erhöhen, wurden weitere potenzielle Kandidaten für das Zeugenschutzprogramm ins Spiel gebracht. Der Druck wurde nochmals erhöht: Berücksichtigt werden könne nur, wer zuerst und in vollem Umfang aussage. Das Angebot gelte für alle, doch die Chance erhalte nur, wer als Erster innerhalb von zehn Minuten zusage. Nur dann könne bei der Staatsanwaltschaft sofort das Notwendige beantragt werden. Bei diesem Anker spielten wir also mit zwei Komponenten: Konkurrenz und Zeit.

Auch im wirtschaftlichen Umfeld wird dieses Ankerverfahren gerne und häufig genutzt. Beispielsweise bei Kartellverhandlungen. Man sagt denjenigen Straffreiheit oder Strafminderung zu, die zuerst umfassend über die Kartellabsprachen aussagen. Sie finden, das hat einen Beigeschmack? Sicher, man verhandelt mit Straftätern. Aber es dient letztendlich der Strafverfolgung in größerem Maße. Da nutzt man schon mal das sogenannte Rattenrennen – so der Name für diesen Kniff.

Anker sind tatsächlich faszinierend. Sie wirken in der Verhandlung und sie wirken auch im Verkauf. Wenn wir zum Beispiel einen Rabatt gewähren, etwa von 39,99 auf 29,99 Euro, dann rechnet das Gehirn relativ schnell herunter, dass man dabei rund 25 Prozent spart. Dieser relative Anker entfaltet eine starke Wirkung. Der Vergleich zum Ursprungspreis suggeriert ein gutes Geschäft.

Ein weiteres Beispiel. Ein Verkäufer sagt: »Unser Dienstleistungsangebot ist ein gutes, sicheres deutsches Markenprodukt wie Mercedes. Natürlich ist es eine Investition in die Sicherheit. Der Preis für diese Leistung liegt im Branchendurchschnitt zwischen 450 und 250 Euro die Stunde.« Auch dies ist ein relativer Anker, denn in Ihrer Vorüberlegung sind nun die 250 Euro/pro Stunde der Betrag, den Sie erzielen wollen. Und die Wahrscheinlichkeit ist hoch, dass auch Ihr Gegenüber sich darauf konzentriert, Sie auf die 250 Euro hinzuverhandeln. So könnte letztendlich sogar über diese Summe eine Einigung erzielt werden.

Neben den Forderungen innerhalb einer Verhandlung ist unter Anker-Gesichtspunkten noch etwas ganz anderes von großer Bedeutung: die Agenda. Egal ob bei kurzen Meetings in kleinen Runden oder in langwierigen Prozessen mit vielen Beteiligten – beispielsweise Verhandlungen der pharmazeutischen Industrie mit den Krankenkassen oder Verhandlungen über den Verkauf von Unternehmensanteilen –, die Agenda spielt immer eine übergeordnete Rolle. Wer die Agenda setzt, bestimmt auch den Ablauf der Verhandlung. Er gibt vor, was besprochen wird, in welcher Reihenfolge, mit welchem Zeitkontingent und auch, was nicht angesprochen wird. Unangenehme Themen können so mit Verweis auf die Agenda ausgeklammert oder auf einen späteren Zeitpunkt verlegt werden.

Eine Agenda ist ein Steuerungsinstrument. Sie determiniert den Verhandlungsablauf und auch den Gedankenprozess Ihres Gegenübers. Sie hilft Ihnen, in der Verhandlung die Inhaltsabfolge unter Kontrolle zu behalten. Ein leichtfertiges Aufgeben dieses Vorteils wäre deswegen grob fahrlässig. Umso wichtig ist es, immer die Agenda selbst zu setzen oder, falls sie bereits von der Gegenseite gesetzt wurde, diese Agenda niemals unbearbeitet zurückzuschicken.

Im letzteren Fall sind zwei Aspekte zu beachten: Erstens hat sich dann mein Verhandlungsgegner bereits Gedanken gemacht, welche Themen er ansprechen und welche er auslassen will. Letztere tauchen natürlich nicht auf der Agenda auf. Die Frage, die Sie sich stellen sollten, lautet: Wie möchte ich selbst das Vorgehen in der Verhandlung gestalten? Was sind meine Interessen? Will ich mich auf das Spiel der Gegenseite einlassen oder selbst das Spiel bestimmen? Sie können sich vorstellen, was meine Meinung hierzu ist.

Und zweitens gilt unter psychologischem Aspekt: Akzeptiere ich die Agenda des Gegners, akzeptiere ich damit auch schon eine erste Forderung. Und Sie wissen ja nun auch, was eine schnell erfüllte Forderung bewirkt: nichts! Sie müssen sich deshalb schon hier auf Augenhöhe bringen und Ihre eigenen Agenda-Punkte einbringen. Ihr Gegenüber registriert auf diese Weise nicht nur, dass Sie aufmerksam sind und auch so agieren werden. Das Signal ist klar: Hier lässt sich jemand nicht dominieren.

Stellen wir uns konkret ein erstes Meeting vor: Die Parteien treten zusammen, nehmen am Konferenztisch Platz. Der offizielle Teil beginnt mit der Begrüßung und der Vorstellung der Agenda. Und wer macht das? Natürlich derjenige, die sie verschickt hat. Wer die Agenda aufgesetzt hat, führt durch die Verhandlung – anhand von Punkten, die er selbst bestimmt hat. Komfortabler kann die Situation nicht sein. Der Versand der Agenda führt unverzüglich an das Steuerrad. Um dieses mächtige Instrument richtig zu nutzen, darf die Agenda aber nicht nur nebenbei aufgesetzt werden. Welche Punkte in welcher Reihenfolge aufgeführt werden, welche bewusst draußen bleiben, auch wann und auf welchem Weg die Agenda verschickt wird – all das muss sorgsam überlegt werden. Gleiches gilt für alle Anker-Varianten. Die Anker-Strategie gehört zwingend zur Verhandlungsvorbereitung. Leider versuchen viele, Anker quasi aus dem Handgelenk zu schütteln – ein unverzeihlicher Fehler.

Auch als Fußball- oder Handballspieler würde Sie nicht versuchen, einen Spielzug im Spiel anzubringen, ohne ihn in der Vorbereitung durchdacht zu haben. Sie würden ihn vorbereiten und auch wissen, wann Sie ihn im Spiel anbringen. Beim Anstoß, bei der Ecke, beim Einwurf, nach der Pause etc. Und wie ein Spielzug ohne Vorbereitung wirkungslos verpuffen kann, so kann auch ein Anker verpuffen, wenn Sie beim Ankern bloß improvisieren.

Ein guter Zeitpunkt für das Ankern liegt zwischen den Phasen eins bis drei. Doch das ist nicht zwingend. Man kann dieses Instrument auch schon im Vorfeld der Verhandlung nutzen. Diese Taktik heißt dann »Saatgut verstreuen«. Man kann Forderungen zum Beispiel über Dritte streuen, zum Beispiel nebenbei in der Einkaufsabteilung oder einer anderen Fachabteilung des gegnerischen Unternehmens fallen lassen, wenn man sicher ist, dass diese Information den entsprechenden Verhandlungspartner erreichen wird. Meine Saat ist dann zum Beispiel meine offizielle Untergrenze – die natürlich nichts mit meiner wahren Untergrenze zu tun haben muss –, und sie geht dann auf, wenn sie dem gegnerischen Verhandlungsführer von dessen Fachabteilung suggeriert wird.

Was aber mache ich, wenn ich selbst einem Anker ausgesetzt werde? Den ersten wichtigen Schritt haben Sie mit dem Lesen dieses Abschnitts schon erreicht: Sie sind sensibilisiert und werden Anker erkennen. Sie werden ihnen nicht mehr hilflos ausgeliefert sein. Sie werden nicht mehr dem unwillkürlichen Impuls verfallen, diese Anker als Grundlage Ihres Gesprächs herbeizuziehen, und Sie werden Einstellungsanker nicht bestätigen, um nicht dem Faktor der kognitiven Dissonanz ausgesetzt zu sein. Sie werden Anker zur Kenntnis nehmen und nicht darauf eingehen. Nur wenn Sie sich darüber im Klaren sind, können sie schnell gegensteuern und den gesetzten Anker ignorieren.

Zusätzlich ist es natürlich wichtig, dass Sie im Vorfeld Ihre Hausaufgaben gemacht haben. Sie müssen sich vorher klargemacht haben, was genau Ihre Ziele sind, wie Ihre Forderungen konkret aussehen. Sie werden selbst eigene Anker vorbereitet haben und wissen, wann und mit welcher Formulierung Sie diese in der Verhandlung setzen.

Zusammenfassung

- Wer zuerst seinen Anker setzt, kann den Gesprächsinhalt bestimmen.
- Nutzen Sie relative oder absolute Anker.
- Ziel ist es, der Gegenseite eine extreme, aber dennoch realistische Eröffnungsposition anzubieten, um diese so im Denken der Gegenseite zu verankern.
- Es gibt die Möglichkeit, Saatgut zu streuen: Ideen oder Positionen werden bei der Gegenpartei bereits im Vorfeld »gepflanzt«, um noch vor den Verhandlungen eine emotionale Reaktion zu provozieren.
- Wiederholen der Position wie bei einer gesprungenen Schallplatte: Meine Forderung wirkt glaubwürdig und rückt ins Zentrum der Verhandlung.
- Die Agenda ist ein erster Anker. Deshalb: Entweder selbst die Agenda verschicken oder, wenn mir die Gegenseite zuvorkommt, auf jeden Fall Änderungen daran vornehmen, um Augenhöhe zu demonstrieren.
- Nutzen Sie den Kognitionsanker, um durch eine Festlegung ein späteres Verhalten zu erzwingen.

Phase 3: Motivanalyse

»Hallo?« Der Verhandlungsführer versuchte, auf der Gegenseite eine Reaktion zu erzeugen. Doch aus dem Hörer drang kein Laut, nicht mal ein Atmen war zu vernehmen. Und doch waren wir erleichtert: Nach zweieinhalb Stunden, die uns endlos vorgekommen waren, hatte der Geiselnehmer aus dem Haus gegenüber endlich reagiert. Er hatte den Hörer abgenommen und war somit auf unser Gesprächsangebot eingegangen. »Wie geht es Ihnen?«, fragte der Verhandlungsführer und stellte sich nochmals vor. Es war wichtig, an dieser Stelle weder Druck auszuüben noch irgendeine Wertung vorzunehmen. Und sosehr wir auch danach gierten zu erfahren, wie es dem Kind ging, sosehr mussten wir uns zurückhalten. Immer noch schwierig war der Mann am anderen Ende der Leitung. Der Verhandlungsführer wiederholte seine Frage: »Wie geht es Ihnen?« Ziel war es, Empathie zu zeigen. Endlich kam eine Reaktion. Zunächst ein hörbares Ausatmen. Dann sagte er: »Nicht gut.« – »Nicht gut?« Der Verhandlungsführer wiederholte die Aussage in Frageform, er spiegelte sie, um den Redner zum Weiterreden zu bringen. Wieder folgte eine kleine Pause, dann ein »Ja«. Nun schwieg auch der Verhandlungsführer. Der Geiselnehmer sollte von sich aus weiterreden. Wichtig war, ihm das Gefühl zu geben, dass man ihm zuhörte. Schließlich sagte er: »Ich bin hier alleine.« Uns stockte der Atem. Was war mit dem Kind? Doch endlich sprach er weiter: »Es schreit die ganze Zeit«! – »Es schreit die ganze Zeit?« Die Betonung lag auf dem »Es« – »Ja, es geht ihm nicht gut.« Wir wechselten besorgte Blicke, während der Verhandlungsführer, ohne seinen Ton zu ändern, nachfragte, wieder seine Gefühle spiegelnd: »Nicht gut?« – »Nein, nicht gut. Ich habe ihm Milch gegeben, aber er schreit!« Das Kind litt wahrscheinlich unter Bauchkrämpfen.

Der Verhandlungsführer wiederholte erneut das letzte Wort in Frageform. Noch immer war es wichtig, keine eigenen Vorschläge zu machen, keinen Druck auszuüben, sondern Informationen zu sammeln. Wir wollten die Motive seines Handelns analysieren. »Ich weiß nicht, was ich tun soll«, brach es schließlich aus dem Geiselnehmer heraus. »Sie wissen nicht, was Sie tun sollen?« – »Mit dem Kind!« – Wir schauten uns an, etwas erleichtert. Er sprach von dem Kind, nicht von der Brut, was er sonst immer gegenüber seiner Frau getan hatte. Das bedeutete, dass das Kind nicht mehr zum Objekt degradiert war. Er sah es nun als Mensch.

Der Grund, warum wir in dieser Situation nicht selbst Vorschläge machten, ist, dass wir testen mussten, ob der Geiselnehmer noch selbst in der Lage war, Lösungen zu finden. Außerdem wollten wir keinen Widerstand provozieren. Schließlich sagte er: »Ich brauche Hilfe.« – »Hilfe?« – »Ich brauch die Mutter!« – »Die Mutter?«, fragte der Verhandlungsführer. Nach einer kurzen Pause sagte der Geiselnehmer: »Meine Frau!«

Endlich hatte er seine Bedürfnisse offenbart. Das Feld für die Verhandlung war damit offen. Der Verhandlungsführer fragte nach: »Mit Ihrer Frau würden Sie sich besser fühlen?« Die Antwort war kurz und klar: »Ja!« Natürlich konnten wir die Ehefrau nicht einfach zu ihm lassen. Und selbstverständlich konnten wir auch keine Zusagen machen. Trotzdem durften wir den Gesprächsfaden nicht abreißen lassen. »Wie könnten wir das machen?«, fragte der Verhandlungsführer. Plötzlich setzte beim Geiselnehmer ein Reflexionsprozess ein, der ihm suggerierte, weiterhin die Kontrolle zu haben und nicht gedrängt zu werden. Er antwortete: »Ich habe Fehler gemacht.« – »Fehler?« – »Ich hab sie angeschrien. Ich war asozial zu ihr. Ich hab sie bedroht.« Bruchstückhaft kam es aus ihm heraus, der komplette Reflexionsprozess war im Gange.

»Ich will meine Frau wiederhaben!« Der Verhandlungsführer hakte noch einmal ein: »Bedroht?« – »Ja. Mit einer Waffe … Sie ist aber nicht echt. Ist 'ne Schreckschusspistole.« – »Schreckschusspistole?« Er erzählte, wo er sie gekauft hatte. Die Kollegen überprüften parallel sofort die Richtigkeit der Aussage. Der Verhandlungsführer hakte nach: »Wie können wir das machen, damit Ihre Frau wiederkommt?« – »Ich tue die Pistole weg«, sagte der Geiselnehmer. »Gibt es sonst etwas Gefährliches in der Wohnung?«, fragte der Verhandlungsführer. »Ich tu auch die Messer weg«, war die Antwort. Sie kam prompt, ohne langes Nachdenken. Interessant war, dass er nicht von der Gasflasche sprach. Er hatte sie nicht als Waffe in seinem Kopf abgespeichert. Der Verhandlungsführer musste nun klären, wo sie war: »Haben Sie nicht auch eine Gasflasche?« – »Die ist doch im Campingwagen!« Wir waren erleichtert, aber noch war die Gefahr nicht gebannt.

»Wie wollen Sie die Pistole und das Messer aus der Wohnung entfernen?«, fragte der Verhandlungsführer, »können Sie sich vorstellen, die Sachen einfach vor die Tür zu legen?« – »Wenn die Frau kommt, kann ich das machen.« – »Was ist mit dem Kind?«, fragte der Verhandlungsführer. – »Das kann ich auch rauslegen!« Wir waren erleichtert. Das Kind würden wir frei bekommen. »Wie wollen wir weitermachen?«, fragte der Verhandlungsführer. Der Geiselnehmer schwieg. »Es scheint, Sie haben Angst, verletzt zu werden«, sagte der Verhandlungsführer in einer Mischform aus Frage und Feststellung. Er nutzte das emotionale Label, um Empathie zu zeigen. Der Geiselnehmer bekam auf diese Weise einen Ausweg aufgezeigt, behielt aber selbst vermeintlich die Kontrolle. »Ich habe Angst, alleine zu sein. Ich habe Angst, dass sie mich verlässt. Sie hat ja schon ein Kind von einem anderen. Und ich kann ihr keines machen …« Damit war die Motivlage seines Handels klar. Er sah das Kind als eine Art Nebenbuhler und hatte Verlustängste hinsichtlich seiner Frau. Zudem machte ihm sein eigenes körperliches Unvermögen Angst und ließ ihn in Selbstzweifeln zurück. Sein Ausweg war dann die Drohung, sich und das Kind umzubrin-

gen. »Könnten Sie sich vorstellen, die Tür zu öffnen, zurück ins Wohnzimmer zu gehen und sich auf den Boden zu legen, Arme und Beine abzuspreizen, und die Kollegen kommen dann ganz ruhig zu Ihnen rein? Es wird Ihnen nichts passieren!« Der Geiselnehmer dachte einen Augenblick nach. »Können Sie kommen?«, fragte er schließlich. »Ich bin dann bei Ihnen«, versprach der Verhandlungsführer. Der Geiselnehmer ließ sich auf alles ein. Eine Situation, die noch vor wenigen Stunden hochdramatisch gewesen war, hatte sich dank einer geschickten Verhandlungsführung und einer perfekten Teamaufstellung gelöst.

Diese Fallgeschichte demonstriert beispielhaft den zentralen Teil der Analysephase: die Motivanalyse. Am Anfang einer Verhandlung werden Unglaube und Misstrauen in Vertrauen verwandelt. Denn »Unglaube ist die Reibung, die die Überredung verhindert«, wie es der Psychologieprofessor Kevin Dutton von der Oxford University treffend beschrieb.[11] »Ohne den Unglauben gäbe es keine Grenzen.« Anschließend werden häufig die Positionen ausgetauscht. Die Verhandlungspartner beginnen, sich an dem abzuarbeiten, was die Gegenseite ins Spiel gebracht hat. Worte werden auf die Goldwaage gelegt, Unerbittlichkeit demonstriert etc. Das ist völlig normal. Es ist so, als navigierte man durch ein Meer voller Eisberge. Die Forderungen und Positionen ragen wie starre Gipfel aus dem Wasser, doch unter der Oberfläche verbirgt sich etwas viel Wichtigeres: das wahre Motiv, die eigentlichen Gründe für die Forderungen.

Diese Motive zu analysieren ist für den Verhandlungserfolg genauso entscheidend wie in der Schifffahrt die Kenntnis der wahren Ausmaße eines Eisbergs. Denn eine Ablehnung der eigenen Forderung wird als persönlicher Angriff gewertet. Die Interessen und Motive des anderen zu erkennen, führt dagegen zu Verständnis für die Handlungen der anderen Verhandlungspartei. Allerdings können wir, anders als in der Seefahrt, keine technischen Hilfsmittel zur Erkundung einsetzen. Wir müssen uns die Kenntnis der Motive und Interessen hinter einer Forderung erst erarbeiten. Wir müssen die wahren Motive unseres Gegenübers langsam herausschälen wie bei einer Zwiebel. Was erzeugt Schmerz, weil wir ihm etwas wegnehmen, und was wäre für ihn ein Gewinn? Was will er haben oder was stellt für ihn einen normativen Wert dar, zum Beispiel in seinem Umfeld?

Wie wichtig die Motivanalyse für den Verhandlungsfortgang ist, mögen folgende Beispiele belegen: In der Verhandlung mit einem Geiselnehmer fordert dieser einen Mercedes der S-Klasse als Fluchtfahrzeug. In einer Tarifverhandlung pocht der Vertreter der Gewerkschaften auf eine Lohnerhöhung von 9 Prozent. Und ein Angestellter sagt zu seinem Chef, er brauche einen Dienstwagen. Wie geht man damit um? Meistens wird entweder nachgegeben oder eine gegensätzliche Position eingenommen. Da wird dann die S-Klasse rundweg abgelehnt, die Lohnerhöhung um 9 Prozent als illusorisch bezeichnet, da die Auftragslage schlecht sei. Position steht gegen Position, und keine der beiden Seiten macht sich Gedanken, welches Motiv der jeweiligen Forderung zugrunde liegt. Jeder versucht, die eigene Position mit Argumenten durchzusetzen.

Jeder, der schon einmal um etwas verhandelt hat – Taschengeld, Gehaltserhöhung oder Kaufpreis –, wird sich auch schon gefragt haben, warum die eigenen guten Argumente von der Gegenseite ignoriert werden. Es ist doch alles so einleuchtend! Warum nur wollen die anderen nicht folgen? Doch wenn wir ehrlich sind und uns genau hinterfragen, kommen wir darauf: Die eigenen Argumente dienen meistens dazu, uns selber klarzumachen, wie gut wir gewappnet sind. Sie erscheinen uns als gut und schlüssig, weil sie unsere eigenen

Interessen spiegeln. Doch wenn es gilt, andere zu überzeugen, helfen sie wenig. Überzeugen können Argumente nur, wenn sie in irgendeiner Form mit den ureigenen Motiven und Bedürfnissen der Gegenseite verknüpft sind. Sonst verpuffen die guten, so sorgsam geschliffenen Argumente einfach.

Wenn jemand von Anfang an nur argumentieren will, ist das so, als würde aus einer Schrotflinte in einen dunklen Raum gefeuert, in der Hoffnung, irgendwie eine am Ende des Raumes vermutete Zielscheibe zu treffen. Ein, zwei Kügelchen mögen getroffen haben, doch der Rest ging daneben. Was wir in dieser Phase jedoch tun müssen, ist, den Raum, den wir betreten, zu erhellen. Nur dann machen wir die Zielscheibe sichtbar und können sie ins Visier nehmen. Und geschossen wird – Schuss für Schuss – mit einem Präzisionsgewehr, nicht mit einer Schrotflinte. Nur so werden die Interessen und Motive des Gegenübers zielgenau getroffen; nur so erreiche ich, dass meine Argumente tatsächlich auch wahrgenommen und verstanden werden.

Seit ein paar Stunden hatte sich der Geiselnehmer in einer Bank verschanzt. Der Filialleiter, zwei Bankangestellte und eine Kundin mit Hund waren in seiner Gewalt. Wir hatten Stellung bezogen vor der Bank, bereit zum Zugriff, sollte er nötig werden. Der Geiselnehmer war kein Unbekannter: Obwohl er erst 36 Jahre alt war, hatte er schon eine Knastkarriere hinter sich, die zusammengerechnet 16 Jahre betrug. Einbrüche, Diebstähle und Banküberfälle reihten sich in seiner Akte auf wie Perlen an einer Schnur. In diesem Fall hatte er es nicht geschafft, rechtzeitig die Bank zu verlassen, und wurde so zum Geiselnehmer. Wir hatten telefonisch Kontakt aufgenommen. Er war verhältnismäßig cool – Verhandlungen mit der Polizei führte er schon fast sein halbes Leben lang. Schnell brachte er seine Forderungen hervor: »Ich will einen Helikopter! Dann bekommen Sie die

Geiseln!« Der Verhandlungsführer fragte: »Helikopter?« – »Ja, hab ich doch gesagt!« – »Wer sollte ihn denn fliegen?« – »Na, ein Pilot!« – »Wie soll ich das machen, Ihnen eine weitere Geisel zu geben?«, fragte der Verhandlungsführer. Der Geiselnehmer legte auf.

Etwas später hatten wir wieder Kontakt. Es war ein sehr heißer Tag und die Bank verfügte nicht über eine Klimaanlage. Diesmal war die Stimme des Geiselnehmers nicht mehr so cool, er klang genervt, richtig angefressen. »Es scheint so, als ginge es Ihnen nicht gut?«, eröffnete der Verhandlungsführer das Gespräch. »Der Köter hat in die Halle geschissen … Widerlich!« Es musste furchtbar stinken in der kleinen Filiale. Die Hitze tat ihr Übriges. Ein ganzes Einsatzkommando hatte den Mann nicht irritieren können, doch ein kleiner Hund brachte ihn mit seiner Hinterlassenschaft außer Fassung. Für uns die Chance, zumindest die Kundin freizubekommen: »Es wäre wohl besser, der Hund verlässt die Bank, damit das nicht wieder passiert«, sagte der Verhandlungsführer. »Ja. Der muss raus!« – »Er könnte Stress machen, wenn das Frauchen drin bleibt«, überlegte der Verhandlungsführer. »Die soll mit ihrem Köter verschwinden!« Eine Geisel hatten wir somit freibekommen. Bis hierin lief es gut. Aber zwei Geiseln waren immer noch in der Bank und der Mann war bewaffnet.

Wir verhandelten weiter. Er forderte die besagte S-Klasse als Fluchtwagen. »Wie soll das funktionieren?« Seine Antwort kam prompt: »Wahrscheinlich gar nicht. An der nächsten Tankstelle nehmt ihr mich fest oder rammt mich vorher von der Straße.« Er hatte Erfahrung. Er wusste, dass er keine Chance haben würde. Warum hielt er an diesen überzogenen Forderungen fest? Wir mussten seine Motive freilegen. Der Verhandlungsführer nutzte die Taktik des kognitiven Ankers. Er nutzte die kognitive Dissonanz des Geiselnehmers. Er machte ihm bewusst, dass sein Überfall eine Wendung genommen hatte, die er gar nicht angestrebt, geschweige denn erwartet hatte. »Sind Sie wirklich ein Geiselnehmer!?« – »Nein, bin ich nicht. Ist dumm gelaufen.« – »Es ist Ihnen klar, dass Ihr Handeln Konsequenzen hat?« – Ich muss wieder in den Knast!« – »Aber die Haftstrafe kann man auch verkürzen.« – »Wie kann ich das machen?« – »Was würden Sie vorschlagen?«– »Dann müsste ich aufgeben und die Geiseln freilassen. Das kann ich nicht!« – »Das können Sie nicht?« Wieder nutzte der Verhandlungsführer das wörtliche Spiegeln in Frageform, um zu verstehen, welche Motive vorlagen. – »Knast ist immer Scheiße …« Der Verhandlungsführer wiederholte erneut das letzte Wort in Frageform, und die folgende Antwort brachte uns dem Motiv des Täters ein gutes Stück näher: »Man muss sich immer durchsetzen. Immer wieder neu.« – »Immer wieder neu?« –»Ja. Jedes Mal. Da gibt es eine Hierarchie.« Der Geiselnehmer hatte schon einige Gefängnisse kennengelernt. Uns und ihm war klar, wie es dort zuging.

Es gibt eine klare Knasthierarchie. Und es geht nicht zimperlich zu. Da kann es schon mal passieren, dass ein Neuling unversehens zusammengeschlagen wird, nur damit klar ist, wer hier was zu sagen hat. Uns war mittlerweile bewusst: Unser Gesprächspartner wollte Anerkennung, die ihn vor Übergriffen im Gefängnis schützte. »Wenn ich einfach aufgebe, sehe ich aus wie ein Versager!«, bestätigte er ungefragt unsere Überlegungen. Obwohl er groß und kräftig war und mit seinem geschorenen Schädel, seinen Tattoos und Piercings durchaus respekteinflößend aussah, war er doch kein Schlägertyp. Und das würde man im Knast schnell rausbekommen. »Was würde Ihnen helfen, um in der Hierarchie weit oben zu stehen?« – »Ich darf nicht wie ein Weichei rüberkommen«, so der Geiselnehmer. Wir überlegten kurz: »Wenn jetzt eine Sondereinheit die Bank stürmen würde. Wenn wir Pyrotechnik einsetzten und Sie dann festnehmen würden – wären Sie dann ein Weichei?« – »Macht das das SEK?« – »Würde das helfen?« – »Ja. Das ginge.«

Wir vereinbarten, wie er und die Geiseln sich während der Stürmung zu verhalten hatten und wie die Festnahme ablaufen würde. Die Bilder, die später in den Nachrichten über den Bildschirm flimmerten, waren durchaus spektakulär. Drei SEK-Beamte und der Einsatz von Nebelbomben und Blendgranaten waren notwendig, um den gefährlichen Geiselnehmer zu überwältigen, erklärte der Einsatzleiter auf der anschließenden Pressekonferenz. Ein harter Kerl! Vor Gericht, so hatten wir es vorher geklärt, wurde jedoch die Kooperationsbereitschaft des Geiselnehmers beim Strafmaß berücksichtigt. Der Staatsanwalt war eingeweiht. Vor seinen Knastkumpanen stand der Geiselnehmer somit als harter Kerl da. Als einer, der sich nicht einschüchtern lässt. Der es mit mehreren Mitgliedern eines Spezialeinsatzkommandos aufgenommen und ihnen die Stirn geboten hatte.

Ein weiteres Beispiel habe ich bei der Begleitung von Verhandlungen mit Gewerkschaften kennengelernt. Hier kann es sein, dass wieder eine Wahl vor der Tür steht, die für einen der Gewerkschaftsvertreter im Verhandlungsteam ausgesprochen wichtig ist. Entweder weil er selber wiedergewählt werden möchte oder weil er bestimmte Dinge im Wahlkampf ansprechen möchte. Hier lässt sich der PAIN-Hebel ansetzen: Sein Motiv ist, seinen Posten nicht zu verlieren. Die von öffentlichem Interesse begleitete Tarifverhandlung liefert das Futter für den Wahlkampf, liefert die Geschichte, die die eigene Stärke untermalt.

Und hinter der Forderung nach einem Dienstwagen verbirgt sich eventuell der Wunsch, endlich eine auch für Dritte sichtbare Anerkennung zu erhalten. Wenn mir das klar ist, kann ich zielgerichtet (ver)handeln. Ich kann Mittel und Wege finden, die Interessen meines Verhandlungspartners zu bedienen, ohne dass ich etwas tun muss, das ich nicht will oder kann.

Ein anschauliches Beispiel dafür, weshalb es wichtig ist, den Unterschied zwischen Position und Motiv herauszuarbeiten, ist das Orangen-Modell. Es geht darum, dass zwei Personen eine Orange haben wollen (Position). Es ist jedoch nur eine verfügbar. Die beiden haben demnach gegenläufige Positionen. Was zu tun ist, würden die meisten Menschen sehr pragmatisch beantworten: Es wird geteilt, jeder erhält eine Hälfte der Orange – die Positionen werden somit zur Hälfte erfüllt. Ein klassischer Kompromiss – doch markiert er auch die beste Lösung? Um diese zu erzielen, ist es wichtig, die Motive der beiden Akteure herauszuarbeiten. Was ist das Interesse, das hinter ihren Positionen steht?

Beim Nachfragen erfährt man möglicherweise Folgendes: Person A möchte einen Orangensaft haben und Person B einen Kuchen backen. Im nächsten Schritt gilt es, sich ein umfassendes Bild über die jeweiligen Motive zu verschaffen. Weshalb möchte der eine den Orangensaft haben und weshalb braucht der andere die Orange, um einen Kuchen zu backen? Weshalb ist das so wichtig? Person A braucht den Saft, weil die Ehefrau eine Erkältung hat und Vitamin C bei der Genesung helfen soll. Für Person B ist vor allem die Schale, der aromatischste Teil der Orange, interessant. Sie soll Geschmack in den Kuchen bringen. In den möglichen Antworten verbergen sich wieder unzählige Möglichkeiten, den Konflikt zu lösen. Wenn es um Vitamin C geht, könnte man jetzt anbieten, eine andere Zitrusfrucht zu verwenden oder das Vitamin C durch ein Vitaminpräparat aus der Apotheke zuzuführen. Und die Motive von Person B könnten auch mit einem Backaroma mit Orangengeschmack befriedet werden. Eine Lösung, mit der alle zufrieden sein können, könnte auch sein, dass der eine den Saft der Orange, der andere deren Schale erhält. Die den Positionen zugrunde liegenden Interessen wurden somit erfüllt.

Dieses Beispiel, das angeblich aus der Harvard University stammt, lässt sich auf nahezu jede Verhandlung übertragen, und es unterstreicht eindrucksvoll, dass für einen guten Verhandler nicht die Positionen des Gegenübers entscheidend sind, sondern dessen Motive. Mit der Kenntnis von Motiven wächst die Zahl der Handlungsmöglichkeiten. Reine Positionen limitieren dieses Spektrum eher.

Motive sind vielfältig und müssen immer individuell erkundet werden. Trotzdem können die meisten Motive in Verhandlungen nach den menschlichen Grundbedürfnissen kategorisiert werden, nämlich vor allem

- Sicherheit,
- Selbstbestimmung/Kontrolle,
- wirtschaftliches Auskommen,
- Zugehörigkeitsgefühl,
- Anerkennung.

So ging es unserem Geiselnehmer aus der Bank vorrangig um die Befriedigung der Motive »Sicherheit« – in Form von körperlicher Unversehrtheit im Gefängnis –, »Anerkennung« – durch andere Gefängnisinsassen – und »Zugehörigkeit« – innerhalb der Knasthierachie.

Eine Motivvielfalt trifft natürlich nicht nur für einzelne Verhandlungspartner, sondern auch für größere Verhandlungsgruppen zu. Wenn Sie die Motive Ihres Verhandlungspartners erkennen wollen, sollten Sie sich auch immer bewusst sein, dass dieser (genau wie Sie selbst!) in einem Abhängigkeitsgeflecht steht und auf andere Motive Rücksicht nehmen muss (zum Beispiel Vorgesetzte, Kollegen, Team, Wähler, Ehepartner, Kinder, Eltern, Freunde, Nachbarn …). Die Reihe der möglichen Abhängigkeiten ist ebenfalls vielfältig. Je mehr Motive ich feststelle, desto besser kann ich Individuen und Gruppen lenken. Wahlkämpfer versuchen seit jeher, so viele Motive ihrer Wähler wie möglich zu analysieren (und stehen dann vor dem Dilemma, dass unterschiedliche Wählergruppen auch unterschiedliche Motive und Interessen haben können).

Kenne ich die Motivlage der Gegenseite nicht, so entsteht lediglich ein Feilschen um Positionen – zermürbend und alles andere als gewinnbringend. Das heißt, ich verhandle nicht wirklich, sondern versuche nur, mich in meinem Schützengraben zu verschanzen, um die eigene Position mit Argumenten zu verteidigen. Es wird versucht, die Gegenseite unter Druck zu setzen und sie auszumanövrieren. Am Ende steht ein mühsamer, schmerzhafter Kompromiss. Ziel erreicht? Nein. Ein solcher Kompromiss ist nicht positiv zu werten. Er kann immer nur eine Notlösung sein, und eigentlich ist niemand damit glücklich. In den meisten Fällen fühlt sich eine Seite, wenn nicht sogar beide, als Verlierer.

Das ist nicht nur ein subjektiv empfundenes Problem, sondern es kann auch die Beziehungsebene empfindlich und nachhaltig stören – weit über die aktuelle Verhandlung hinaus. Denn machen wir uns nichts vor: Es menschelt überall. Das Ego spielt uns so manchen Streich. Habe ich das Gefühl, in einer Verhandlung über den Tisch gezogen worden zu sein, dann will ich natürlich versuchen, beim nächsten Mal die Scharte auszuwetzen. Manche sind regelrecht besessen von dem Wunsch, das Manko von einst vergessen zu machen.

Egal, ob wir mit einem Entführer, einem Gewerkschaftsführer, einem Verkäufer oder einem Chef verhandeln, in den seltensten Fällen haben wir es mit nur einem einzelnen Interesse zu tun. Ist es ein Individualinteresse des Verhandlungspartners? Oder steckt dahinter ein weitaus größeres Interesse anderer Personen, die im Interessensumfeld des Verhandlungspartners eine Rolle spielen? Es ist an Ihnen, dies herauszufinden.

In der Regel sollen in der Verhandlung noch weitere Interessen bedient werden. Manchmal kennt der Verhandlungsführer selbst die dahinterstehenden Motive gar nicht genau, sondern nur die Position selbst. Umso wichtiger ist es zu wissen, welches Beziehungsgeflecht sich hinter dem Verhandlungsführer verbirgt, der mir gegenübersitzt. Fordert ein Gewerkschaftsführer zum Beispiel eine aberwitzige Lohnerhöhung, kommt es ihm vielleicht darauf an, die Aufmerksamkeit potenzieller neuer Mitglieder zu gewinnen und dadurch die wirtschaftliche Situation der Gewerkschaft zu verbessern. Oder er möchte in einem internen Konkurrenzkampf durch eine solch hohe Forderung die eigene Machtposition stärken (Sicherheit und Anerkennung) – nach dem Motto »Seht her, ich fordere für euch Lohnerhöhungen, an die mein Konkurrent noch nicht mal zu denken wagt«.

Motive können also mannigfaltig sein. Gelingt es, die Motive der anderen Seite herauszuarbeiten, so tritt an die Stelle eines Willenskampfes, also eines Feilschens um Positionen, die Möglichkeit, andere Lösungsoptionen zu finden (in der neurolinguistischen Fachsprache »Outframing« genannt). Es geht dann nicht mehr nur um die eine Summe, an der ich mich abarbeiten muss, es ist nicht nur der Dienstwagen, um den ich verhandeln muss. Nein, ich kann andere, für mich vorteilhaftere Mittel finden, um das eigentliche Motiv zu adressieren. Anstatt mich also daran zu orientieren, was die Verhandlungspartner als Position aufstellen, orientiere ich mich in der Verhandlung lieber an den zugrunde liegenden Wünschen und an den wirklichen Motiven der Gegenseite. So einfach ist das. Und so schwer. Denn natürlich wird mir niemand seine Motive auf dem Silbertablett präsentieren. Ich muss sie herausfinden. Aber wie?

Der erste Schritt besteht darin, sich bei einer Position des Gegenübers nicht festzulegen. Es gibt kein »Ja« für Akzeptanz und kein »Nein« für Ablehnung. Sie wollen schließlich nicht in einen argumentativen Schlagabtausch, sondern in die Motivanalyse gehen. Festlegungen bringen Sie also nicht weiter. Sie würden außerdem Ihre Handlungsfähigkeit einschränken. Ähnlich wie in Phase 2 der Weg zum Verstehen von Begriffen über die Brücke der Frage geht, ist es auch hier. Auch hier braucht man Disziplin und sequenzielles Vorgehen. Direkt mit der Tür ins Haus fallen und nach den Motiven fragen können Sie nur, wenn Ihre Vertrauensbasis optimal ist und Ihr Verhandlungspartner sehr auskunftsfreudig ist. Der unauffälligere Weg ist es, sich diszipliniert an das Motiv »heranzufragen«. Wenn eine Position oder Forderungen aufgestellt werden, gilt es also danach zu fragen, was genau sich der andere darunter vorstellt. Auch hier können Begriffe auftauchen, die es zu klären gilt: »Was verstehen Sie unter … ?« – »Können Sie mir das etwas genauer erläutern?« Oder Sie spiegeln Begrifflichkeiten, die Sie verstehen wollen.

Als Nächstes müssen Sie herausfinden, was Ihr Gegenüber mit seiner Forderung erreichen will oder vorhat. Hierzu nutzen Sie eine Wie-Frage. Das Wie bittet um Rat und gibt Ihrem Gegenüber das Gefühl der Kontrolle. Das ist besonders wichtig vor dem Hintergrund der nächsten Frage: »Wie genau soll das aussehen?« Oder Sie können es in zwei Sätzen verpacken: »Nur einmal angenommen, wir würden es genau so machen, wie soll das Ergebnis aussehen?« Nach diesem Vortasten kommt dann die entscheidende Frage, die die Tür zur Motivlage öffnet: »Weshalb ist das für Sie wichtig?« – »Ich würde gerne besser verstehen, welche Bedeutung das für Sie hat« – »Weshalb hat das für Sie solch eine Bedeutung?« Auch hier gilt die Regel, die Sie aus Phase 2 schon kennen: Immer nur eine Frage! Dann schweigen und diszipliniert die Antwort abwarten. Und noch ein Hinweis: Vermeiden Sie unter allen Umständen die Warum-Frage. Denn von vielen Menschen wird ein »Warum?« als Frage nach ihren moralischen Werten interpretiert. Das kann schnell als Vorwurf aufgenommen werden. Sie bekommen keine Antwort, sondern einen Gegenangriff, und das wirkt sich negativ auf die Beziehung aus.

Die Motivanalyse ist unerlässlich, um den Aushandlungsspielraum der Verhandlung zu vergrößern. Haben Sie nur Positionen, kann der Handlungsraum sehr eng sein. Denken Sie an die Orange!

Wenn Sie im nächsten Schritt die eigenen Argumente in der Verhandlung mit den Interessen der Gegenseite unter den Gesichtspunkten Schmerz (Pain), Gewinn (Gain) und normative Motive verknüpfen können, werden Sie von Ihrem Verhandlungspartner auch gehört. Denn Menschen sind immer dann aufgeschlossen und bereit zuzuhören, wenn sie erwarten oder spüren, dass ihre eigenen Bedürfnisse bedient werden. Mit der Motivanalyse erhelle ich – um im Bild zu bleiben – nicht nur den Raum, wodurch ich die Zielscheibe klar sehen kann, sondern ich ersetze so auch meine Schrotflinte durch das notwendige Präzisionsgewehr. Die Chancen steigen, dass meine Argumente beim Gegenüber verfangen. Ich kann auf einmal Angebote machen, die die Interessen des Verhandlungspartners bedienen, aber auch meinen eigenen Motiven dienlich sind.

Alles, was ich in dieser Motivphase an zusätzlichen Erkenntnissen sammle, sollte unbedingt schriftlich festgehalten werden, um diese Erkenntnisse später in der Verhandlung nutzen zu können. Auch hier ist es wichtig, die Ergebnisse, die ich von meinem Gegenüber erhalte, durch Nachfragen und Abklären der Begrifflichkeiten zu sichern. Ich muss mir auch hier meine Quittung abholen. Und warum das Ganze? Menschen können sich gegen alles schützen, was andere über sie sagen, doch niemand kann sich vor dem schützen, was er selbst gesagt hat. Mit jeder Aussage, die ich festmache, nehme ich meinem Gegenüber den Raum, aus diesem Korridor der Festlegungen auszuweichen. Ich lege ihn also nicht nur bei der Begriffsklärung in Phase 2 fest, sondern auch bei der Motivanalyse in Phase 3. Ich versperre ihm somit den verbalen Fluchtweg – und das Hindernis ist dabei die eigene Aussage.

Im Falle des Geiselnehmers, der mit einem großen Fluchtwagen die Anerkennung künftiger Knastbrüder und deren Respekt erlangen wollte, wurde, wie schon geschildert, folgende Lösung gefunden: Da wir durch die intensive Motivanalyse sicher waren, dass er mit einer Inhaftierung rechnete und nur noch seine eigene Stellung in der Gefängnishierarchie sichern wollte, um nicht zum »Opfer« von Gewalt zu werden, konnten wir ihn zu einer inszenierten Aufgabe bewegen: Er würde also nicht aufgeben und wie ein »Schwächling« rüberkommen, sondern er würde von einem Spezialeinsatzkommando unter heftigem Widerstand »überwältigt« und dann für alle Kameras sichtbar auch abgeführt werden. So war klar, dass er selbst bis zum Schluss gekämpft hatte, was seinem Interesse, ein »harter Kerl« zu sein, entsprach.

Bei der erwähnten Verhandlung mit der Gewerkschaft wurde etwas anderes angeboten. Da das Motiv des Verhandlungsführers darin bestand, nach außen die Stärke der Gewerkschaft herauszustellen und dies aufgrund interner Machtkämpfe vor allem mit seiner Person zu verknüpfen, lenkte man seine Sichtweise auf ein positives Verhandlungsmarketing: Das Unternehmen stellte seinen Erfolg und die Härte der Verhandlung heraus. Damit änderte sich auch seine eigene Einstellung zum Verhandlungserfolg, den er als harter Verhandler herbeigeführt hatte. Wir überließen ihm die Deutungshoheit gegenüber den Medien. Er konnte sein persönliches Heldenepos von der erbitterten Verhandlung mit verbohrten Gegnern erzählen, denen er mehr abgerungen hatte, als diese eigentlich zu geben bereit waren. Sollte er sich doch nach außen als Sieger verkaufen – die Lohnerhöhung fiel wesentlich geringer aus als anfangs befürchtet. Dafür lohnt es sich, die eigene Eitelkeit hintanzustellen und dem Geschlagenen die Pose des Siegers in der Öffentlichkeit zu gönnen.

Im Falle des Arbeitnehmers, der einen Dienstwagen haben wollte, wurde ein anderes Zeichen der Wertschätzung angeboten. Anstelle der teuren Karosse bekam er einen neuen Titel, der seinen Satus als wichtigen Mitarbeiter auch nach außen demonstrierte. Natürlich wurde dies in der Firma bekannt gemacht, sodass die anderen Mitarbeiter mitbekamen, dass hier jemand aufgrund seiner Leistungen herausgehoben wurde. Er bekam seinen neuen Titel auch auf die Visitenkarte und ins Organigramm. Je nach Persönlichkeitsstruktur sind Funktionsbezeichnungen für manche Menschen ein Wert, der Materielles weit übersteigt. Und so kann der Titel eines Managing Directors auf einmal eine Strahlkraft entwickeln, die über die eines Dienstwagens hinausgeht. Dabei muss der Titel noch nicht einmal zwingend mit einer Gehaltserhöhung oder einer Erweiterung von Kompetenzen verbunden sein.

Zwischenfazit: Die Positionen der gegnerischen Partei in einer Verhandlung sind in der Regel nur ein Mittel, um die eigentlichen Motive zu bedienen. Diese Motive, die zumeist auf den menschlichen Grundbedürfnissen, etwa nach Sicherheit oder Anerkennung, basieren, werden in der Verhandlung nicht genannt, sondern verstecken sich hinter den Positionen – weshalb es die Aufgabe eines guten Verhandlers ist, diese Motive herauszuarbeiten und zu notieren, damit sie nicht verloren gehen.

Beim Hinterfragen der einzelnen Forderungen in Bezug auf das Motiv gehen Sie in drei Stufen vor:

1) WAS-Frage
   Was verstehen Sie darunter?
   Können Sie mir das genauer erläutern?
2) WIE-Frage
   Wie soll das Ergebnis ausgestaltet sein?
   Wie soll das gemacht werden?
3) WESHALB-Frage
   Weshalb ist dies für Sie so wichtig?
   Weshalb hat das eine Bedeutung für Sie?

Bei Verhandlungen mit einer größeren Runde habe ich beste Erfahrungen damit gemacht, zuerst die Positionen zu visualisieren und dann anhand des dargestellten Frageschlüssels die Motive zu analysieren.

Die richtigen Fragen im richtigen Ton zu stellen ist eine wichtige Voraussetzung, um den Lösungskorridor in der Verhandlung zu erweitern. Doch wie in allen Bereichen heißt es auch hier: Seien Sie diszipliniert! Wer ungeduldig ist, ist im Verhandlungsteam fehl am Platze. Wer Erfolg haben will, muss die Geduld mitbringen, sich akribisch Schritt für Schritt an die Lösung heranzuarbeiten. Dazu gehört es, jede Frage einzeln zu stellen und deren zufriedenstellende Beantwortung abzuwarten, bevor die nächste Frage gestellt wird. Einer der größten Fehler, die ich bei Verhandlungen immer wieder erlebe, ist, dass Kettenfragen gestellt werden, drei bis vier Fragen hintereinander. Selbst das gutwilligste Gegenüber weiß dann gar nicht, was der Fragende eigentlich genau will. Der weniger gutwillige Kontrahent aber sucht sich heraus, worauf er antworten will.

Jeder von uns kennt das aus dem Alltag. Stellen Sie sich vor, Sie treffen zufällig jemanden, den Sie lange nicht gesehen haben. Die Freude ist groß, die Neugierde noch größer. So viel gibt es zu berichten und zu erfahren. In der Begeisterung feuern wir unsere Fragen ab wie mit einem Maschinengewehr. Wenn Sie dann später jemandem von der Begegnung berichten wollen, merken Sie auf einmal, dass viele Fragen unbeantwortet geblieben sind oder eines Nachhakens bedurft hätten. Das alles ist im Überschwang und in der Flut der Fragen untergegangen. Auch in einer Verhandlung machen es zu viele Fragen auf einmal unmöglich, klare Antworten zu bekommen, die Ihnen helfen, die Motivlage zu analysieren. Noch schlimmer wird es, wenn Sie eine Frage stellen und die Antwort gleich selber mitliefern.

Kommen wir noch einmal zurück zu unserem Beispiel mit dem Geiselnehmer. Stellen wir uns vor, Sie haben einige Fragen gestellt und sind sich ziemlich sicher, die Motivlage des Kriminellen weitestgehend durchschaut zu haben. Es fehlt vielleicht nur noch das letzte bisschen Gewissheit. In den Drehbüchern von Krimis käme jetzt ein cooler Cop zum Einsatz, der den Geiselnehmer reizen würde. Etwa so: »Pass auf, mein Freund, wir haben verstanden: Du willst die S-Klasse doch nur, um später im Knast prahlen zu können. Damit du dort als große Nummer gesehen wirst und nicht als das Weichei, das du in Wahrheit bist. Ist doch so, oder?« Im Film mag der Geiselnehmer dann zusammenbrechen, in der Realität weist er diese Unterstellung fast immer mit Vehemenz zurück. Eine völlig nachvollziehbare und menschliche Reaktion. Denn wer lässt sich schon gerne sagen, was er denkt? Also Vorsicht vor rhetorischen Fragen!

Umgekehrt sorgt eine schrittweise und behutsame Fragetechnik dafür, dass die gegenüberliegende Seite das Gefühl hat, Sie interessierten sich für sie – auch hier macht man sich taktische Empathie zunutze. Das dient wiederum der Beziehungsebene. Aber Achtung, Sie sollen hier keine neuen Freunde gewinnen. Ihre zugewandte Fragetechnik dient einzig und allein dem Ziel, Ihre Interessen durchzusetzen. Ich halte gar nichts davon, immer eine Win-win-Situation herstellen zu wollen. Nein, es geht darum, für Sie eine Win-Situation zu schaffen. Der Ton und die Art zu fragen sind natürlich sehr freundlich, aber Sie führen Ihr Gegenüber weiterhin konsequent durch die Verhandlung.

Beim Herausarbeiten der Motive verlassen wir die Ebene des Feilschens und Schacherns; unser Ziel ist es, eine größere Bandbreite an Lösungsmöglichkeiten zu erarbeiten. Wir beginnen also mit dem sogenannten Outframing: Wir hinterfragen die wahren Beweggründe des Gegenübers und suchen nach Möglichkeiten, die dahinterliegenden Motive zu nutzen und unsere eigenen gleichermaßen zu befriedigen.

Es gilt auch, zwischen Individualmotiven und Organisationsmotiven zu unterscheiden. Bei den Organisationsmotiven muss ich darauf achten, wer möglicherweise noch hinter meinem Verhandlungspartner steht. »Organisation« ist dabei nicht im engeren Sinne zu sehen. Hinter einem Geiselnehmer steht möglicherweise eine Bande oder ein Kartell, auf die ich achten muss. Bei einer Gewerkschaft sind es die Mitglieder oder vielleicht ein interner Konkurrent, bei einem Verkäufer der Vorgesetzte oder die Firma. Im Beispiel des Wohnungsverkaufes waren es die Ehefrau und die Kinder, die mit ihren Motiven hinter meinem Verhandlungspartner standen. Sein Motiv war es, eine glückliche Familie zu haben und von den Kindern geliebt zu werden (Anerkennung und Zugehörigkeit). Die Kinder wollten jeweils ein Einzelzimmer haben (und dort selbstbestimmt handeln). Und das Motiv der Frau war es, die Kinder in ihrem Anliegen zu unterstützen und sie trotzdem noch im Auge zu behalten (Kontrolle und Sicherheit). Alles dies gilt es im speziellen Fall zu ergründen.

Und ja, ich darf am Anfang auch eine Liste mit möglichen Motiven erstellen. Bei der besprochenen Gegner-Analyse im Rahmen meiner Verhandlungsvorbereitung kann ich dies sogar systematisch tun. Ich muss mir aber im Klaren sein, dass es sich dabei um Vorannahmen handelt. Vorannahmen wirken wie ein Filter, durch die ich die Verhandlung betrachte. Und wir filtern unwillkürlich heraus, was nicht die Vorannahmen bestätigt. Deshalb müssen Sie Ihre Vorannahmen während der Verhandlung immer überprüfen! Sonst werden Sie bei der Informationsanalyse nachlässig und arbeiten mit falschen Begriffen und Motiven. Sie machen sich selbst etwas vor und stärken Ihr Verhandlungsgegenüber.

Zusammenfassung

- Legen Sie sich bei den Positionen Ihres Gegenübers nicht fest.
- Kein Ja, kein Nein.
- Analysieren sie stattdessen die Motive hinter den Positionen.
- Motive sind meist mit den verschiedenen Grundbedürfnissen verknüpft.
- Motivlagen können individuell sein (Individualmotive) oder durch Abhängigkeiten von anderen Personen entstehen (Organisationsmotive).
- Nutzen Sie ein dreistufiges Fragemodell, um an die Motive zu gelangen:
  1. Was verstehen Sie darunter?
  2. Wie soll das Ergebnis ausgestaltet sein?
  3. Weshalb ist dies für Sie so wichtig?
- Stellen Sie eine Frage nach der anderen und KEINE Kettenfragen.
- Nutzen Sie auch hier die »Macht des Schweigens« nach jeder Frage.
- Erhalten Sie keine Antwort, fragen Sie noch einmal nach.
- Begründen Sie regelmäßig Ihre Fragen.
- Vorannahmen gilt es laufend zu überprüfen!

Phase 4:
Der kontrollierte Aushandlungsprozess

Jetzt geht es ans Eingemachte, in Phase 4 tritt man gewissermaßen in den Nahkampf der Verhandlung. Diese Phase ist entscheidend für das Verhandlungsergebnis. Jetzt werden die Forderungen miteinander ausgehandelt. Ihr komplettes Potenzial kann diese Phase allerdings für Sie nur dann entfalten, wenn die vorangehenden Analysephasen konsequent durchgeführt wurden. Die Phasen 2 (Verständnisanalyse) und 3 (Motivanalyse) brauchen dabei vielleicht etwas länger, als Sie es gewohnt sind. Aber in Phase 4 sparen Sie diese Zeit wieder ein. Dieses Vorgehen des F.I.R.E. Concept of Control dient nicht nur der konsequenten und kontrollierten Führung durch die Verhandlung, sondern hat auch verhandlungsökonomisch seine Vorzüge.

Wie in den vorangehenden Phasen ist ein konsequentes Vorgehen Schritt für Schritt das A und O. Und jetzt können Sie endlich auch loswerden, was Sie alles wollen. Eine Forderung platzieren, ihre Wirkung abwarten, bei Zustimmung dies festhalten, ohne das Plazet schon festzumachen, und bei Ablehnung die Gründe hinterfragen – so sollten Sie vorgehen. Nun bringen Sie auch Ihre Forderungen mit den analysierten Motiven der Gegenseite zusammen. Dabei zeigt sich der Sinn einer umfangreichen Vorbereitung von Forderungen, denn Forderungen halten Sie an dieser Stelle gesprächsfähig. Ziel ist es, das eigene Verhandlungsergebnis immer weiter zu vergrößern. Aber bringen Sie immer nur eine Forderung nach der anderen in die Verhandlung ein und nutzen Sie die Macht des Schweigens, um die Reaktion der Gegenseite herauszuarbeiten. Bleiben Sie stets am Ball, wiederholen Sie bei Bedarf ihre Forderung, ohne inquisitorisch zu wirken, und drängen Sie bei aller Höflichkeit auf eine Antwort. Der Gegner wird bei aller konsequenten Führung Ihrerseits weiterhin empathisch behandelt.

Diese Phase disziplinierten Forderns auf einer stabilen Beziehungsebene entspricht dem wahren harten Verhandeln. Emotional sein, schreien, aus dem Bauch heraus agieren kann jeder, sich stur stellen ebenfalls. Auch wenn ein solches Verhalten manchmal als hartes Verhandeln angesehen wird, ist es doch eher etwas für hilflose Persönlichkeiten, die keine anderen Mittel kennen, um ihre Interessen zu erreichen. Wirklich professionelle Verhandler agieren diszipliniert und zielorientiert. Sie kontrollieren die Verhandlung und auch ihre eigenen Emotionen. Das ist zwar am Anfang anstrengend, da es mehr Disziplin erfordert, aber auch sehr erfolgreich, da es die Kontrolle über die Verhandlung sichert. Wie in jedem Wettkampf, in jeder Sportart heißt es auch hier, kontrolliert und strukturiert vorzugehen, um seine Ziele zu erreichen.

Wenn Sie in der Vorbereitungsphase akribisch gearbeitet und eine große Anzahl von Forderungen kreiert haben, haben Sie dadurch auch den Korridor für Lösungen erweitert, weil Sie jetzt auf breiter Ebene sprachfähig sind.

Der Konjunktiv als Beziehungspflaster

Erneut spielen Fragen eine herausragende Rolle, denn die Forderungen werden in Frageform eingebracht. Wichtig ist jedoch, sich konsequent im Konjunktiv durchzufragen. Ziel dieser Taktik ist es, die Gegenseite weiter im Dialog und im Denkprozess zu halten. Sie soll sich mit der Lösung auseinandersetzen. Doch von anderen festgelegte Lösungen erzeugen Widerstand und Gegenargumente. Der durch die Beziehungs- und Analysephasen reduzierte Unglaube bekäme neue Nahrung. Die Folge: Das Alarmsystem des Gegenübers fährt wieder hoch. Der aktive Widerstand gegen das, was von Ihnen gesagt wird, steigt an. Das ist üblicherweise der Fall, wenn die

Verhandlungspartner ihre Gespräche beginnen, aber wir wollen diese Haltung jetzt nicht wieder heraufbeschwören.

Bei festlegenden Formulierungen und Lösungsangeboten besteht also die Gefahr, dass sich bei Ihrem Verhandlungspartner Widerstand aufbaut, da er annimmt, Sie hätten die Lösung schon vorgefertigt. Der Konjunktiv und die Frageform dagegen signalisieren, dass der Verhandlungspartner Bestandteil der Lösung ist. Die Frageform bittet ihn um Rat und zieht ihn wieder in die Verhandlung hinein. Das ist reine Psychologie: Wer um Rat gefragt wird, fühlt sich wertgeschätzt und einbezogen. Durch den Konjunktiv richten Sie gewissermaßen eine Komfortzone für das Gegenüber ein. Dessen Warnanlagen sind nicht scharf gestellt, weil es keine Bedrohung empfindet. Sie vermitteln dem Verhandlungspartner das Gefühl von Kontrolle. Gleichzeitig lässt er sich dazu bewegen, kreativ mitzudenken und sich selber einzubringen. Es ist also eine Art freundliches Hineinzwingen in den Lösungskorridor der Verhandlung.

Wir befinden uns nun an der neuralgischen Stelle der Verhandlung. Wer signalisiert, er habe das Verhandlungsergebnis bereits komplett im Blick, der wirkt egozentrisch. Und ein egozentrisches Verhalten führt zur Ablehnung und Blockadehaltung des Gegenübers: Selbst akzeptable Angebote werden dann aus Prinzip abgelehnt.

Die Briten als klassische Handelsnation sind Meister darin, ganze Verhandlungskonversationen im Konjunktiv zu bestreiten, es ist ihr reguläres Sprachmuster für Verhandlungen, das sie perfekt nutzen. In unserem Sprachgebrauch ist dies seltener. Und auch wenn Deutschland eine starke Wirtschaftsnation ist, so ist sie doch keine traditionelle Handelsnation. Anders als unsere britischen und niederländischen Nachbarn waren die Deutschen – von der Hanse abgesehen – keine Seefahrer. Unsere Vorfahren wurden nicht auf Basaren und an

Börsen sozialisiert, wo die Güter ferner Länder gehandelt wurden. Wir waren und sind Tüftler, keine Taktierer. Deutschlands Stärke gründet auf Ideen und Ingenieurkunst. Das hat sich auf unseren Kommunikationsstil ausgewirkt: geradlinig, effizient – Abbild einer exakten Wissenschaft. Wir sind durchaus stolz auf unsere Unmissverständlichkeit und übersehen dabei oft, wie wir andere auch aus dem eigenen Kulturkreis damit brüskieren. Wir gehen häufiger mit festgelegten und festlegenden Formulierungen in die Verhandlungen. Das Ende vom Lied ist, dass wir oft schnurstracks gegen eine Wand laufen und einen Widerstand bei unseren Verhandlungspartnern provozieren, die wir dann auch noch als irrational betrachten. Nur weil wir nicht in der Lage waren, taktisch empathisch zu verhandeln. Unsere Art zu verhandeln wird als überheblich und apodiktisch wahrgenommen und beschädigt häufig die Beziehungen.

Die deutsche Bundeskanzlerin wird dagegen international als »Leader oft the Free World« geschätzt: Merkels Art hinzuhören, nachzufragen und ihrem Gegenüber Möglichkeiten der Gesichtswahrung einzuräumen, ohne eigene Positionen preiszugeben, macht sie zur Hoffnungsträgerin in Verhandlungen mit Persönlichkeiten wie Putin, Trump oder Erdoğan. In Deutschland hingegen wirft man ihr vor, nicht klarzumachen, wofür sie steht, unentschlossen zu sein und sich nicht schnell genug festlegen zu wollen. Ihr Konjunktiv trifft bei ihren Landsleuten oft auf Unverständnis, dabei wirkt er wie ein Beziehungspflaster. Testen Sie es doch mal an sich selbst: Ist es nicht wirklich viel angenehmer, wenn eine Forderung eingeleitet würde mit »Wäre es für Sie vorstellbar« oder »Könnten Sie sich vorstellen« oder »Käme es für Sie in Betracht«, als dass jemand Ihnen entgegenschleudert: »Wir müssen das wie folgt machen …« oder »Wir machen das am besten so« oder »Die Lösung muss doch dann immer … sein …«.

Der Einsatz sogenannter Modaloperatoren der Notwendigkeit beziehungsweise Ausweglosigkeit führt zu internem Widerstand und Ablehnung. Modaloperatoren sind Verben und weisen oft zusätzlich auf Generalisierungen (zum Beispiel alles, immer, jeder …) hin, die der Gesprächspartner bei der Bildung seines Weltmodells eingesetzt hat (womit wir beim egozentrischen Vorgehen wären). Ein Modaloperator bestimmt ein anderes Verb näher. Es gibt Modaloperatoren der Notwendigkeit (müssen), der Möglichkeit (können), der Erlaubnis (dürfen) und der Empfehlung (sollen).

Wir wollen uns hier vor allem auf die Modaloperatoren der Notwendigkeit (müssen) und der Möglichkeit (können) konzentrieren. Ein Modaloperator der Notwendigkeit (müssen) suggeriert, wie alternativlos die betreffende Entscheidungsmöglichkeit ist. Das widerstrebt unserem ureigenen Bedürfnis nach Selbstbestimmung (Autonomie), verletzt das Bedürfnis nach Wertschätzung am Verhandlungstisch und erzeugt dadurch internen Widerstand. Unser limbisches System wird in Alarmbereitschaft versetzt, da es diese Formulierung unbewusst als Angriff wertet. Als Reaktion darauf greifen wir an oder fliehen. Das heißt, unser Gegner geht gar nicht auf das Gesagte ein und wechselt das Thema. Oder er reagiert aggressiv und wird auf jeden Fall etwas dagegen sagen, da er sich nicht von seinem Verhandlungsgegenüber fremdbestimmen lassen will. Er greift an. Der Haken ist, dass er sich dabei nicht auf die Inhalte des Gesagten konzentriert, sondern auf die von ihm wahrgenommene zwischenmenschliche Botschaft.

Modaloperatoren der Möglichkeit unterstützen hingegen das Gefühl der Autonomie beim Gegenüber. Sie suggerieren Kontrolle über den Vorgang und der Betreffende fühlt sich zugleich wertgeschätzt. Das ist doch gleich eine andere Basis, um konstruktive Lösungen zu finden. Und Sie sind nicht damit beschäftigt, sich zu ärgern und zu überlegen, wie Sie zurückschießen und den anderen auf einer persönlichen Ebene treffen.

Kehren wir zurück zu unseren Beispielen. Wir verknüpfen nun das Einbringen der eigenen Forderung mit der analysierten Motivlage des Gegenübers. Im Falle der Betriebsratsverhandlung lautet ein entsprechender Vorschlag zum Beispiel: »Könnten Sie sich vorstellen, dass wir angesichts der anstehenden Betriebsratswahlen das Verhandlungsergebnis von 1,7 Prozent pro Jahr gemeinsam als Ihren Erfolg und als Ergebnis beinharter Verhandlungen präsentieren?« – Im Falle der Verhandlung des Mitarbeiters: »Könnten Sie sich vorstellen, statt eines Dienstwagens als sichtbares Zeichen eine neue Funktion zu erhalten? Eine Funktion, die sich auch auf der Visitenkarte und in einem neuen Titel darstellt – einem Titel, der klarmacht, dass wir Ihre Leistungsfähigkeit erkennen und auch Ihre zukünftige Karriere unterstützen?«

Zum Erfolg würde das aber nur führen, wenn das Motiv des Mitarbeiters »interne Anerkennung« und das des Betriebsrates »die Wiederwahl« wäre. An dieser Stelle steht auf jeden Fall die Entscheidung an.

Jedes Nein bringt mich dem Ja näher

Natürlich muss jetzt nicht gleich ein begeistertes Ja kommen. Aber haben Sie keine Angst vor einem Nein. »Jedes Nein bringt mich dem Ja näher«, sagte Mark Cuban, Milliardär und Besitzer der Dallas Mavericks, einmal. In jedem Nein stecken weitere Informationen – über den Inhalt der Verhandlung oder die Persönlichkeit Ihres Gegenübers. Über weitere Motive oder einen Bluff. Über berechtigten Einwand oder täuschenden Vorwand. Deshalb: keine Panik. Kontrolliert weitermachen.

Lehnt der Verhandlungspartner an dieser Stelle das Angebot ab und sagt, er könne sich das nicht vorstellen, dann sollten Sie nicht gleich aufgeben, sondern weiterverhandeln. Denn das Nein beinhaltet die Möglichkeit, die Analyse aus der Motivphase nochmals auf den Prüfstand zu stellen. Es sind also erneut Fragen zu stellen. Jetzt muss das abgelehnte Angebot hinterfragt werden: »Wieso ist das für Sie keine Möglichkeit?« Oder: »Was genau hindert Sie daran?« Die Antwort wird Klarheit schaffen. Hat man wirklich die Motivlage nicht richtig getroffen? Oder blufft das Gegenüber? Hier entscheidet sich, ob man es mit berechtigten Einwänden zu tun hat, die mit der Motivlage verbunden sind, oder ob es sich um einen Vorwand handelt, also ein taktisches Täuschungsmanöver. Kommen nun komplett gegenläufige Motive als Begründung, die im Widerspruch zu den analysierten stehen, dann müssen diese Widersprüche auch aufgelöst werden.

Widersprüche auflösen

Natürlich möchte man in einer Verhandlung nicht auf ein taktisches Täuschungsmanöver, also einen Bluff, hereinfallen. Falsch wäre in einer solchen Situation aber folgende Reaktion: »Ich habe doch genau gehört, dass Sie das vorhin anders gesagt haben. Sie lügen doch!« Oder: »Vorhin haben Sie doch was ganz anderes erzählt. Sie haben wohl ein gespaltenes Verhältnis zur Wahrheit!« Die klassische Reaktion auf eine solche Attacke wäre, dass der Angegriffene selbst in den Angriffsmodus übergeht. Er verteidigt sich, wird bei seinem Angreifer ebenfalls Werte infrage stellen. Sie verlassen damit den roten Faden der Verhandlung und arbeiten sich auf der Beziehungsebene ab. Diese kann danach als Trümmerhaufen zurückbleiben. Im schlimmsten Fall kommt es zur Eskalation.

Behalten Sie Ihr Ziel im Auge – und fragen Sie nochmals präzise nach.

Bei unserem Dienstwagen-Beispiel könnte die Reaktion so aussehen:

»Könnten Sie sich vorstellen, statt eines Dienstwagens eine sichtbare neue Funktion zu erhalten? Eine Funktion, die sich auch auf der Visitenkarte und in einem neuen Titel darstellt – einem Titel, der klarmacht, dass wir Ihre Leistungsfähigkeit erkennen und auch Ihre zukünftige Karriere unterstützen?«

»Ich brauche den Dienstwagen aber auch, damit ich effektiver mit Kunden telefonieren kann.«

»Effektiver telefonieren?

»Auf einer Bahnfahrt ist das schlecht möglich, weil da immer so viele Menschen um mich herumsitzen.«

Sie erinnern sich: Unser Mitarbeiter sprach ursprünglich davon, dass er das Fahrzeug benötige, damit eine Anerkennung seiner Leistung erkennbar sei. Doch nun stellt er das Telefonieren mit Kunden in den Vordergrund. Wenn der Arbeitsalltag dieses Mitarbeiters allerdings so aussieht, dass er Dienstreisen eher selten macht und dass er seine Kunden ohnehin meist mit dem Flugzeug oder der Bahn besucht, dann entsteht daraus ein Widerspruch, den es aufzulösen gilt:

»Lieber Herr X, ich habe mir vorhin notiert, dass es Ihnen um ein sichtbares Signal geht, innerhalb der Belegschaft hervorgehoben zu werden. Jetzt nehme ich wahr, dass das Telefonieren mit Kunden das wichtigere Thema und der eigentliche Grund für Ihren Wunsch nach einem Dienstwagen ist. Helfen Sie mir bitte, diese beiden Dinge jetzt zusammenzubringen.« In dieser Phase reagieren Sie also am besten mit einem Vierklang: erstens begründen, zweitens Widersprüche ansprechen, drittens Rat holen, viertens schweigen.

Ein erkennbarer Widerspruch muss nicht unbedingt ein Bluff sein. Vielleicht haben Sie etwas übersehen. Vielleicht ist es aber auch ein Bluff. Also gehen Sie der Sache nach. Wer einen Widerspruch anspricht, sendet ein klares Signal: Ich höre dir zu. Bei demjenigen, der täuscht, kommt es als Warnsignal an. Bei demjenigen, der die Wahrheit sagt, als echtes Interesse an dem, was er sagt. Sie machen damit keinen Fehler und wenden überdies die sogenannte Tit-for-Tat-Regel an.

Tit for Tat

»Tit for Tat« ist eine englische Redewendung, die man gut mit »Wie du mir, so ich dir« oder »Gleiches mit Gleichem vergelten« übersetzen kann. In der Spieltheorie[12] bezeichnet »Tit for Tat« die Strategie eines Spielers, der in einem mehrstufigen Spiel im ersten Zug kooperiert (sich »freundlich« verhält) und danach genauso handelt wie der Gegenspieler in der jeweiligen Vorperiode. Hat der Gegenspieler zuvor kooperiert, so kooperiert auch der Tit-for-Tat-Spieler. Hat der Gegenspieler in der Vorrunde hingegen »unfreundlich« reagiert, so antwortet er zur Vergeltung ebenfalls mit unfreundlichem Verhalten. In der Verhandlung gilt deshalb, dass jedes unfaire Verhalten auch sanktioniert werden muss. Das gilt für Bluffs genauso wie für jede Form der Provokation.

Jeder Widerspruch, jeder Bluff, jede Provokation wird angesprochen. Dabei sind folgende Regeln zu beachten:

1. Sei selbst immer kooperativ und provoziere nicht (Sie kennen das schon aus den vorangegangenen Verhandlungsphasen).
2. Reagiere sofort, wenn das Gegenüber sich unkooperativ verhält.
3. Kehre nach der Sanktion wieder zur Kooperation zurück.
4. Sei klar und berechenbar in deinem eigenen Verhalten.

Der Erfolg dieser Taktik liegt in ihrer Signalwirkung und ihrer Berechenbarkeit. Trotz ihrer Schlichtheit ist sie sehr leistungsfähig und aus Hunderttausenden Simulationen mit einem Computermodell als Sieger hervorgegangen.[13] Wenn Ihr Gegner kooperiert, erlebt er keine einzige Enttäuschung. Sollte Ihr Verhandlungspartner allerdings den Kreislauf der Kooperation verlassen, dann holen Sie ihn auf diese Weise wieder zurück in die Verhandlung. Jede Provokation wirkt wie ein Samen, der sich fortpflanzt. Sanktioniere ich sie nicht, werden weitere folgen, meist noch stärker als die erste. Nach jeder Sanktion verhalten wir uns dann wieder kooperativ und gehen dabei empathisch vor.

Was aber ist, wenn das Gegenüber ständig mit den Augen rollt, während Sie sprechen, oder den Kopf schüttelt, mit seinem Smartphone spielt oder gar provokativ kommentiert? Etwa so:

»Die Komplexität des Themas scheint ihre geistige Leistungsfähigkeit zu überfordern.« Oder: »Hier geht es um Zahlen, und ich merke schon, dass das nicht Ihre Stärke ist.« Auch dies gilt es anzusprechen. Das kann in folgender Form geschehen:

»Ich habe jetzt mehrfach wahrgenommen, dass Sie bei meinen Ausführungen mit den Augen rollen oder beständig den Kopf schütteln. Das wirkt auf mich nicht wertschätzend, so als ob Sie mir nicht zuhören wollten. Wir wollen hier aber gemeinsam eine Lösung erarbeiten und ich würde Sie bitten, dieses Verhalten zu unterlassen.« Klare Ansage, trotzdem beziehungsfördernd.

Die Ansprache erfolgt hier mit der sogenannten WWW-Formel: Wahrnehmung. Wirkung. Wunsch.

Wahrnehmung: »Ich habe jetzt mehrfach wahrgenommen, dass Sie bei meinen Ausführungen mit den Augen rollen, den Kopf schütteln oder mit Ihrem Handy spielen.«

Wirkung: »Das wirkt auf mich nicht wertschätzend, so als ob Sie mir nicht zuhören wollten.«

Wunsch: »Wir wollen hier aber gemeinsam eine Lösung erarbeiten und ich würde Sie bitten, dieses Verhalten zu unterlassen.«

Sollten das Verhalten oder die verbalen Provokationen nicht aufhören (was schon sehr selten ist), kann man in einer weiteren Stufe eine zusätzliche Sanktion in der »Wunsch«-Formulierung unterbringen: »Wenn wir in dieser Verhandlung an einem gemeinsamen Vorankommen interessiert sind, sollten wir uns auch wertschätzend verhalten. Wenn dies nicht gewünscht ist, dann werden wir in dieser Konstellation heute nicht mehr weitermachen können.«

Das schafft noch mehr Klarheit und lässt trotzdem zwei Türchen offen: Wenn Sie im Team verhandeln, kann die Konstellation geändert werden. Der Störer kann entfernt werden. Oder die Verhandlung kann auf einen anderen Tag verlegt werden. Und das ist auch Ihre nächste Sanktionsstufe, falls sich Ihr Gegenüber immer noch nicht kooperationswillig verhält. Sie würden Ihr Bedauern zum Ausdruck bringen: »Wie ich vorhin schon gesagt habe, empfinde ich Wertschätzung in der Verhandlung als wichtig, um zu einem gemeinsamen Ergebnis zu kommen. Dies ist heute nicht gegeben, was ich sehr bedauere.« Sie verabschieden sich und gehen. Das wird eher selten vorkommen, aber Sie haben damit ein Rüstzeug, um auch sehr unkooperativem Verhalten zu begegnen.

In komplexen Verhandlungen – etwa bei Firmenübernahmen oder zwischen Gewerkschaften und Arbeitgebern – habe ich es auch schon erlebt, dass eine Seite Informationen durchgestochen hat, um in den Medien die sogenannte Deutungshoheit zu erlangen. Auch hier wurde die Tit-for-Tat-Regel angewandt und es wurden parallel ebenfalls Informationen durchgestochen. Die Sanktion wirkte, das Zeichen war klar. Ein weiteres Durchstechen fand nicht mehr statt.

Beim Aufdecken einer wirklich versuchten Täuschung durch das Ansprechen eines Widerspruchs hatte die Tit-for-Tat-Regel im oben erwähnten Fall zur Folge, dass das Bluffen aufhörte. Wer will schon gerne ertappt werden? Wer will sich mit widersprüchlichen Aussagen in seiner Glaubwürdigkeit angreifbar machen? Widersprüche in Verbindung mit der Tit-for-Tat Regel zu nutzen bedeutet, das Steuer in der Hand zu behalten, während der Gegner versuchen muss, aus der Defensive zu kommen, in die ich ihn durch das Aufzeigen der Widersprüche gebracht habe.

Von der Option zum Ergebnis

Wie geht es nun weiter in der Aushandlungsphase? Ihre im Konjunktiv eingebrachte Forderung wurde angenommen? Gut! Sie sammeln die Forderung ein. Ihre Forderung wurde abgelehnt? Auch gut! Sie haben die Ablehnung hinterfragt und entweder ein bisher neues Motiv kennengelernt, mit dem Sie weiterarbeiten können, oder einen Widerspruch aufgedeckt. Ihre Forderung ist damit aber noch nicht vom Tisch.

Jetzt geht es kontrolliert weiter. Die Aushandlungsphase wird neu gestartet. Ohne dass man seine alte Forderung wirklich aufgibt, bringt man jetzt eine neue ins Spiel. Das Ziel lautet, Optionen zu entwickeln. Option bedeutet, dass ich selbst bei einer Zustimmung meines Gegenübers den Verhandlungspunkt noch nicht endgültig abschließe. Ich behandele ihn nach wie vor als Möglichkeit. Deshalb führe ich das Gespräch im Konjunktiv. Ich parke eine angenommene Forderung auf der Optionenliste. Meine abschließende Festlegung kommt erst dann, wenn ich mein optimiertes Ergebnis habe.

Warum nur diese Zögerlichkeit?, werden Sie fragen. Ganz einfach: Sie wollen gewinnen, Sie wollen das bestmögliche Ergebnis. Jedes zu frühe Schließen eines Themas kann Sie in Ihren Möglichkeiten beschränken, dieses Thema zusammen mit weiteren zu verhandeln. Deshalb nicht alles gleich bejubeln und beklatschen, auch wenn die Freude noch so groß ist, sondern konsequent und kontrolliert weitermachen. Erst wenn Sie sich absolut sicher sind, dass Sie ein optimiertes Ergebnis haben, vereinen Sie alles.

Feilschen – wenn nur noch die nackte Zahl entscheidet

Und was ist, wenn es nur noch um den Preis geht? Ich höre häufig von Seminarteilnehmern, dass es eigentlich doch immer nur um den Preis gehe. Doch das ist nicht richtig. Wenn wir in der Verhandlung über einen Preis sprechen, dann findet immer eine subjektive Bewertung statt. Jeder hat individuell eine Vorstellung, was ein Produkt, ein Gegenstand, eine Dienstleistung etc. kosten darf beziehungsweise wie viel er oder sie bereit ist, dafür auszugeben. Dieser »Glaube« basiert darauf, wie der Verhandlungspartner das Produkt bewertet hat oder wie er zu dem Ergebnis gekommen ist. Wie Sie den »Glauben« an den richtigen Preis bearbeiten können, werden wir uns noch im Kapitel »FACS« ansehen.

Was aber, wenn es nur noch um das »reine« Feilschen geht? Wenn nur noch Preis gegen Preis ausgetauscht wird?

Dann braucht man ein Konzept des kontrollierten Vorgehens, um nicht in das Dilemma des Kompromisses von Angebot und Gegenangebot zu verfallen, bei dem man sich in der Mitte trifft. Wir wollen ja nicht die Mitte erreichen, sondern das optimale Ergebnis.

Der Mathematiker, Spieltheoretiker und Harvard-Professor Howard Raiffa hat hierzu eine Methode entwickelt,[14] die von dem ehemaligen CIA-Agenten Mike Ackerman speziell für Lösegeldverhandlungen weiterentwickelt wurde.[15] Ich möchte Ihnen hier eine modifizierte Variante für die wirtschaftliche Preisverhandlung anbieten. Dieses System hat sich in Verhandlungen als äußerst effektiv erwiesen. Es ist in der Anwendung einfach und nutzt auf der psychologischen Ebene eine Vielzahl der schon vorgestellten Verzerrungseffekte unserer Wahrnehmung. Verlustangst, Gegenseitigkeitsprinzip und das Anker-Konzept finden darin ihre Anwendung.

Der erste Schritt ist wieder ein vorbereitender: Definieren Sie Ihr Ziel. Das heißt, legen Sie die Zielsumme fest, die Sie optimalerweise erreichen möchten. Sie würden ein Auto von einem Privatmann gerne für 10.000 Euro kaufen. Dann setzen Sie Ihren Eröffnungsanker bei 65 Prozent dieser Zielsumme, also bei 6.500 Euro. Dieser extreme Anker wird bei Ihrem Gegenüber die komplette Urteilsheuristik durcheinanderwirbeln: Sein Verarbeitungsprozess wird zu einer Risikobewertung führen, auch zu einer Verlusterwartung an seinem selbst festgelegten Preis. Es ist völlig klar, dass die Gegenseite diese Summe nicht akzeptieren wird, sie wird jetzt überstürzt ein eigenes »Limit« auf den Tisch legen. Nun bleiben Sie bei den Taktiken, die Sie schon gelernt haben. Sie hinterfragen die Forderung, fragen nach Begründungen, fragen nach Definitionen von Begriffen, nach Beispielen und Vergleichen. Sie bauen damit den subjektiven Wert eines späteren Ergebnisses im Gehirn Ihres Gegenübers auf. Je mehr Energie und Ressourcen wir in die Erreichung eines Ziels investieren, desto mehr scheint es uns wert zu sein. Jetzt kommen Sie Ihrem Gegenüber einen Schritt entgegen: Sie verbessern Ihr Angebot auf 85 Prozent, also 8.500 Euro. In diesem Schritt nutzen Sie also den Zeitfaktor, um das Ergebnis »künstlich« aufzuladen, das Gegenseitigkeitsprinzip, um eine Dankesschuld aufzubauen – Ihr Gegenüber wird Ihnen nun entgegenkommen – und die Ingratiationstaktik zur Einstellungsänderung.

Nun ist es am Gegner zu reagieren, und er wird das Bedürfnis haben, Ihnen entgegenzukommen und sich zu unterbieten (Gegenseitigkeitsprinzip/ Reziprozität). Wer uns etwas gibt, dem wollen wir auch etwas zurückgeben. Danach beginnt der gleiche Zyklus wie nach Angebot eins. Sie hinterfragen die Forderung mit offenen Fragen. Auch jetzt gilt es wieder, zugewandt und mit taktischer Empathie zu reagieren, bevor die nächste Stufe angegangen wird.

Nun gehen Sie auf 95 Prozent Ihrer Zielsumme, also 9.500 Euro. Auch hier wiederholen Sie den Zyklus der vorherigen Angebote. Stellen Sie zusätzlich an dieser Stelle eine Wie-Frage und bitten Sie Ihr Gegenüber um Rat. »Wie soll ich das machen?« In seiner Wahrnehmung sind Sie ihm nun schon weit entgegengekommen. Sie haben seine Verlustangst gemildert, den Wert des nahenden Ergebnisses subjektiv aufgeladen, mittels Ingratiationstaktik und Gegenseitigkeitsprinzip auch Sympathie erzeugt und sich immer wieder verhandlungsbereit gezeigt. Vielleicht benötigen Sie nun keinen weiteren Schritt mehr. Wenn doch, so kommt nun ihr letztes Angebot. Und dieses muss in seiner Wahrnehmung auch wie ein genau kalkuliertes aussehen, wie ein Angebot, das wirklich alles aus Ihnen herausgeholt hat. Deshalb achten Sie darauf, dass Sie eine ungerade Zahl nennen. Also nicht die angestrebten 10.000 Euro, sondern zum Beispiel 9.836 Euro. Eine ungerade Zahl wirkt glaubwürdiger. Sie erscheint genau berechnet.

Es scheint Ihre letzte noch mögliche Summe zu sein. Und das ist Balsam für das Selbstwertgefühl Ihres Gegenübers. Howard Raiffa hat festgestellt, dass Menschen, die Zugeständnisse erzielen, den Verhandlungsprozess als positiver erleben als Menschen, die nur ein einziges »faires« Angebot erhalten. Tatsächlich fühlen sie sich sogar dann noch besser, wenn sie am Ende mehr bezahlen oder weniger erhalten, als wenn sie keine Zugeständnisse erzielt hätten.

Zahlen, Daten, Fakten – Neutralität liegt im Auge des Betrachters

Auf einen Punkt möchte ich Ihre Aufmerksamkeit noch lenken: die sogenannten neutralen Kriterien, die in Verhandlungen gerne herangezogen werden, um Forderungen und Positionen oder auch »gemeinsame« Lösungen zu begründen. Dazu gehören beispielsweise Zahlen, Daten, Fakten, Studien, Umfragen, Urteile – also alles »Neutrale«, was zur Beweisführung für eine vorgeschlagene Lösung dienen soll.

Hierbei wird häufig auf Studien oder Experten verwiesen und damit das psychologische Prinzip der Beeinflussung aktiviert, das der US-amerikanische Psychologieprofessor Robert Cialdini als »Autorität« bezeichnet hat.[16] Die von ihm gefundenen und untersuchten Methoden der sozialen Beeinflussung finden auch in Verhandlungen ihre Anwendung und basieren darauf, dass wir alle zu einem fixen Handlungsmuster neigen, das durch einen einzigen Auslöser aktiviert werden kann.

Dieses Verhalten hat evolutionär durchaus seinen Sinn. Denn die Konzentration auf dieses Auslösemerkmal ermöglicht einem Individuum eine schnelle Entscheidung für die richtige Handlung. Als wir in der Steinzeit aus der Höhle blickten und sahen, dass unsere Stammesangehörigen in eine Richtung liefen, war es meist sehr sinnvoll, sich ihnen schnell anzuschließen, da aus der anderen Richtung der Säbelzahntiger drohte. Diese Form der sogenannten sozialen Bewährtheit findet sich heute in unserem Alltag überall wieder, und auch hier neigen wir dazu, diesem »Herdentrieb« zu folgen. Soziale Medien wie Facebook sind schöne Beispiele dafür. Wenn schon viele Likes abgegeben wurden, neigen wir weniger dazu, den Sachverhalt zu hinterfragen, und »liken« ihn ebenfalls. Wenn Medien etwas berichten, neigen wir ebenfalls dazu, dies als glaubwürdig zu akzeptieren. Auch sogenannte Fake-News entfalten ihre zerstörerische Wirkung durch dieses Prinzip. Und wenn Umfragen zitiert werden, dann sind wir schnell geneigt, diese Meinung als herrschende Meinung zu akzeptieren.

Das Prinzip der sozialen Bewährtheit besagt also, dass sich Personen häufig bei Entscheidungen am Handeln anderer Personen in derselben Situation orientieren. Unsere Urteilsheuristik geht davon aus, dass man weniger Fehler macht, wenn man nach sozial bewährten Mustern handelt. Urteilsheuristiken gehören zu den automatischen Denkprozessen und laufen daher unbewusst, unwillkürlich und mühelos ab. Der Nachteil dieser schnellen Reaktion ist, dass wir durch Vernachlässigung anderer Informationen zu Fehlentscheidungen neigen.

Und damit wird auch in der Verhandlung gespielt, wenn Umfragen, Behauptungen oder Medien zitiert werden. Soziale Bewährtheit wird dann genutzt, um jemanden gegenüber einer Forderung gefügig zu machen, indem man ihm oder ihr nahelegt, dass viele andere Personen zuvor schon so gehandelt haben, wie man es nun auch von ihm oder ihr erwartet: »Das ist ein marktüblicher Preis für dieses Produkt, den alle bezahlen.« – »Das ist ein ganz normales Verfahren in der Branche. Ihre Wettbewerber führen dies auch so durch.« An sich ist es ein Leichtes, sich gegen diese Form der Manipulation zu wehren, indem wir die Aufmerksamkeit auf eindeutig manipulierte Informationen lenken und diese hinterfragen. »Können Sie mir eine Quelle nennen, die diese Zahlen aufbereitet hat?« – »Ich würde mich gerne dazu mit einem Wettbewerber austauschen. Können Sie mir einige nennen, die dieses Verfahren genau so anwenden?«

Ein weiteres von Robert Cialdini untersuchtes Phänomen, welches uns in Verhandlungen immer wieder begegnet, ist die oben angesprochene »Autorität«. In unseren gesellschaftlichen Sozialisationsmechanismen wird uns schon in der Schule beigebracht, sich legitimen »Autoritäten« zu beugen. Dem Lehrer, den Eltern, der Polizei etc. Als Menschen noch in Stämmen zusammenlebten, war es unabdingbar für das Überleben, dass es Hierarchien gab und jeder wusste, wer welche Rolle in der Gemeinschaft hatte. Später haben wir dieses Rollenmodell verfeinert, indem wir Funktionsbezeichnungen und Symbole entwickelt haben, die es uns einfach machen sollen, die formale gesellschaftliche Stellung einer Person oder Organisation einzuordnen. Konkrete Symbole, mit denen Autorität verbunden wird, sind zum Beispiel

- berufliche oder akademische Titel,
- Kleidung (Arztkittel, Blaumann, Uniform etc.),
- Organisationen wie Universitäten, Hochschulen, Institute, Verwaltungen, Behörden,
- Medien (wobei hier eine zunehmende Erosion der »Autorität« zu beobachten ist).

Auf diese Symbole wird stärker reagiert als auf tatsächliche fachliche Autorität. Die Glaubwürdigkeit wird, wenn solche Symbole im Spiel sind, häufig nicht mehr hinterfragt und wir neigen dazu, Zahlen, Daten, Fakten und Studien zu akzeptieren, die beispielsweise von einer Universität erhoben oder von einem »Wissenschaftler« zitiert wurden.

Zusätzlich unterschätzen wir den Einfluss von Autoritäten auf das eigene Verhalten sehr stark. Eines der bekanntesten

Beispiele ist das sogenannte Milgram-Experiment,[17] bei dem Versuchsteilnehmer bereit waren, anderen Menschen, die Fragen falsch beantwortet hatten, Stromschläge zu verabreichen. Mit jeder falschen Antwort des Probanden wurde die Stärke des Stromschlages erhöht. Alle Teilnehmer »gehorchten« dem Versuchsleiter, dessen eigentliche Kompetenz im Tragen eines weißen Laborkittels lag, trotz eigener massiver Bedenken und trotz immer lauter werdender Schreie des Probanden. Der Proband war allerdings ein Schauspieler, der bei jeder Stufe einfach immer lauter wurde, ohne dass die Stromstärke tatsächlich gesteigert wurde. Was jedoch die Versuchsteilnehmer nicht wussten: Sie verabreichten ihm auf Anweisung der »Autorität« vermeintlich einen »tödlichen« Stromschlag von 450 Volt!

In Verhandlungen werden Zahlen, Daten, Fakten und wissenschaftliche Belege genutzt, um die Gegenseite zu einer Zustimmung zu manipulieren, da die eigene Forderung oder die eigene Argumentation ja wissenschaftlich gestützt sei. Hier kommt noch ein weiteres Phänomen ins Spiel: Eine Verhandlung ist ein Konflikt, und in einem Konflikt wollen wir als stark wahrgenommen werden. Niemand möchte Schwäche zeigen. Und Nichtwissen wird aus unserer eigenen Sicht häufig als Schwäche angesehen. Also tendieren wir in dem Moment, in dem Zahlen, Daten, Fakten und vor allem Studien in die Runde gebracht werden, dazu, selbst wenn wir sie nicht genau kennen, so zu tun, als kennten wir sie. Wir unterliegen damit unserer eigenen Eitelkeit – ein Fehler, der dazu führt, dass wir in der Verhandlung nun auf der Basis dieser akzeptierten Zahlen und dieses Faktenmaterials weiterverhandeln müssen. Ein Fehler, der zu Glaubwürdigkeitsverlusten führt, wenn wir ihn zu einem späteren Zeitpunkt in der Verhandlung zurücknehmen wollen. Wir haben uns damit in ein Dilemma manövriert, das auf jeden Fall etwas kostet: das Nachgeben bei Forderungen oder den Verlust von Glaubwürdigkeit. Oder beides.

Es ist eine Gratwanderung festzustellen, was ein wirklich neutrales Ergebnis und was einfach nur eine Behauptung ist.

Hier gilt:

1. Zahlen, Fakten und Studien werden höchstens zur Kenntnis genommen – nicht mehr! Denn habe ich solche Ergebnisse erst einmal akzeptiert, kann ich schwer dahinter zurückfallen.
2. Studien und Umfragen werden grundsätzlich hinterfragt, von wem sie beauftragt und durchgeführt wurden und ob sie nicht eventuell interessegeleitet sind.
3. Meine Zustimmung gebe ich grundsätzlich nur zu Dingen, die ich im Detail kenne – allein schon deshalb, weil wir gerade in Konflikten zu großer Unsicherheit neigen.
4. Unbekanntes wird »geparkt«. »Ich kenne diese Ergebnisse, Studien etc. noch nicht und möchte gerne zu einem späteren Zeitpunkt darauf eingehen, wenn ich mich detailliert damit beschäftigt habe.« Damit wird die Studie nicht abgelehnt, sondern deren Akzeptanz nur vertagt.

Das Parken führt übrigens häufig dazu, dass diese Dinge gar nicht mehr auf den Verhandlungstisch zurückkommen. Für Sie sollte es übrigens auch zur guten Vorbereitung Ihrer eigenen Verhandlung gehören, dass Sie sich damit auseinandersetzen, welche »neutralen Kriterien« Sie nutzen können, um sie in die Verhandlungen einzubringen. Sie sind hilfreich, um Ihr eigenes Ziel erreichen zu können. Es gilt aber auch, dass Sie wachsam und sensibel sein müssen und sich durch »Autoritäten« und »soziale Bewährtheit« nicht blenden lassen dürfen. Sie dürfen nicht Ihrer eigenen Eitelkeit erliegen.

Zusammenfassung

- Bringen Sie Ihre Forderung im Konjunktiv ein.
- Der Konjunktiv ist ein Beziehungspflaster.
- Bauen Sie Nutzenargumentationen auf der Basis der Motivanalyse (Phase 3) auf.
- Immer nur eine Forderung – bleiben Sie sequenziell.
- Nutzen Sie die Macht des Schweigens.
- Bestehen Sie konsequent, aber freundlich auf einer Antwort.
- Legen Sie eine akzeptierte Forderung unter Optionen ab.
- Gehen Sie bei einem Nein zurück in die Analysephase und fragen Sie nach dem Grund der Ablehnung: »Weshalb können Sie sich das nicht vorstellen?«
- Oder fragen Sie: »Wie könnte man das dann machen?«, und hinterfragen Sie die Antwort.
- Arbeiten Sie weiter am Motiv hinter der Ablehnung.
- Lassen Sie sich nicht bluffen: Trennen Sie Vorwand (Bluff) von Einwand (Motiv).
- Achten Sie auf Widersprüche.
- Sprechen Sie Widersprüche an, indem Sie Ihr Gegenüber um Rat fragen.
- Nutzen Sie konsequent die Tit-for-Tat-Regel.
- Für Preisaushandlungen nutzen Sie ein mehrstufiges Verfahren:
  - Gehen Sie in den Stufen 65/85/95 Prozent Ihres zu erreichenden Zielpreises vor.
  - Arbeiten Sie mit offenen Fragen und dem Faktor Zeit, um das Ergebnis subjektiv aufzuladen.
  - Nutzen Sie bei Ihrem letzten Angebot die Macht der ungeraden Zahl.
- Bereiten Sie Studien, Zahlen, Daten und Fakten vor.
- Akzeptieren Sie keine Studien, Zahlen, Daten und Fakten, die Sie nicht kennen.
- Hinterfragen sie jede Behauptung nach Quellen und Belegen.

- »Parken« Sie, was Sie nicht kennen.
- Bleiben Sie wachsam, wenn »Autoritäten« und »soziale Bewährt-heit« ins Spiel kommen.

Phase 5: Eine echte Einigung

Die Phase des Aushandelns ist vorbei. Endlich liegt ein Ergeb-nis vor. Doch damit es wirklich zu einer belastbaren Einigung kommt, muss man dieses Ergebnis nun auch festzurren. Denn mitnichten ist eine Verhandlung beendet, wenn eine Einigung erzielt wurde. Es geht nun darum, dass diese Einigung auch in der Realität Bestand hat, sprich: dass sie umgesetzt werden kann. Deshalb ist die Einigungsphase wichtig. Ein echtes Ja ist ein wirkliches Handlungsversprechen. Viel häufiger aber wol-len wir den anderen zu einem Ja zwingen, und die Folge ist, dass er sich an seine Zusage nicht gebunden fühlt. Wir er-zwingen ein Ja und erhalten – nichts.

Ein Ja ist nichts ohne das Wie. Denn wenn keine Klarheit darüber herrscht, was genau mit der Einigung verbunden ist und wie diese umgesetzt werden kann, ist ein Ja nichts wert. Es lässt dann alle Möglichkeiten für ein Rausreden offen. Viel-leicht haben sie es auch schon erlebt, dass »Budgetprobleme«, eine »interne Entscheidung«, »veränderte Rahmenbedingun-gen« oder ein »neuer/anderer Zeitplan« eine gegebene Zusage wieder rückgängig gemacht haben. Bei den meisten dieser Rücknahmen gab es allerdings zuvor auch kein echtes, son-dern nur ein vorgetäuschtes Ja.

Ein Ja ist ohne das Wie nichts wert

Verhandlungsprofis unterscheiden drei Kategorien von Ja: ein vorgetäuschtes, ein bestätigendes und ein engagiertes Ja. Was verbirgt sich dahinter? Wohl jeder kennt die Situation, in der jemand etwas von einem wollte und man dem zustimmte, weil man auf diese Weise Zeit gewinnen oder einfach seine Ruhe haben wollte. Das wäre ein typisches vorgetäuschtes Ja, das nicht mit den Überzeugungen kongruent ist und letztlich schnell wieder kassiert werden kann, wenn es konkret wird. Dann nämlich verweist man darauf, dass dieser oder jener Aspekt so keineswegs gemeint war, und schon ist das vermeintliche Ergebnis hinfällig. Auch in Verhandlungen begegnet uns oft ein vorgetäuschtes Ja – sei es, dass die Gegenseite von dieser speziellen Einigung nicht wirklich überzeugt ist, sei es, dass sie in dem Moment noch gar nicht an einer Einigung interessiert ist. Es liegt also an einem guten Verhandler herauszuarbeiten, ob die Gegenseite es wirklich ernst meint und ob die Einigung auch der Umsetzung standhält.

Um dies herauszubekommen, gibt es eine Methode, die ich als sogenannten Trinity-Test oder Trinity-YES kennengelernt habe. Es geht darum, sich bei einer Verhandlungsentscheidung ein dreifaches Ja zur Bestätigung geben zu lassen: eines für Einigung, eines für die Zusammenfassung und eines für die Umsetzung. Der Begriff bezieht sich auf den legendären Trinity-Atomtest (englisch für »Dreifaltigkeit«). »Trinity« war der Codename des US-Militärs für die erste jemals durchgeführte Kernwaffenexplosion, die im Rahmen des amerikanischen Manhattan-Projekts zur Kernwaffenforschung am 16. Juli 1945 stattfand. Bevor diese Explosion ausgelöst wurde, musste dreimal durch ein Ja bestätigt werden, dass die Aktion erfolgen sollte. Im Verhandlungskontext soll dieser metaphorische Begriff die Bedeutung des dreifachen Ja unterstreichen.

Das Prinzip ist relativ einfach: Bringen Sie Ihr Gegenüber dazu, dem Ergebnis dreimal zuzustimmen. Aber erinnert das nicht an eine kaputte Schallplatte? So, als habe man nichts verstanden? Keineswegs – wenn man es richtig anstellt! Frage eins zündet die erste Stufe: »Dann sind wir uns also einig?« Und das Gegenüber bestätigt mit einem Ja. Auf diese Weise haben Sie die grundsätzliche Einigung abgefragt. An dieser Stelle können und sollten Sie sich jedoch nicht zu sicher sein, dass Ihr Verhandlungsgegner die Vereinbarung auch wirklich einhält. Er hat immer noch alle Möglichkeiten, sich nach dem Ja rauszureden. Diese Chance sollten Sie ihm nicht geben.

Während dieses ganzen Prozesses ist nicht nur genaues Zuhören, sondern auch genaues Beobachten gefragt. Ihr Gegenüber kommuniziert die ganze Zeit mit Ihnen – auch wenn es nicht spricht. Achten Sie deshalb bewusst auch auf Zögerlichkeiten. Beobachten Sie genau, ob Inkongruenzen auftreten. Sind das Gesagte und die Stimme im Einklang? Klingt es kongruent? Achten Sie auch genau auf die mimischen Expressionen, denen wir uns gleich noch genauer zuwenden, und auf die Körpersprache Ihres Gegenübers. Nonverbale und paraverbale Merkmale sind in dieser Situation ausgesprochen wichtig, da sie Ihnen die Möglichkeit geben festzustellen, ob Ihr Verhandlungsgegner sich inkongruent zu seiner Aussage verhält.

Wenn Ihnen Widersprüche auffallen, ist es Zeit, erneut nachzufragen: Nutzen Sie das Labeln:

»Dann haben wir einen Deal?«

»Ja …«

»Es scheint, als ob Sie noch nicht so ganz überzeugt sind.«

»Alles in Ordnung. Das ist nicht so wichtig …«

»Nicht so wichtig? Lassen Sie uns darüber sprechen.«

»Gut, dass Sie es noch mal ansprechen!«

Wir alle überhören solche Signale gerne und betrügen damit uns selbst. Die Probleme werden nicht verschwinden, wenn wir sie ignorieren.

Mit dieser Methode können Sie Probleme aufdecken, analysieren und behandeln, bevor sie ihre verheerende Wirkung entfalten und den Verhandlungsabschluss gefährden. Noch haben Sie Ihren Verhandlungspartner unter Kontrolle. Noch können Sie auf das Ergebnis alleine einwirken. Wenn er erst anderen Kräften, Kollegen, Vorgesetzten etc. ausgesetzt ist, schwindet Ihr Einfluss. Wenn er Sie nur vertrösten und den Abschluss danach infrage stellen will, sollten Sie das auch merken. Ist er aufgestanden und gegangen und lässt Sie mit einem Ja zurück, das Sie fälschlich in Sicherheit wiegt, dann haben Sie sich selbst betrogen.

Wenn Sie die erste Stufe als kongruent wahrgenommen oder noch einmal bearbeitet haben, zünden Sie die zweite Stufe. Sie fassen das Ergebnis der Einigung zusammen: »Ich fasse also zusammen: Wir werden in den kommenden 24 Monaten drei Filialen schließen, einen Sozialplan für die Mitarbeiter aufstellen und denen, die freiwillig das Unternehmen verlassen wollen, bieten wir umfangreiche Qualifizierungsmaßnahmen sowie Unterstützung durch einen Headhunter an« oder »Sie nehmen also 3.000 Stück pro Monat zu jeweils 836 Euro. Die Laufzeit des Vertrages beträgt drei Jahre, beginnend ab dem 1. Oktober. und beinhaltet ein Zahlungsziel von 30 Tagen nach Lieferung«. Fassen Sie die Antwort so zusammen, dass Ihr Gegenüber sich darin wiederfindet – nutzen Sie das bewährte Mittel des Spiegelns wie schon in den Phasen zuvor. Holen Sie sich mit der Quittung das zweite »Ja, das ist richtig so« ab.

Danach ist die Wahrscheinlichkeit schon deutlich reduziert, dass Ihr Gegenüber sich nicht an den Abschluss halten wird. Es wird außerdem immer schwieriger für ihn, »unaufrichtig« zu sein oder zu lügen. Zünden Sie nun die Stufe 3, die Stufe, die zu einem Handlungsversprechen führt – die Stufe, die auch die »kognitive Dissonanz« zum Klingen bringt. Allerdings ist dies auch die Stufe, vor der viele zurückschrecken. Greifen Sie zu einer Was- oder Wie-Frage: »Was für Probleme könnten aus Ihrer Sicht noch auftauchen, die den Abschluss gefährden?« – »Wie könnte die vereinbarte Lösung jetzt noch scheitern?« – »Was könnte unserer Vereinbarung noch entgegenstehen?« Auf diese Weise binden Sie Ihr Gegenüber ein, geben ihm ein Gefühl der Kontrolle und kontrollieren doch selbst das Geschehen.

Antwortet Ihr Verhandlungspartner jetzt: »Nichts! Unsere Vereinbarung steht«, dann haben Sie ein drittes stimmiges Ja erhalten – ein Ja, das Ihr Gegenüber zu einer inneren Haltung zwingt und sein Handeln kongruent werden lässt. Denken Sie an den Faktor der kognitiven Dissonanz! Verkaufsexperten sagen an dieser Stelle gerne, man solle den Abschluss nicht zerreden. Doch ein Abschluss, der nur vorgetäuscht ist, ist kein Abschluss. Und die Chance, ihn trotzdem festzumachen, habe ich nur jetzt. Es ist also kein »Zerreden«, sondern ein »Festmachen« – der Abschluss wird hieb- und stichfest gemacht.

Zusammenfassung

- Geben Sie sich nicht mit einem einfachen Ja zufrieden.
- Machen Sie den Trinity-Test – Holen Sie sich dreimal ein Ja ab:
  - zur Einigung als solcher,
  - zu einer Zusammenfassung der Ergebnisse und
  - zur Umsetzung.
- Achten Sie auf Inkongruenzen: Laufen Körpersprache und Stimme asynchron zum Ja?

- Kontrollieren Sie Ihren Verhandlungspartner auch an dieser Stelle und räumen Sie alles aus, was einem erfolgreichen Abschluss im Wege steht.

Phase 6: Die Sackgasse als zweite Chance

Jede Verhandlung hat ein Ende – entweder mit dem Abschluss oder mit dem Scheitern, wenn für beide Seiten keine Lösung in der »Zone der möglichen Einigung« (ZOPA) zu finden ist.

Doch wie lässt sich Letzteres herausfinden? Was passiert, wenn ich verhandelt und verhandelt habe, das Ergebnis jedoch unterhalb meiner vorab definierten Ausstiegsposition liegt? Was ist, wenn mein Gegenüber immer noch glaubt, mit dem Ergebnis durchzukommen? Wie kann ich ausloten, ob er schon an seinem Limit angekommen ist oder ob es nicht doch noch eine Einigungschance gibt? Jetzt kann ich die Verhandlung platzen lassen oder ihr eine zweite Chance geben, indem ich bewusst die Urteilsheuristik meines Gegenübers beeinflusse. Dann ist der Zeitpunkt gekommen, in die Sackgasse zu gehen. Diese Phase der Verhandlung lässt sich überschreiben mit »Abschluss oder die zweite Chance«.

Nach dem Aushandlungsprozess mit verschiedenen Zwischenphasen wäre jetzt der Zeitpunkt gekommen, in dem ein Ergebnis zwischen den Verhandlungsparteien erreicht werden könnte. Wohlgemerkt: könnte. Denn der Verhandlungsabschluss hängt natürlich davon ab, was man selbst erreichen möchte. In unserer Verhandlungsvorbereitung haben wir klar festgelegt, an welcher Stelle eine Ausstiegsposition (Walk-Away-Position) für uns erreicht ist. Das bedeutet, dass es neben der genauen und realistischen Vorstellung davon, was optimalerweise erreicht werden kann, auch Klarheit darüber geben muss, an welcher Stelle es sinnvoller ist, die Verhandlung abzubrechen. Anders ausgedrückt: Wann ist ein nicht erfolgter Verhandlungsabschluss besser als ein untragbares Ergebnis? Eines muss auch gesagt werden: Nicht jede Verhandlung hat einen definierten Zielkorridor für mögliche Einigungen. Es kann auch Verhandlungen geben, bei denen eine Schnittmenge nicht vorhanden ist. Unsere Aufgabe bleibt es weiterhin, jede Möglichkeit für einen Abschluss zu erforschen, ohne unsere vorher definierte Ausstiegsposition zu überschreiten.

Was passiert nun, wenn innerhalb der Aushandlungsphase der eigene Ausstiegspunkt erreicht ist? Wie kann ich versuchen, trotzdem noch zu einem Abschluss zu kommen, ohne einen total unsinnigen zu akzeptieren? Natürlich kann man sich jetzt hinter einem Nein verschanzen und hoffen, dass das Gegenüber dies ernst nimmt. Aber Hoffnung reicht nicht. Machen Sie sich bewusst, dass Ihr Verhandlungspartner vielleicht auch an Ihrer Glaubwürdigkeit zweifelt und davon überzeugt ist, dass Sie bluffen. Vielleicht ist es Ihnen noch immer nicht gelungen, in seinen Augen als glaubwürdig und vertrauensvoll zu erscheinen. Diesen Wahrnehmungsfehler Ihres Gegenübers gilt es nun zu korrigieren. Zugleich gilt es in dieser Phase herauszufinden, ob der Bluff nicht von Ihrem Gegenüber eingesetzt wird, um ein für ihn besseres Ergebnis zu erzielen. Damit wäre ein Abschluss noch möglich. Hier muss die sogenannte Triangel der Täuschungen durchbrochen werden. (Eine Triangel ist ein Klanginstrument in Form eines gleichseitigen Dreiecks.) Die Seiten unserer Triangel der Täuschungen bestehen aus drei gedanklichen Elementen:

1. Der Verhandlungspartner glaubt, Sie täuschen ihn, um ein besseres Ergebnis zu erzielen (er glaubt nicht, dass Sie bei diesem Ergebnis nicht abschließen werden).

2. Der Verhandlungspartner täuscht beziehungsweise blufft, um ein besseres Ergebnis zu erzielen (er würde auch ein schlechteres Ergebnis akzeptieren).
3. Es gibt tatsächlich keine Zone der möglichen Einigung (ZOPA).

Willkommen in der Welt der Spieltheorie. Im Unterschied zur klassischen Entscheidungstheorie beschreibt die Spieltheorie Entscheidungssituationen, in denen der Erfolg des Einzelnen nicht nur vom eigenen Handeln, sondern auch von den Aktionen anderer abhängt. Die Entscheidungssituation des anderen hängt wiederum von dessen Beurteilung der Lage beziehungsweise der Person ab. Also genau die Situation, in der wir uns in dieser Phase befinden. Wir müssen jetzt die »Triangel der Täuschungen« zum Klingen bringen und mit Psychologie herausfinden, welche der drei Seiten betroffen ist.

Ich habe dazu ein dreistufiges Verfahren entwickelt, das ich in unzähligen Verhandlungen eingesetzt habe beziehungsweise das von meinen Mandanten sehr erfolgreich in deren Verhandlungen eingesetzt wurde.

Stufe 1: Mit dem Wie kontrollieren
Stufe 2: Warnen statt zu drohen
Stufe 3: Bewusst in eine Sackgasse hineinsteuern

Unser Verhandlungskonzept sieht vor, dass der Gegner konsequent und kontrolliert durch die Verhandlung geführt, dabei aber mit Empathie behandelt wird. Empathie hat jedoch nichts damit zu tun, dass man von seinen Positionen abweicht. Denn das Ziel einer jeden Verhandlung ist es natürlich, seine Forderungen durchzubekommen und das beste Ergebnis zu erzielen. Schließlich soll das eigene Kuchenstück so groß wie nur möglich sein. Wie schon gesagt: Ich halte nichts von

Win-win-Verhandlungen, ich halte viel von Win-Verhandlungen. Doch dafür müssen Sie Ihre Inhalte konsistent und kongruent vortragen.

WIE ...? – Die Mutter aller Fragen

Wieso ist das Wie die Mutter aller Fragen?, werden Sie sich jetzt fragen. »Und noch dazu in dieser Phase, wo es doch hart auf hart geht?« Ist das Nein oder noch besser das »Nein-nein-nein« nicht viel besser? Natürlich sendet ein Nein ein Signal der Ablehnung. Es macht klar, wo eine Grenze ist. Es schafft allerdings auch die Situation, in der sich die Verhandelnden einmauern und gesprächsunfähig werden oder hoffen, dass der andere sein Nein früher zurückzieht oder auflöst. Sie können auf diese Karte setzen und darauf hoffen, dass das Gegenüber durch göttliche Fügung oder einen plötzlichen Gesinnungswandel einlenkt. Damit haben Sie allerdings auch nicht mehr die Kontrolle der Verhandlung. Oder Sie halten die Verhandlung weiterhin kontrolliert und arbeiten an einer Lösung, indem Sie Ihren Kontrahenten wieder in die Verhandlungslösung hineinziehen und trotzdem Ihre Absicht auszusteigen deutlich machen. Das Wie führt als Frage zu einem Denkprozess. Ein Wie engagiert den Adressaten, weil es eine Bitte um Rat ist. Ein Wie gibt ihm noch das Gefühl der Kontrolle und involviert ihn, die Situation gemeinsam auszuloten.

Ich weiß, dass viele Menschen – vor allem Männer – manchmal Hemmungen haben, eine Frage zu stellen, die wie eine Bitte um Hilfe klingt. Sie fürchten, die Achtung ihres Verhandlungspartners zu verlieren und damit nicht mehr auf Augenhöhe zu verhandeln. Diese Sorge kann ich nehmen: Niemand macht sich klein, wenn er fragt. Vielmehr ist die Wie-Frage ein

Instrument der Verhandlungssteuerung und der Verhandlungskontrolle.

Ein Teilnehmer eines meiner Seminare, ein 45-jähriger Manager eines Automobilzulieferers, schilderte folgende Situation: Er befand sich in längeren wichtigen Verhandlungen mit einem Geschäftspartner eines Automobilkonzerns. Das aktuell bestehende Paket für einen möglichen Abschluss beinhaltete Stückanzahl, Stückkosten, Vertragslaufzeit, Skonto und Zahlungsziel. Stückanzahl, Stückkosten, Vertragslaufzeit und Skonto lagen im grünen Bereich, deutlich entfernt von seiner Schmerzgrenze; hier hatte der Manager also seine Ergebnisse erreicht. Doch das Zahlungsziel von sechs Monaten, das sein Verhandlungspartner ihm genannt hatte, lag deutlich jenseits seiner Ausstiegslinie. Ein solcher Abschluss hätte möglicherweise seine unternehmerische Existenz gefährdet. Von der Gegenseite wurde immer wieder darauf verwiesen, dass interne Richtlinien dieses Zahlungsziel vorschrieben. Trotzdem war es aufgrund der Risiken für meinen Seminarteilnehmer kein akzeptables Ergebnis.

Statt nur mit einem Nein zu antworten, stellte er die Wie-Frage. »Es gibt noch das Zahlungsziel. Mit diesem kann ich meine Mitarbeiter nicht zeitgerecht bezahlen und auch die Grundstoffe nicht einkaufen. Wie soll ich das machen?« – »Das sind nun mal unsere Vorschriften. Das ist Ihr Problem!« – »Ja, es ist aber auch ein Problem unserer Verhandlung. Wie könnte das Ihrer Meinung nach funktionieren?« – »Nun, ich kann die internen Richtlinien nicht ändern.« Jetzt zog der Manager sein Gegenüber vom Autokonzern weiter in die Lösungsfindung hinein, indem er statt »Wie soll ich das machen?« einen kleinen, aber feinen Austausch in der Formulierung vornahm: »Wie können wir das trotzdem hinbekommen?« Mit dieser dritten Wie-Frage und dem Nutzen des Wir zwang er sein Gegenüber in eine Überlegung und erreichte die Aussage: »Ich kann zwar die internen Vorschriften nicht ändern, aber wir könnten eine längere Vertragslaufzeit garantieren, damit Sie Ihre Kreditlinie bei der Bank erhöhen lassen und somit alle Vorauslagen und Gehälter bedienen könnten.«

An diesem Punkt der ersten Stufe wird jemand, der ernsthaft an einem Abschluss interessiert ist, Vorschläge machen. Das vorher Gesagte wird somit als »Täuschungsversuch« umschifft. Kommt ein Lösungsvorschlag, dann sind Sie wieder in der Verhandlung. Bleibt Ihr Verhandlungspartner trotzdem bei seiner ablehnenden Haltung, dann haben Sie die zweite Stufe erreicht: die Warnung.

Warnung statt Drohung

Vielleicht sagen Sie jetzt: Eine Warnung und eine Drohung sind doch das Gleiche. Worte werden von uns Menschen gedeutet. Doch Sie als Absender sind auch für Ihre Deutung verantwortlich. Der entscheidende Unterschied zwischen einer Warnung und einer Drohung liegt in der Formulierung und in dem Ton, in dem sie vorgetragen wird. Inhaltlich kann eine gleiche Aussage komplett unterschiedliche Konsequenzen hervorrufen, je nachdem, wie sie formuliert wurde. Es hilft uns nichts, an dieser Stelle mit Schuldzuweisungen zu arbeiten und die Beziehungsebene zu unserem Verhandlungspartner zu zerstören. Auch hier bleiben wir empathisch und konsequent bei der Steuerung unseres Verhandlungsgegners. Es gilt nun, eine Formulierung zu finden, die vom Gegner als Warnung, aber nicht als Drohung empfunden wird. Er muss daraus ersehen können, dass ernsthaft ein Abbruch der Verhandlungen im Raum steht. Wie macht man das am geschicktesten? Was ist der Unterschied zwischen Warnung und Drohung?

Bleiben wir bei unserem Beispiel und nehmen wir an, dass der Verhandler aus dem Automobilkonzern auch nach dreimaligem Stellen der Wie-Frage nicht auf den Autozulieferer eingegangen ist. Dieser hat seine definierte Ausstiegslinie erreicht und kann das Zahlungsziel wirklich nicht akzeptieren. Nun muss er verstärkt seine Absicht auszusteigen verdeutlichen und herausfinden, ob sein Gegenüber blufft oder wirklich bereit ist, die Verhandlung scheitern zu lassen. Es folgt also eine Warnung: »Ich befürchte, wenn wir diesen Punkt nicht klären, wird unsere Zusammenarbeit in Zukunft äußerst schwierig werden.« Mit dieser Formulierung wird Besorgnis über eine Entwicklung ausgedrückt, die Tür zur Lösung jedoch nicht zugeschlagen wie im Fall einer Drohung.

Eine Drohung richtet sich immer konkret gegen eine Person. Egal, mit wem ich verhandle, einem Geiselnehmer oder einem Kunden, sobald ich sage: »Wenn Sie sich nicht weiter bewegen, dann scheitert an dieser Stelle die Verhandlung«, weise ich eindeutig die Schuld am Scheitern der anderen Partei zu. Und die klare und allzu menschliche Reaktion auf eine solche Schuldzuweisung ist, dass man sie zurückweist. Wer zieht sich schon gerne freiwillig diesen Schuh an? Mit einer solchen Formulierung geraten Sie zwangsläufig in eine Spirale von Schuldzuweisungen. Der andere wird sofort versuchen, Ihnen den Schwarzen Peter zurückzuspielen, und dann jagt ein Vorwurf den nächsten. So werden Sie sicherlich kein Ergebnis erzielen.

Eine Warnung hingegen ist keine Anschuldigung. Sie richtet den Blick der Verhandlungsparteien in eine Zukunft, in der möglicherweise das Scheitern der Verhandlungen steht, sie bezieht aber die Selbstwirksamkeit und Kontrolle des Gegenübers mit ein. Bei einer Entführung oder einem Banküberfall in einem Gebäude lautet die Warnung zum Beispiel: »Lieber Geiselnehmer, ich würde gern gemeinschaftlich mit

Ihnen zu einem Ergebnis kommen. In Anbetracht der gegenwärtigen Situation habe ich jedoch die Befürchtung, dass im schlimmsten Fall meine Kollegen vom Präzisionseinsatzkommando auf der gegenüberliegenden Straßenseite die Initiative übernehmen.« In einem Gespräch mit einem Kunden könnte es heißen: »Lieber Kunde, wir sind schon viele Schritte vorangekommen und haben schon einiges erreicht. Allerdings haben wir hier auch einen Punkt, bei dem ich Sorge habe, ob wir in Zukunft noch zusammenarbeiten können.«

Und jetzt kommt die entscheidende Formulierung, eine Fragestellung, bei der es ganz besonders wichtig ist, auch kongruent zu sein in Körpersprache und verbaler Sprache: »Haben Sie die Verhandlung (beziehungsweise das Projekt) aufgegeben?« Ganz wichtig: Benutzen Sie nur diesen Satz. Bieten Sie keinerlei Interpretationsspielraum, indem Sie beispielsweise erklären, wie Sie zu der Annahme kommen. Fügen Sie kein weiteres Wort hinzu und lassen Sie diesen einen Satz wirken. Sie bringen damit zwei Stäbe der Triangel zum Klingen: Die Frage, ob Ihr Gegenüber blufft, und die Andeutung, dass Sie selbst nicht bluffen. Zudem schieben Sie die Verantwortung nicht jemandem zu. Sie betonen lediglich die Sorge, dass man in der Zukunft gemeinschaftlich kein Ergebnis mehr erzielen kann. Die Formulierung zeigt die Konsequenz des möglichen Scheiterns und zwingt das Gegenüber, sich zu rechtfertigen. Und zwar für das »Aufgeben«. Wer gibt schon gerne auf? Es ist eine Frage, die sich an das Selbstverständnis und die eigene »Stärke« richtet. Aufgeben wird als Schwäche empfunden. Sie vermeiden auf diese Weise die Schuldzuweisungsspirale, denn Sie lassen bei aller Unmissverständlichkeit dem Gegenüber die Tür offen, wieder in die Verhandlung einzutreten. Sie gewinnen also das Gegenüber für sich selbst, und es entsteht nicht der Eindruck, Sie würden Ihren Verhandlungspartner bedrohen. Drohungen machen den anderen zu einem Gegner und erzeugen Widerstand, Warnungen öffnen die Möglichkeit, ein Ziel noch gemeinsam zu erreichen.

Die Fragestellung »Haben Sie die Verhandlung bzw. das Projekt aufgegeben?« nutzen Sie einerseits, um die Reaktion zu prüfen. Zum anderen geben Sie Ihrem Kontrahenten wieder ein Gefühl der Kontrolle und holen ihn zurück in den Lösungsmodus. Hier ist es extrem wichtig, die Reaktion nicht nur zu hören, sondern auch genau zu beobachten. Beantwortet Ihr Verhandlungspartner die Frage umgehend mit »Ja, hab ich« oder »Ja, ich habe es aufgegeben«, dann bewegen Sie sich mit Ihren Ergebnissen außerhalb einer akzeptablen Schnittmenge. Die Ausstiegslinie der Gegenseite ist erreicht. Achten Sie deshalb darauf, wie schnell die Antwort kommt. Ist der Zeithorizont kleiner als eine Sekunde, ist die Antwort klar und eindeutig. Der Gegner versucht jetzt nicht zu bluffen, sondern kennt seinen eigenen Ausstiegspunkt und weiß, dass das Ergebnis außerhalb davon liegt. Dann wissen Sie, dass es keine Verhandlungsschnittmenge gibt. Auch das ist möglich.

Schweift der Blick des Verhandlungspartners jedoch ab und überlegt er an dieser Stelle, dann ist dies ein Zeichen, dass er in einen inneren Dialog mit sich tritt. Er wägt ab, wie weit er nun gehen will. Die besagte Formulierung fordert das Gegenüber positiv heraus: Wer will schon gerne »aufgeben«? Nur wenn tatsächlich keine Lösung mehr möglich ist, werden Sie ein klares Ja erhalten. Reagiert der Verhandlungspartner zögerlich oder formuliert er zum Beispiel: »Das sind schwierige Verhandlungen, aber keine unmöglichen« oder »Eigentlich sehe ich fast keinen Spielraum mehr«, dann gibt es noch Möglichkeiten. Das Nutzen von »Weichmachern« wie »eigentlich«, »möglicherweise«, »fast«, »grundsätzlich« zeugt von weiteren Spielräumen, die es auszuloten gilt. In diesem Fall kommt von der Gegenseite entweder ein weiterer Vorschlag oder man selbst bringt weitere Forderungen im Konjunktiv ein, um das eigene Stückchen vom Verhandlungskuchen weiter zu vergrößern. Man geht also wieder auf Stufe 1 zurück, zur Wie-Frage.

Die Sackgasse ist nicht das Ende der Verhandlung

Sollte auch in dieser Phase keine für Sie akzeptable Lösung gefunden werden, steuern Sie systematisch in die Sackgasse. Diese letzte Stufe im Verhandlungsprozess wirkt sich vor allem auf die Urteilsheuristik unseres Gegenübers aus und kann sie deutlich verschieben. Eine Sackgasse ist dabei nicht zwangsläufig das Ende der Verhandlung – schließlich gibt es ja einen Wendehammer. Eine Sackgasse gibt der Verhandlung noch einmal eine Chance, vielleicht nicht an diesem Tag. Aber es gibt eine Möglichkeit, noch einmal die Verhandlungen aufzunehmen und ein Ergebnis zu erzielen. Eine Sackgasse muss daher dramaturgisch hergeleitet werden. Die Botschaft muss unmissverständlich platziert werden, um ihre Wirkung beim Verhandlungspartner zu erzielen. Dazu empfiehlt sich folgendes Vorgehen:

1. Positives aus inhaltlicher Sicht betonen,
2. Positives aus persönlicher/Beziehungssicht betonen,
3. Ausstiegsformulierung mit drei Auswegen verwenden,
4. Stressphase erzeugen.

Sämtliche erreichten Einigungen und alles, was bereits festgelegt wurde, muss vor einem geplanten Abbruch noch einmal angesprochen werden. Sie heben also alles, was auf der Sachebene erreicht wurde, noch einmal positiv hervor. Im zweiten Schritt fassen Sie dann noch einmal zusammen, wie gut auch auf der Beziehungsebene gearbeitet wurde. Selbst wenn es im Verlauf der Verhandlungen auch kritische Punkte gegeben hat, so ist es doch wichtig zu sagen: »Wir haben zwar hart verhandelt, aber wir haben uns schrittweise auf eine Einigung hinbewegt.« Und man sollte das Verhalten des Gegenübers würdigen: »Bei aller Härte habe ich unsere Verhandlung als fair und wertschätzend empfunden.« Auch dieses Betonen der Beziehungsebene muss aus dramaturgischen Gründen *vor* der eigentlichen Formulierung, die in die Sackgasse führt, geschehen. Sie haben nun die volle Aufmerksamkeit Ihres Gegenübers für die eigentliche Hauptaktion. Im dritten Schritt folgt dann eine Formulierung, die es ermöglicht, noch einen weiteren Schritt in der Verhandlung zu gehen: »Allerdings werden wir am heutigen Tage, in dieser Konstellation und auf der Basis des aktuellen Ergebnisses zu keinem Abschluss kommen.«

Ruuuummms! Damit ist die Aussage getroffen. Das klingt zwar trivial, Ihr Gegenüber wird es jedoch nicht so empfinden. Diese Ausstiegsformulierung birgt vor allem die Möglichkeit, in einer anderen Konstellation und mit anderen Forderungen zu einem anderen Zeitpunkt zu einem Abschluss zu kommen. Tür Nummer eins war hier »am heutige Tage«. Vielleicht aber morgen, vielleicht übermorgen, vielleicht zu einem ganz anderen Zeitpunkt gibt es noch eine Möglichkeit zu einer Einigung. Tür Nummer zwei war der Verweis auf die Konstellation. Diese Formulierung bezieht sich immer auf die Zusammensetzung der Verhandlungsrunde und kann bedeuten: In dieser Teamgröße werden wir zu keiner Einigung kommen, wir machen es im Vieraugengespräch oder wir müssen es nach oben eskalieren. Tür drei, »auf der Basis des aktuellen Ergebnisses«, macht klar, dass kein Ergebnis ohne ein Nachgeben in den Forderungen erzielt werden kann. Beachten Sie: Diese Formulierungen müssen so angebracht werden, dass sie auch verstanden werden. Deshalb ist es so wichtig, die oben geschilderte Dramaturgie einzuhalten.

Wenn dies alles durch ist, sollte man aber auch sicherstellen, dass die Sackgasse exekutiert wird. Denn wie sagt der Volksmund so schön? Wer laut gackert, muss das Ei auch legen. Jetzt stehen Sie auf, klopfen noch einmal mit Ihren Unterlagen auf den Tisch und verabschieden sich freundlich. So entsteht beim Gegenüber eine erneute Form von Stress, der sogenannte Heuristik-Stress. Nun läuft bei ihm der kognitive Verarbeitungsprozess an. Er realisiert, was gerade passiert, wägt ab, bewegt sich gedanklich in einer Unsicherheitsphase, und deshalb ist es für Sie sehr wichtig, sich an dieser Stelle kongruent zu verhalten. Jetzt darf die Körpersprache nicht dem Sprechen zuwiderlaufen. Sie müssen Ihre Worte nun in Handlung umsetzen. Sie müssen tatsächlich jetzt aufstehen und gehen. Auch hier gilt es, weiterhin empathisch, aber konsequent zu bleiben.

Manchmal kommt man gar nicht erst bis zur Tür, weil in diesem Moment schon das erste Einlenken seitens des Verhandlungspartners erfolgt; das erste Nachgeben wird formuliert. Durch das Nutzen dieser Sackgasse versucht man, einer Verhandlung, die eigentlich schon zum Scheitern verurteilt war, eine zweite Chance zu geben. Natürlich können Sie dieses Mittel auch schon zu einem früheren Zeitpunkt anwenden. Aber bedenken Sie: Nur Sie alleine wissen, wo Ihre Ausstiegsposition liegt, Ihr Gegenüber kennt sie nicht. Die frühzeitige Variante sollten wirklich nur erfahrene Verhandler anwenden. Alle anderen sollten diese Möglichkeit erst nutzen, wenn die Situation wirklich festgefahren ist.

Haben Sie sich also entschlossen, in die Sackgasse einzuscheren, dann muss Ihnen auch klar sein, wie Sie wieder herauskommen. Dies kann auch langsamer geschehen als in einer normalen Verhandlung. Hier gilt es, zunächst die Reaktion abzuwarten. Aus der Sackgasse rauszukommen heißt, gegebenenfalls zum Telefonhörer zu greifen und später noch zusätzliche Forderungen einzubringen. Es können offene oder verdeckte Angebote über Dritte gemacht werden. Die Konstellation kann verändert werden: Wenn bisher Teams miteinander verhandelt haben, kann ein Vieraugengespräch genutzt werden, um sich aufeinander zuzubewegen. Oder es kann delegiert werden an eine andere Instanz – zum Beispiel an den Vorgesetzten oder Entscheidungsträger in einem Unternehmen. Geduld schafft an dieser Stelle noch einmal Spielräume. Sie schafft neue Möglichkeiten, die Urteilsheuristik Ihres Gegenübers maßgeblich zu verändern und doch noch zu einem Verhandlungsergebnis zu kommen.

Zeitdruck ist generell ein schlechter Ratgeber. Das gilt vor allem, wenn man bewusst in eine Sackgasse hineingesteuert ist. Zeit ist ein Machtfaktor in der Verhandlung, und dies zeigt sich vor allem, wenn man sich in der Sackgasse befindet. Wer zuerst zuckt, hat in der Regel schon verloren. Das bedeutet aber nicht, dass Sie grundsätzlich nicht als Erster das Wort ergreifen können. Wenn Sie sich dafür entscheiden, sollte dies grundsätzlich mit einer zusätzlichen Forderung verbunden sein, damit Sie weiterhin das Heft des Handelns in der Hand halten. Deshalb ist es umso wichtiger, dass man in der Vorbereitung sein Vorgehen festgelegt hat.

Es muss genau definiert sein, wer was zu welchem Zeitpunkt macht. Nichts ist schädlicher als ein Patzer aus den eigenen Reihen. Ein Beispiel: Der Verkäufer spricht nach dem Gang in die Sackgasse die Fachabteilung im Unternehmen des Einkäufers an. Diese möchte das Produkt oder die Dienstleistung auf jeden Fall haben und sendet klare Signale an den Verkäufer, dass man mit Sicherheit noch nachgeben wird. Zusätzlich spricht sie die Einkaufsabteilung an und übt zum Beispiel zeitlichen Druck aus. Oder es wird an den Verhandlungspartnern vorbei an die Führungsebene appelliert. Und diese sendet dann das Signal, man wolle auf jeden Fall eine Einigung herbeiführen. Oder der Betriebsrat geht an den Vorstand und der Vorstand gibt klare Signale, dass man sich einigen möchte. So geraten Sie als Verhandlungsführer unter Beschuss der eigenen Leute.

Wir kennen das auch von kleinen Kindern: Wenn der Vater das Überraschungsei verweigert, geht der Nachwuchs zur Mutter, um dort möglicherweise neu zu verhandeln. Der eine wird gegen den andern ausgespielt. Versäumen Sie im Vorfeld, Ziele, Aufgaben und Abläufe klar festzulegen, so wird diese Schwäche gerne an dieser Stelle enttarnt und gegen Sie verwandt. Um sauber aus der Sackgasse wieder herauszukommen, müssen Sie die eigenen Leute auf Ihre Strategie eingeschworen haben und genügend Zeitpuffer eingeplant haben.

Zusammenfassung

- Bringen Sie die »Triangel der Täuschung« zum Klingen.
- Die Wie-Frage holt das Gegenüber in die Lösungsfindung zurück.
- Warnen statt zu drohen. Drohungen wirken wie Schuldzuweisungen. Die richtige Formulierung bringt das Gegenüber zurück an den Verhandlungstisch.
- Die Fragestellung »Wollen Sie die Verhandlung/das Projekt aufgeben?« schafft Klarheit, ob die Ausstiegslinie Ihres Gegenübers erreicht ist.
- Justieren Sie die Urteilsheuristik Ihres Gegenübers neu. Gehen Sie in die Sackgasse:
  - Betonen Sie die positiven inhaltlichen Ergebnisse.
  - Nutzen Sie die Ausstiegsformulierung mit drei Türen für den Wiedereinstieg: Zeitpunkt, Konstellation, Ergebnis.
  - Betonen Sie die positive Beziehung.
- Bleiben Sie kongruent und gehen Sie.

Viertes Kapitel
FACS: Wenn das Gesicht Bände spricht

>*»Das Gesicht ist das Abbild des Hirns,*
>*die Augen sein Berichterstatter.«*
>
> Marcus Tullius Cicero (106–43 v.Chr.),
> römischer Redner und Staatsmann

>*»Ich habe trainiert, das, was ich sehe,*
>*auch wahrzunehmen.«*
>
> Sherlock Holmes[18]
> (Sir Arthur Conan Doyle)

Seine Augenbrauen waren nach unten gezogen, die Augendeckfalte schob sich ebenfalls nach unten, verkleinerte sein Auge. Die Augenbrauen waren zudem zusammengezogen und es entstand eine senkrechte Falte auf der Glabella, wie die Stirnpartie zwischen den Augenbrauen genannt wird. Seine Lippen waren angespannt, schmaler als zuvor, aber nicht gepresst. Er hatte sie unbewusst nach innen eingerollt, sodass das Lippenrot fast nicht sichtbar war. Ärger und Wut. Das war es, was in seinem Gesicht zu sehen war. Blanke Wut. Wut darauf, dass er in Hand- und Fußfesseln vor zwei Kriminalbeamten saß. Wut darauf, dass ihm offensichtlich bei seiner Tat ein Fehler unterlaufen war. Wut darauf, dass der Mann, den er erschossen hatte, ihn beim Drogengeschäft betrogen hatte.

Der Mann war 34 Jahre alt. Er war Sergeant der US-Armee, seit mehr als vier Jahren in Deutschland stationiert. Und er hatte eine Leiche mit Kopfschuss in einem Waldstück hinterlassen. Vor drei Tagen. Aus weniger als zehn Zentimetern Abstand hat-

te er seinen Militärkameraden und Geschäftspartner im Dro-
genhandel aus nächster Nähe in den Hinterkopf geschossen.
Kaltblütig. Das Fahrzeug, in dem die Tat geschehen war, hatte
er danach mit einem anderen Komplizen im Wald abgefackelt,
um Spuren zu verwischen. Damit ging eine erfolgreiche und
langjährige Drogenschmugglerkarriere zu Ende. Über Trans-
portmaschinen der US-Armee in Ramstein, die in Deutschland
zwischenlandeten, wurde hochreines Heroin aus Afghanistan
nach Deutschland verschafft. Jahrelang, ohne dass jemand Ver-
dacht geschöpft hätte. Der Mann, der vor uns saß, war für die
Verteilung und Streckung der Drogen in Deutschland und Eu-
ropa zuständig. Damit hatte er sich, neben seiner Militärtätig-
keit, ein lukratives Geschäft aufgebaut. Nach seiner Militärzeit
wäre er finanziell saniert gewesen. Er war kein Einzeltäter. Sein
Geschäft betrieb er mit mindestens zwei Partnern, von denen
einer jetzt mit zerschossenem Schädel und verbranntem Körper
in der Autopsie der Gerichtsmedizin lag. Weniger als 72 Stun-
den nach dieser Tat saß er nun vor uns. Und in seinem Gesicht
zeigte sich der Ausdruck puren Zorns.

Sein Gesicht sprach Bände, doch über seine Lippen kam kein
Laut. Der Mann faszinierte mich auf professionelle Weise. Ich
war Ermittler im Bereich Organisierte Kriminalität im Bundes-
kriminalamt. Zusätzlich zu meiner kriminalistischen Basisaus-
bildung hatte ich als Schwerpunkt Schulungen zu nonverbalen
Signalen in Vernehmungen und Verhandlungen durchlaufen.

Mimik, Gestik, Blickverhalten und Körperhaltung ergeben
eine eigene Sprache. Im Normalfall äußert sie sich unbewusst.
Aber was war an diesem Fall schon normal? Es gibt Menschen – professionelle Lügner –, die auch nonverbale Signale
kontrollieren können. Sie haben ihre Handbewegungen im
Griff, die Körperhaltung – scheinbar alles. Aber eben nur
scheinbar. Denn Mimik und sogenannte Mikroexpressionen

verraten auch die kaltblütigsten Lügner. Sämtliche Mikroexpressionen zu manipulieren ist so gut wie unmöglich.

»Ein Blick sagt mehr als tausend Worte« – das ist eine Floskel und doch auch eine wahre Beobachtung. Tatsächlich verrät unser Gesicht manchmal mehr, als uns lieb ist. Das wissen auch die Sicherheitsbehörden, weshalb das Facial Action Coding System (FACS, »Gesichtsbewegungs-Codierungssystem«) inzwischen seinen festen Platz in den Ermittlungstechniken gefunden hat. FACS, 1978 zuerst publiziert,[19] ist ein unter Psychologen weltweit verbreitetes Codierungsverfahren zur Beschreibung von Gesichtsausdrücken. Ähnlich wie einen Lügendetektor wenden FBI und CIA auch diese Methode an, um Lügen anhand bestimmter Mimiken aufzudecken.

Die erfolgreiche US-Serie *Lie to me* geht also keineswegs auf das Konto irgendwelcher Hollywood-Hirngespinste. Vielmehr arbeiteten die Serienmacher eng mit Paul Ekman, dem Entwickler des FACS,[20] zusammen und schufen gemeinsam den Protagonisten Dr. Cal Lightman. Ekman wurde für seine Arbeiten zum Facial Action Coding System von der American Psychological Association als einer der 100 bedeutendsten Psychologen des 20. Jahrhunderts benannt. Das *Time*-Magazin zählte ihn im Jahre 2009 zu den 100 einflussreichsten Menschen der Welt.[21]

Lightman ist in der Serie so etwas wie ein menschlicher Lügendetektor – und damit gar nicht mal so fernab der Realität, wie man zunächst glauben mag. Im Rahmen des Wizards Project,[22] ebenfalls von Ekman zusammen mit Maureen O'Sullivan ins Leben gerufen, konnten aus 15.000 Probanden knapp 50 Personen identifiziert werden, die in der Lage sind, Lügen zu erkennen. Diese »Truth Wizards« haben eine natürliche Fähigkeit, anhand der Mimikexpressionen zu erkennen, ob eine Person die Wahrheit sagt oder nicht. Sie sind im wahrsten Sinne des Wortes Naturtalente – und damit heiß begehrt bei sämtlichen Geheimdiensten dieser Welt. Doch leider sind sie ebenso rar gesät wie begehrt, weshalb die Sicherheitsbehörden in den vergangenen Jahren massiv in die Ausbildung von FACS-Spezialisten investiert haben. Vor allem seit den Terroranschlägen vom 11. September ist FACS gefragter denn je. Und mittendrin: Paul Ekman. Mit seiner eigenen Firma unterstützt und schult er auch abseits der Filmwelt bis heute Sicherheitsbehörden bei der Analyse von Gesichtsausdrücken, darunter Geheimagenten etwa von CIA und Mossad, aber auch Flughafenpersonal, etwa in Israel. Sie alle haben ein Ziel: Truth Wizards zu werden. Sie wollen erkennen, was in potenziellen Tätern vorgeht, egal, ob sie etwas sagen oder was sie sagen.

Grundsätzlich sind für die Analyse von nonverbalem Verhalten mehrere Anhaltspunkte relevant:[23]

1. psychophysiologische Begleiteffekte (Atmung, Blutdruck, Hautleitfähigkeit etc.),
2. paraverbale Merkmale des Sprechverhaltens (extralinguistische, stilistische, vokale Charakteristika etc.),
3. nonverbale Merkmale im engeren Sinne (Mimik, Gestik, Blickverhalten, Körperhaltung etc.).

Psychophysiologische Begleiteffekte kennt jeder aus amerikanischen Krimis: Die Atmung wird schneller, der Blutdruck steigt, die Hände werden feucht – jeden Moment wird die Nadel des Polygrafen ausschlagen und den Tatverdächtigen der Lüge überführen. Kaum eine Methode, der Wahrheit auf die Spur zu kommen, fasziniert uns so sehr wie der Polygraf, besser bekannt als Lügendetektor. Die Idee dahinter: Wer lügt, wird nervös, und wer nervös wird, zeigt bestimmte körperliche Reaktionen.

Tatsächlich wird unser Verhalten von bestimmten psychophysischen Effekten begleitet, die je nach emotionalem Zustand stärker oder schwächer zutage treten. John Augustus Larson machte sich dies 1921 zunutze und entwickelte eine Maschine zur Aufzeichnung solcher körperlichen Parameter, um anhand der gewonnenen Daten die psychische Erregtheit beim Lügen zu messen. Der Lügendetektor war geboren und ebnete sich im Laufe der Jahrzehnte den Weg bis in höchste Sicherheitskreise. FBI und CIA schwören bis heute auf die vermeintliche Macht des Polygrafen. Doch die Logik dahinter ist ebenso simpel wie trügerisch, denn nicht jeder Lügner wird zwangsläufig nervös und nicht jede Nervosität ist zwangsläufig auf eine Lüge zurückzuführen. Darüber hinaus lassen sich die körperlichen Anzeichen von Nervosität durch mentales Training oder andere Hilfsmittel relativ leicht manipulieren, weshalb die Aussagegenauigkeit von Lügendetektortests vermehrt angezweifelt wird. Eine Reißzwecke im Schuh, ein bisschen farbloser Nagellack auf den Fingerkuppen – der Kreativität bei der Manipulation von Lügendetektortests sind keine Grenzen gesetzt. Auch deshalb entwickeln Forscher die Methode stetig weiter. Beispielsweise arbeitet man derzeit daran, Lügen mittels neurologischer Scans zu entlarven. Wer lügt, wird eben nicht nur nervös, so der Ansatz, sondern muss auch sein Gehirn mehr anstrengen.

Demzufolge sind die Hirnaktivitäten während des Lügens höher als bei wahrheitsgemäßen Aussagen. Unabhängig davon, wie man der Lüge letztlich auf die Spur kommen möchte, der Glaube daran, dass man es durch das Messen von körperlichen Parametern kann, hält sich hartnäckig. Vor allem in den USA, wo es sogar eine eigene Lobby für Lügendetektoren gibt, die American Polygraph Association. In Deutschland wird die Anwendung solcher Detektoren hingegen eher kritisch gesehen. Als Beweismittel bei Strafverfahren ist sie sogar gänzlich unzulässig, wie der Bundesgerichtshof 1954 in einem richtungsweisenden Urteil feststellte.

Auch in Verhandlungen sind Lügendetektoren alles andere als ein Erfolgsgarant, ganz abgesehen davon, dass sie sich in einer solchen Situation als wenig praktikabel erweisen würden. Man stelle sich nur mal vor, man würde zu Verhandlungsbeginn einen Lügendetektor auf den Tisch stellen und seinem Gegenüber anschließend Elektroden auf die Brust kleben! Somit spielt bei Verhandlungen das Arbeiten mit physiologischen Begleiteffekten nur eine untergeordnete Rolle.

Wesentlich zuverlässiger wirken da schon paraverbale und nonverbale Merkmale. Sie lassen Schlüsse zu, die in unzähligen Fällen schon Täter überführt haben. Und die auch so manche Verhandlung zum Erfolg werden ließen.

Erfolgreich durch Beobachten und Hinhören

Jeder von uns kennt sie, diese Situationen im Berufsleben, die unproduktiv oder frustrierend sind oder uns zur Weißglut treiben. Weniger bekannt ist jedoch, dass ungünstige nonverbale Verhaltensweisen für solche Situationen maßgeblich mitverantwortlich sind: Die Art und Weise, wie man jemandem die Hand gibt oder einen Verhandlungspartner begrüßt, aber auch Sprechgeschwindigkeit, Stimmlage, Unterton, eine fehlgedeutete Geste oder eine unbewusst arrogante Haltung sollten in ihrer Bedeutung nicht unterschätzt werden. Wie oft entscheiden diese kleinen, kaum wahrnehmbaren Verhaltensnuancen, die in Sekundenbruchteilen stattfinden, über Erfolg oder Misserfolg Ihrer geschäftlichen Verhandlungen!

Sie sollten lernen, bei Ihren Gesprächspartnern Veränderungen wahrzunehmen, um detaillierte Informationen über sie zu erlangen – Informationen darüber, wie kooperativ sie sein werden, wie intolerant oder aufgeschlossen sie sind, was bei ihnen Stress auslöst und welche Anzeichen für Bluffs und

Lügen erkennbar sind. Aus solchen Anzeichen lässt sich oft schließen, ob es sich lohnt, mit den Verhandlungen fortzufahren. Diese Art von kritischer Aufmerksamkeit, man spricht auch von operativer Achtsamkeit, lässt sich erlernen.

Mein eigenes Bewusstsein für Körpersprache entstand bereits in meiner Kindheit. In dem Ort, in dem ich aufgewachsen bin, hatte ich täglich einen rund 20-minütigen Weg vom Kindergarten bis nach Hause zurückzulegen, und in meinem letzten Kindergartenjahr, als Fünfjähriger, ging ich diesen Weg regelmäßig allein. Er führte mich auch an einem Spielplatz vorbei, hinter dem ein größeres Neubauprojekt hochgezogen wurde. An einem sonnigen Nachmittag wurde ich auf dem Nachhauseweg von zwei älteren Jungen (aus meiner damaligen Perspektive waren es schon Erwachsene) von 14 und 15 Jahren abgefangen. Sie stellten sich breitbeinig vor mich hin und drohten: »Komm sofort mit, sonst gibt es Ärger!« Ich folgte ihnen, immer auf der Suche nach einer Gelegenheit, ihnen zu entkommen. Wir liefen über den Spielplatz, weiter bis zu der dahinterliegenden Baustelle. Während wir immer weiter Richtung Baustelle gingen, erörterten die beiden Jungen, wie sie mich ins Jenseits befördern wollten – wilde Ideen wie »Wir schmeißen ihn in die tiefe Baugrube« oder »Wir fesseln ihn in einem Baurohr und lassen ihn verhungern« machten die Runde und wurden ausführlich belacht. »Er wird uns gleich noch die Ohren vollheulen, das Muttersöhnchen.« Dabei wurde immer überprüft, ob ich jetzt nicht doch endlich mal zu heulen oder zu winseln anfinge. Diesen Drang konnte ich unterdrücken, den Fluchtreflex allerdings nicht.

Als ich mich umdrehte, um davonzulaufen, packte mich einer der Jungs hart an der Kapuze meines Pullis und zog mich dicht an sich heran. Auf einmal hielt er mir ein großes Jagdmesser ans Gesicht. Den kalten Stahl auf meine Wangen pressend, herrsch-

te er mich an: »Wenn du nicht machst, was ich dir sage, steche ich dich ab!« Der Ton war bedrohlich, die Schneide des Messers im Gesicht deutlich zu spüren. Und doch – ich geriet nicht in Panik. Ich schaute ihn stattdessen erstaunt an, wendete meinen Blick ab und ließ ihn auf die umliegenden Häuser schweifen. Schließlich sagte ich zu ihm: »Dann hast du jetzt aber ganz viele Leute, die dir dabei zugucken. Dann kommst du ins Gefängnis.«

Warum empfand ich als Fünfjähriger bei der Drohung des wesentlich Älteren kein Angstgefühl? Heute bin ich überzeugt, dass sein Verhalten gespielt war. Damals realisierte ich nur, dass er nicht tun würde, was er sagte. Es war pure Intuition. Ich hatte nicht das Gefühl, ein Opfer zu sein, und verhielt mich auch nicht wie eines. Das zeigte Wirkung. Mein Möchtegern-Peiniger nuschelte eine Beleidigung, schubste mich von sich weg, gab mir noch eine Kopfnuss und ließ mich meines Weges ziehen. Erst Stunden später realisierte ich das Risiko des Vorfalls. Ich überlegte, was hätte passieren können. Und konnte im Rückblick nicht mehr verstehen, weshalb ich so reagiert hatte. Eines war mir schnell klar: Nie wieder wollte ich in so eine Situation kommen. Ich bat meine Eltern, Judo-Unterricht zu bekommen – der Beginn meiner Liebe zu asiatischen Kampftechniken, von denen ich im Laufe meines Lebens noch einige erlernen sollte.

Die Episode von damals hatte jedoch noch etwas anderes in meinem kindlichen Gemüt bewirkt: Mein Gerechtigkeitssinn war geweckt, wie auch so etwas wie ein Beschützerinstinkt. Ich wollte nicht, dass Schwächere unter Stärkeren leiden, ich wollte dazu beitragen, dass die Welt etwas besser würde. Ich begann, mich für Polizeiarbeit zu interessieren.

Rund zehn Jahre später lernte ich in der Schule eine Wissenschaft kennen, die erklärte, wie das Erleben und Verhalten des Menschen, seine Entwicklung im Laufe des Lebens und alle dafür maßgeblichen inneren und äußeren Ursachen und Bedingungen zusammenhängen: Psychologie. Ich begann systematisch anzuwenden, was ich vorher schon intuitiv getan hatte: die Welt um mich herum zu analysieren, indem ich die Gesichter und Körper der Menschen beobachtete, sie auf Anhaltspunkte hin untersuchte, die Aufschluss darüber gaben, was sie dachten oder fühlten.

Auch der heiße Herbst, in dem die RAF Terror über das Land brachte, wirkte nachhaltig auf mich. Warum taten Menschen so etwas? Wieso töteten sie Hanns Martin Schleyer kalt und skrupellos?

Aus diesen Fragen und der Beschäftigung mit den Antworten entwickelte sich eine lebenslange Auseinandersetzung mit diesem Thema, was sich nach meinem Eintritt in das Bundeskriminalamt noch verstärkte. Während meiner Laufbahn im BKA perfektionierte ich, was ich mir vorher angeeignet hatte. Ich lernte, die Bedeutung menschlichen Verhaltens präzise auf der Basis wissenschaftlicher Erkenntnisse zu analysieren und zu bewerten, um möglichst schnell angemessene Maßnahmen einleiten zu können – Maßnahmen, die nicht selten über Leben und Tod entschieden.

Sinn und Unsinn von Körpersprache

Wir alle kennen stereotype Behauptungen wie »Verschränkte Arme weisen auf innere Anspannung hin« oder »Der Blick nach links bedeutet, dass die betreffende Person lügt«. Den Glauben an solche Stereotypen muss ich an dieser Stelle zerstören. Denn die genannten Beispiele sind nicht nur unzutreffend, sondern bieten auch eine sehr eingeschränkte Sichtweise auf das breite Spektrum nonverbaler Verhaltensweisen. In allen Lebensbereichen, von der Kindheit über unser Flirtverhalten bis hin zu den mannigfaltigen Situationen des Berufslebens, sind wir körpersprachlichen Signalen, Symbolen, Handlungen und Verhaltensweisen ausgesetzt, die Ideen, Gedanken, Botschaften und Gefühle auf nonverbale Weise übermitteln. Wir nutzen diese Taktik auch selbst, um Aufmerksamkeit auf uns zu ziehen, um hervorzuheben, was unserer Meinung nach wichtig ist, um unseren Worten Nachdruck zu verleihen und Dinge auszudrücken, die sich mit gesprochener Sprache nur schwer oder überhaupt nicht vermitteln lassen.

Auch verbale Kommunikation besitzt eine nonverbale, nämlich eine paraverbale Komponente: Der Tonfall, der Sprachstil, die Klangmelodie, die Lautstärke und die Sprechdauer sind mindestens ebenso wichtig wie der Inhalt der Äußerung. Sie machen die eigentliche Wirkung aus. Probieren Sie es aus: Lesen Sie eine Rede auf dem Papier und hören Sie sich dann einen Mitschnitt davon an. Der Eindruck wird ein völlig anderer sein. Dasselbe gilt übrigens auch für Sprechpausen und sogar für das, was in einer Situation nicht gesagt wird.[24]

Auch die Anzahl und Auswahl der Worte kann Hinweise darüber geben, ob vor uns ein Lügner sitzt. Professor Deepak Malhotra von der Harvard Business School und seine Co-Autoren fanden in einer Studie Erstaunliches heraus:[25] Lügner benutzten durchschnittlich mehr Worte als Menschen, die die Wahrheit sagten, und zudem wesentlich komplexere Sätze, da sie sich mehr anstrengten, um andere von ihren Lügen zu überzeugen. Ein Phänomen, das die Forscher »Pinocchio-Effekt« nennen – mit der Lüge wächst die Anzahl der Worte wie die Nase des Pinocchio. Weiterhin fiel auf, dass Lügner auffallend oft in der dritten Person sprachen, also häufiger »er«, »sie«, »es« und »man« sagten, statt »ich«. Es wird vermutet, dass sie so unbewusst versuchen, eine gewisse Distanz zwischen sich und ihrer Lüge herzustellen.

Auch die Verwendung des Personalpronomens der ersten Person Singular kann Ihnen Aufschluss darüber geben, welche Bedeutung ein Verhandlungspartner in Bezug auf Entscheidungen hat. Der Gebrauch von »ich« im Verhandlungskontext verhält sich indirekt proportional zur Wichtigkeit des Redners: Wer häufig »ich« sagt, hat es nötig, und umgekehrt. Denn kluge Entscheider wollen sich in einer Verhandlung nicht zu einer Entscheidung drängen lassen und werden auf Dritte verweisen, die nicht unmittelbar an den Gesprächen beteiligt sind.

In Verhandlungen ist entscheidend zu wissen, wie man selbst auf andere wirkt, um das Verhalten des Verhandlungsgegners steuern zu können. Unser größter Helfer ist dabei das Gehirn.

Das menschliche Gehirn ist groß, anpassungsfähig, lernbegierig – und faul. Es verfügt über einen Trägheitsmechanismus und gleicht alles, was es wahrnimmt, mit dem ab, was es kennt, um schnell die entscheidenden Impulse geben zu können. Dieser Trägheitsmechanismus ist allerdings auch zuständig dafür, dass Anker funktionieren. Das war für uns Menschen überlebenswichtig, um uns in der Evolution durchsetzen zu können. Die Fähigkeiten und die Überlegenheit unseres Gehirns haben uns in Konkurrenz zur Tierwelt überhaupt erst überleben lassen. Denn unsere physische Erscheinung mit allen ihren Mängeln war es nicht, die das Überleben sicherte: Wir verfügen weder über eine furchterregende Größe und Statur, sind nicht besonders schnell, haben keine scharfen Zähne und Klauen, um anzugreifen, und haben weder Panzer noch Hörner, um uns zu schützen. Was wir haben, das sind unsere geistige Flexibilität und die Fähigkeit, Situationen schnell einzuschätzen und auf der Grundlage der eingehenden Sinneseindrücke entschlossen und zielgerichtet zu reagieren.

Diese Fähigkeit haben wir im Laufe vieler Jahrtausende immer weiter ausgeprägt. Auch das Einschätzen der eigenen und der fremden Stammesangehörigen sicherte im Laufe der Evolution die Überlebensfähigkeit. In der zivilen Gesellschaft waren die Persönlichkeiten am erfolgreichsten, denen es gelang, Menschen an sich zu binden, Mehrheiten zu mobilisieren und Einzelpersonen hinsichtlich der eigenen Interessen zu überzeugen. Die dahinterliegende Fähigkeit, eigene und fremde Gefühle (korrekt) wahrzunehmen, zu verstehen und zu beeinflussen, wird auch als emotionale Intelligenz (EQ) bezeichnet. Auf der Basis einer Vielzahl von Studien weiß man heute, dass diese Superfähigkeit einen größeren Anteil am Erfolg eines Menschen hat als der IQ.[26]

In einer immer digitaler werdenden Welt sind diese Fähigkeiten jedoch bedroht. Emotionale Intelligenz ist etwas, das wir als Grundlage von Geburt an erhalten, das aber genauso verkümmern oder auch wachsen kann wie die klassische Intelligenz. Doch in einer Welt, in der schon Fünfjährige an Playstation-Konsolen den Großteil ihrer Tageszeit verbringen, in der wir vor allem über den Schriftsatz von SMS oder WhatsApp miteinander kommunizieren, geht uns das Lesen von nonverbalen Signalen verloren. Und wenn wir uns dann am Verhandlungstisch mit einem geschulten Verhandlungsgegner wiederfinden, erfahren wir schmerzlich, was es heißt, manipuliert zu werden und dagegen nicht gewappnet zu sein. Manchmal empfinden wir die Reibungswärme, die entsteht, wenn wir gerade über den Tisch gezogen werden, sogar noch als Nestwärme. Unterlegen sind wir in der Verhandlung, wenn und weil wir nicht in der Lage sind, die nonverbalen Signale zu lesen, sie akkurat und schnell zu deuten und daraufhin die geeigneten Maßnahmen zu ergreifen.

Emotionale Intelligenz heißt aber nicht, dass überlegen ist, wer überwiegend gefühlsbetont reagiert. Nein, emotionale Intelligenz setzt sich aus drei Hauptelementen zusammen: Empathie, Emotionsmanagement und kommunikative Kompetenz. Alle drei Komponenten beeinflussen sich gegenseitig. Wenn wir in einer Verhandlung die Emotionen anderer Teilnehmer wahrnehmen (Empathie), löst dies auch in uns Emotionen aus. Hierbei spielen die Spiegelneuronen eine entscheidende Rolle (siehe Phase 1 – Beziehungsaufbau). Wenn wir in einem Verhandlungsgespräch wirkungsvoll agieren wollen, müssen wir auch mit unseren eigenen Emotionen wirkungsvoll umgehen können (Emotionsmanagement). Durch das ausgewogene Zusammenspiel dieser beiden Komponenten entfaltet sich dann das dritte Element: die persönliche kommunikative Kompetenz. Diese haben wir, unter dem Gesichtspunkt, wie wir mit bestimmten Sprach- und Fragetechniken die Kontrolle über unser Verhandlungsgegenüber behalten, bereits kennengelernt – im Kernstück des F.I.R.E.-Systems, dem Concept of Control. Kommunikative Kompetenz und, darauf basierend, ein hohes Maß an sprachlicher Flexibilität sind ausschlaggebend, wenn es gilt, eine Verhandlung zu seinen eigenen Gunsten zu entscheiden.

Was das Gesicht verrät

Es sind wenige Millisekunden, die den Lügner enttarnen. Länger als 500 Millisekunden treten Mikroexpressionen im Gesicht nicht auf. Ein Wimpernschlag, mehr nicht. Sie gehören zu den sogenannten flüchtigen körpersprachlichen Signalen. Flüchtig, aber sehr aufschlussreich – wenn sie von einem Experten gesehen und richtig gedeutet werden. Frequenz und Auftreten entziehen sich der bewussten Steuerung, und so gelten sie in der Regel als authentisch und aufrichtig. Mikroexpressionen gehen oft einher mit negativen Gefühlen oder Unbehagen und gewähren uns deshalb einen tiefen Einblick in die Gefühlswelt unseres Gegenübers. Es gibt eine Reihe von Mikroexpressionen, aber eine, die mir in wirtschaftlichen Verhandlungsfällen sehr oft begegnet, ist das Wangenpressen. Hierbei entsteht neben dem Mundwinkel, meist einseitig, eine grübchenähnliche Falte. Diese mimische Bewegung ist ein sicheres Zeichen für Verachtung –Verachtung für eine Handlung, die ein Verhandlungspartner als unmoralisch empfindet; Verachtung für ein Angebot oder eine Leistung, die als mangelhaft bewertet wird. Meist nur 50 bis 100, maximal 500 Millisekunden lang und nicht kontrollierbar, geben Mikroexpressionen über das Innenleben des Gegenübers mehr Aufschluss, als diesem lieb ist.

Der geschulte Beobachter kann überdies nicht nur erkennen, wenn ein Verhandlungspartner sein Innerstes durch unbewusste Mikroexpressionen offenlegt. Er merkt es auch, wenn eine mimische Bewegung bewusst eingesetzt wird mit dem Ziel, zu manipulieren. Nämlich dann, wenn die vermeintliche Mikroexpression länger dauert als 500 Millisekunden. Werden diese Faktoren in Verhandlungen berücksichtigt, dann ist es deutlich leichter, beim Gesprächspartner zu erkennen, was für ihn besonders wichtig ist. Wer sich bewusst auf das Lesen dieser Mikroexpressionen einlässt, wird feststellen, dass es immer leichter wird, Verhandlungsergebnisse zu erzielen, bei denen alle Verhandlungspartner gewinnen. Denn wenn sie das mimische Alphabet beherrschen, werden sie immer klarer erkennen, wie das Ergebnis emotional angenommen wird. So lassen sich mögliche spätere Probleme schon im Ansatz erkennen und gegebenenfalls vermeiden. Mossad, CIA und FBI belegen es: Das Prinzip hat sich bewährt.

Die einzelnen Mikroexpressionen sind wie Mosaiksteine, die ein Gesamtbild ergeben. Die Mimikresonanz trägt zu diesem Gesamtbild bei. Sie ist Bestandteil der sogenannten Glaubhaftigkeitsdiagnostik. Diese untersucht, welche Merkmale tatsächlich mit dem Wahrheitsgehalt einer Aussage zusammenhängen. Demgegenüber werden in der Forschung zur Glaubwürdigkeitsattribution diejenigen Merkmale untersucht, die Beurteiler bei der Bewertung von Glaubhaftigkeit verwenden. Leider sind die Merkmale, von denen viele Menschen vermuten, sie können zwischen Wahrheit und Lüge differenzieren, meist ungeeignet. Vermeidung von Blickkontakt, schnelles Sprechen, Fahrigkeit, nach links oben wandernde Augen etc. sind keineswegs sichere Indikatoren für Lüge.

Die Geschichte der Mimikforschung hat ihre Wurzeln schon in der Evolutionsbiologie von Charles Darwin. In seinem Grundlagenwerk *Der Ausdruck der Gemüthsbewegungen bei dem Menschen und den Thieren* (1872) schreibt er: »Die Bewegungen der Mimik enthüllen die Gedanken und Absichten eines Menschen mehr als Worte.«[27] Darwin studierte als einer der Ersten den nonverbalen Ausdruck von Gefühlen bei Menschen und Tieren und beschrieb diese. Er war es auch, der als Erster die sogenannte Universalitätshypothese aufstellte: die Idee, dass es bestimmte, klar voneinander unterscheidbare Emotionen gibt, deren Gesichtsausdruck kulturübergreifend gleich ist. Lange Zeit galt dies als abwegig. Die herrschende wissenschaftliche Meinung sagte, dass die Art und Weise, wie Menschen ihre Gefühle ausdrücken, erlernt und von der jeweiligen Umwelt geprägt sei.

Erst der amerikanische Psychologe Silvan Tomkins nahm Mitte des 20. Jahrhunderts Darwins Universalitätshypothese wieder auf. Tomkins war zu seiner Zeit als genialer Gedankenleser berühmt. In den 1930er-Jahren hatte er als Akademiker Schwierigkeiten, eine Anstellung zu finden, und während er seine Doktorarbeit schrieb, arbeitete er zwei Jahre lang auf Pferderennplätzen, wo er die Siegchancen der Pferde für die

Buchmacher vor Ort einschätzte. Tomkins war der Überzeugung, dass die Mimik der Pferde wichtige Hinweise auf Gefühle und Motivation zuließ. Um seine Erkenntnisse zu Geld zu machen, hatte er ein System entwickelt, das es ihm ermöglichte vorherzusagen, welches Pferd gewinnen werde. Vom Grundsatz her beruhte seine Vorhersage darauf zu beobachten, welche emotionalen Beziehungen ein Pferd zu den anderen Pferden rechts und links von ihm hatte. Wie sein System genau funktionierte, blieb jedoch im Unklaren. Fakt allerdings war, dass er sehr gute Prognosen erzielte und damit so viel Geld verdiente, dass er sich ein luxuriöses Leben leisten konnte.

In den 1960er-Jahren lernte Tomkins den bereits erwähnten Paul Ekman kennen. Ekman war gerade frischgebackener Psychologe und hatte Zugriff auf Gelder erhalten, die er für Forschungszwecke einsetzen durfte. Ursprünglich plante Ekman, die Forschungsgelder zu investieren, um ein System zur Klassifizierung von Handbewegungen zu schaffen. Er war jedoch fasziniert von Tomkins' Aussage, dass die Mimik universell und angeboren sei, und ging auf eine Forschungsreise, die ihn nach Chile, Brasilien, Japan, Argentinien und sogar ins Hochland von Papua-Neuguinea führte. Hier traf er auf Eingeborenenstämme, die nachweislich noch keinen Kontakt zur Zivilisation gehabt hatten. Ekman zeigte ihnen Fotos von Männern und Frauen, die verschiedene emotionale Gesichtsausdrücke zeigten. Zu seiner Überraschung stellte er fest, dass all diese Menschen, die er auf seiner Reise befragte, genau sagen konnten, welche Emotionen die jeweiligen Gesichter auf den Fotos zum Ausdruck brachten. Es war eine Sensation. Denn dieses Forschungsergebnis bewies: Der Ausdruck bestimmter Emotionen ist tatsächlich universell und kulturübergreifend. Ekman präsentierte seine Forschungsergebnisse 1969 auf der Jahrestagung der amerikanischen Anthropologen.[28]

Folgende Emotionen wurden durch Ekman als universell in ihrem Ausdruck identifiziert:

1. Angst
2. Überraschung
3. Ärger
4. Ekel
5. Verachtung
6. Trauer
7. Freude

Die Mimik ist die Bühne unserer Emotionen

Heute ist die Mimik das wissenschaftlich am besten untersuchte Feld im Bereich der nonverbalen Kommunikation. Die wissenschaftlichen Grundlagen werden durch die Tatsache ergänzt, dass in keinem anderen Körperbereich Emotionen so deutlich und eindeutig werden wie im Gesicht. Jeder Basisemotion liegt ein Auslöser zugrunde, den man erkennen, einordnen und in der Verhandlung für sich nutzen kann, um daraus geeignete Handlungen abzuleiten. Die übrige Körpersprache (Gestik, Körperhaltung, Beine) hat zwar einen zusätzlichen Einfluss auf den nonverbalen Ausdruck von Emotionen, aber nur die Mimik kann ohne weitere Zusätze das volle Spektrum der Emotionen ausdrücken.

Während Ihr Verhandlungsgegner versuchen kann, Sie mit seinem Körper zu täuschen, verrät Ihnen sein Gesicht genau, welche konkreten Emotionen er gerade spürt. Am Körper des anderen können Sie vielleicht feststellen, ob jemand entspannt oder emotional gestresst ist. Welche Emotion genau den Stress auslöst, gibt der Körper jedoch nicht preis. Anders die Mimik: Angst, Trauer, Ärger oder Ekel, die als Stressauslöser infrage kommen, können hier in einer Mikroexpression über das Gesicht huschen. Sobald wir das Gesicht als Informationsquelle verstehen, haben wir einen wertvollen Schlüssel zur Gefühlswelt unseres Verhandlungsgegners gefunden.

Die kurzfristig auftauchenden, unwillkürlichen Gesichtsausdrücke (Mikroexpressionen) sind typischerweise Signale von Gefühlen, die verheimlicht werden sollen. Sie werden direkt vom limbischen System gesteuert und entziehen sich damit unserer bewussten Kontrolle. Deshalb sind sie als Gefühlsindikatoren extrem zuverlässig und nur sehr schwer bis gar nicht nachzuahmen. Da Mikroexpressionen aber nur sehr kurz (40 bis 500 Millisekunden) andauern, braucht es ein wenig Training, um sie zu erkennen und richtig zu interpretieren.

Anders stellt es sich bei sogenannten Makroexpressionen dar. Hierunter versteht man mimische Signale, die länger als 500 Millisekunden sichtbar sind (in der Regel 0,5 bis vier Sekunden). Sie treten auf, wenn jemand ein Gefühl weder verbergen noch unterdrücken möchte beziehungsweise wenn er ein Gefühl bewusst zur Manipulation einsetzen möchte. Makroexpressionen sind kontrollierbar und werden in der Verhandlung eher eingesetzt, um das Gegenüber zu täuschen. Für Sie heißt das: Wenn Ihr Verhandlungsgegenüber eine solche mimische Expression zeigt, dann setzt er diese bewusst ein und will etwas bei Ihnen bezwecken.

Die zwei Emotionsverstärker

Pokerspieler, professionelle Lügner oder auch Kriminelle versuchen, mit willentlich gesteuerten Gesichtsausdrücken ihr Gegenüber zu täuschen. Professionelle Pokerspieler sind in der Mimikanalyse meist sehr gut geschult. Sie beobachten genau, welche Emotionen bei ihren Gegnern »durchsickern«, und sie wissen auch, dass sie ihre eigenen Mikroexpressionen nicht komplett kontrollieren können. Bei großen Pokerturnieren ist deshalb häufig zu beobachten, dass nicht nur Sonnenbrillen und Kapuzenpullover getragen werden. Männliche Spieler lassen sich auch Bärte stehen und Botox in Gesicht und Handflächen injizieren, um jede Mimik und auch feuchte Hände zu vermeiden. Nichts soll ihre inneren Regungen entlarven. Profis wissen um die Mimik als Bühne der Emotionen. Auch für sie ist es wichtig, bei der Beobachtung zu erkennen, ob es sich bei einer Regung um eine bewusste Mimik handelt, die das Gegenüber auf einen falschen Pfad locken soll, oder um eine unkontrollierte Mikroexpression.

Mikroexpressionen treten insbesondere in Situationen auf, in denen eine Person gefühlsmäßig stark involviert ist und somit die Wahrscheinlichkeit erhöht ist, dass starke Emotionen auftauchen. Je stärker eine Emotion, desto wahrscheinlicher zeigen sich auch Mikroexpressionen. Es gibt zwei emotionale Verstärker, die dazu führen, dass eine Person gefühlsmäßig stark involviert ist:

1) Themenrelevanz: Je wichtiger das Thema, desto stärker die damit verbundenen Emotionen. Je nach Verhandlungsgegenüber können ganz unterschiedliche Themen wichtig sein: Preis, Zeit, Lieferfristen, zusätzliche Vergünstigungen etc. Es kann sich auch um persönliche Interessen oder drängende Probleme handeln. Wenn in einer Verhandlung ein solches Thema zur Sprache kommt, werden Sie bemerken, dass die Gefühle bei Ihrem Verhandlungsgegner stärker werden und die Mimik aktiver wird. In einer Verhandlung geht es für den Verhandlungsgegner in der Regel um wichtige Ziele, die er zu erreichen hat, oder um Probleme, die er vermeiden will. Er wird also gefühlsmäßig involviert sein und sehr wahrscheinlich Mikroexpressionen zeigen, insbesondere bei inneren Konflikten.

2) Gewinn- und Verlusterwartungen: Je höher die subjektive Gewinn- oder Verlusterwartung in einer Verhandlung ist, desto stärker sind die aktivierten Gefühle. Weil jede Gewinn- und Verlusterwartung absolut subjektiv ist, ist hier ausschlaggebend, was jemand über die Situation glaubt, nicht, was tatsächlich zu erwarten ist. Ob jemand das Gefühl hat, in einer Verhandlung etwas zu gewinnen oder zu verlieren, hängt davon ab, welche Auswirkungen er für sich aus der Verhandlung erwartet. Das können zum Beispiel Auswirkungen auf die Karriere sein, auf die familiäre Situation, die finanzielle Zukunft, aber auch auf das Ansehen bei Vorgesetzten oder im sozialen Umfeld.

Stellen Sie sich folgende Situation vor: Ein Mensch steht auf dem Dach eines neunstöckigen Hauses in der Frankfurter Innenstadt und droht, sich das Leben zu nehmen. Da er mit der Ankündigung dieser Entscheidung ein hohes öffentliches Interesse aufgebaut hat (acht Stockwerke unter ihm stehen Feuerwehr, Polizei, Medien und Kamerateams, vielleicht Familie und Freunde), sind hier mit hoher Wahrscheinlichkeit starke Gefühle beteiligt, unabhängig von dem Gefühl, das ihn überhaupt erst zum Entschluss getrieben hat, sich das Leben zu nehmen. In den Verhandlungsgesprächen, die ihn dazu motivieren sollen, das Dach zu verlassen, spielt das Erkennen und Bewerten dieser emotionalen Verstärker eine erfolgskritische Rolle. Je nachdem, welche der Themen (soziales Umfeld, familiäre Situation, Freundeskreis) die für ihn größte Bedeutung haben (und sich in seinen mimischen Signalen widerspiegeln), gilt es, diesen Hauptfaktor in seiner Auswirkung zu minimieren, um den Selbstmordkandidaten zu einem gesichtswahrenden Abbruch seines Vorsatzes zu führen.

Ein weiteres Beispiel: Es kommt zu einer wichtigen Verhandlung zwischen zwei oder mehreren sich nahestehenden Personen mit sehr unterschiedlichen Interessenlagen bei einem Thema, für das intakte Beziehungen eine unverzichtbare Basis für die weitere Zukunft sind – ein Familienunternehmen steht vor gravierenden Weichenstellungen. Da sich der Gesprächsverlauf mit großer Wahrscheinlichkeit negativ auf diese Beziehungen auswirken wird, treten sicher starke Emotionen auf. Je größer die mögliche Auswirkung – zum Beispiel ein drohender Verlust von Geld oder der drohende Verlust einer Beziehung – ist, desto stärker sind die dabei auftretenden Gefühle. Je nachdem, bei welchem Thema die stärksten Reaktionen zu erkennen sind, kann der geschulte Beobachter seine Verhandlungstaktik darauf aufbauen. Dabei spielt die Art der Beziehung – Arbeitsbeziehung zwischen Führungskraft und Mitarbeiter, familiäre Beziehung oder geschäftliche Beziehung – keine Rolle. Dieser Mechanismus funktioniert immer.

Doch eines ist wichtig zu unterscheiden: Emotionen sind nicht deckungsgleich mit Stimmungen und Eigenschaften. Die Emotion Angst kann sich bei jedem zeigen – nicht nur bei einer ängstlichen Person, die sich gerade in einer besorgten Stimmung befindet. Freude kann auch empfinden, wer nicht über eine optimistische Persönlichkeit verfügt und gerade nicht in einer euphorischen Stimmung ist. Die landläufige Gleichsetzung von Emotion mit Gefühl kann uns hier einen Streich spielen. Emotionen sind kurze biopsychischsoziale Reaktionen auf spezifische Ereignisse, die sich auf unser Wohlbefinden auswirken und meist eine sofortige Handlung erfordern. Das gilt es in der Verhandlung zu erkennen und zu nutzen.

Der mutmaßliche Mörder, ein trainierter US-Soldat und langjähriger Drogenschmuggler, der im dringenden Verdacht stand, seinen Komplizen ermordet und verbrannt zu haben, hatte kein Interesse, uns bei den Ermittlungsarbeiten zu helfen. In der Vernehmung starrte er uns an und schwieg.

Bei einem Mordfall ist es für die strafrechtliche Beurteilung von hoher Relevanz, die Tatwaffe zu finden. Wir hatten auf Grundlage des Projektils, das den Schädel des Getöteten durchschlagen hatte, Hinweise auf das Fabrikat der Tatwaffe. Zusätzlich hatten die Kollegen aus der Kriminaltechnik Schmauchspuren an der rechten Hand unseres Verdächtigen gesichert. Bei allen Durchsuchungen im privaten sowie auch im geschäftlichen Umfeld des mutmaßlichen Täters, also auf der Militärbasis, wurde jedoch keine zum Projektil passende Waffe gefunden. Uns fehlte somit ein wichtiges Indiz. Das Waldstück, in dem der Partner erschossen und im Fahrzeug verbrannt worden war, wurde gerade von einer Hundertschaft der Polizei durchsucht. In der Vernehmung auf die Tatwaffe angesprochen, sagte unser Verdächtiger nach wie vor keinen Ton. Er war perfekt geschult und kannte das CIA-Vernehmungshandbuch »KUBARK – Intelligence Interrogation«, das wir bei der Durchsuchung seiner Wohnung gefunden hatten.[29] Aus seiner Akte wussten wir außerdem, dass er auch das militärische SERE-Training durchlaufen hatte. (SERE steht für Survival, Evasion, Resistance and Escape Training – »Überlebens-, Ausweich-, Widerstands- und Fluchttraining« – und dient der Vorbereitung auf Verhörsituationen bei der Gefangennahme durch einen militärischen Gegner.)

Als wir ihm allerdings erläuterten, wo wir gerade nach der Tatwaffe suchten, zuckte sein Kinnbuckel und schob sich kurz nach oben – eine Muskelbewegung, die zuverlässig auf Trauer schließen lässt. Diese Emotion kann auftreten, wenn die Befürchtung vorherrscht, etwas zu verlieren. Unserem Verdächtigen drohte der Verlust seiner Freiheit. Hinzu kam die Sorge, der US-Militärjustiz in den USA überstellt zu werden. Bei allen anderen erwähnten Durchsuchungsorten hatte er keinerlei Regung gezeigt. Zudem begann er kaum merklich, mit der Kette seiner Handschellen zu spielen – eine Beruhigungsgeste, mit der er seine Emotionen in den Griff bekommen wollte. Auf der

Grundlage dieser Beobachtungen beschlossen wir nun, die Anstrengungen bei der Durchsuchung des Waldstückes zu verstärken. Tatsächlich wurde die Tatwaffe wenige Stunden später dort aufgefunden. Der Fund entpuppte sich als Beweis zur Lösung des Falls, denn es befanden sich nicht nur Blut- und Gewebespuren des Opfers daran, sondern auch die Fingerabdrücke unseres Täters.

Das OODA-Konzept gegen den Othello-Effekt

Um die Mimik treffsicher zu lesen, bedarf es dreier Bedingungen und eines Grundsatzes.

1. Bedingung: Lerne, deinem Gegenüber genauer ins Gesicht zu schauen.
2. Bedingung: Schule die Aufmerksamkeit für nonverbale Veränderungen.
3. Bedingung: Trainiere, auch schnelle Signale wahrzunehmen.

Diese Fähigkeiten sind im wahrsten Sinne des Wortes kriegsentscheidend. Basierend auf den Theorien des Buches *Die Kunst des Krieges* von Sun Tzu, hat der US-Kampfpilot John Boyd ein Modell abgeleitet, das zunächst im Krieg zum Einsatz kam, seither aber auch erfolgreich in wirtschaftlichen Verhandlungen eingesetzt wird.[30] Es ist das auch im militärischen Bereich genutzte OODA-Konzept (OODA Loop). »OODA« steht hierbei für Observe, Orient, Decide und Act (»Beobachten, orientieren, entscheiden und handeln«). Boyd ist der Ansicht, dass unsere Gegner eine Situation beobachten und Informationen sammeln, die wiederum die Basis für Orientierung und Handlung darstellen. Letztere löst wieder Ereignisse aus und der Kreislauf beginnt von vorne. Erfolgreich ist, wer die Schleife aus Beobachten, Orientieren und Handeln für den Gegner verlängert, sie selbst aber schneller durchläuft – sei es durch Täuschung oder Desinformation, wie wir sie nicht nur im Kriegsfall, sondern auch in der Politik, im Geschäftsleben oder der Verhandlung immer wieder antreffen. Auch außerhalb des Krieges ist es für uns wichtig, alles, was passiert und gesagt wird, zu sammeln, zu analysieren und auszuwerten.

Habe ich alle relevanten Informationen beisammen, dann wirken sie wie Mosaiksteine und ergeben ein Bild, das bei näherer Betrachtung von dem abweicht, was auf den ersten Blick richtig erschien. Daran gilt es sich nun zu orientieren, Maßnahmen abzuleiten und danach zu handeln. Je achtsamer ich dabei bin, umso größer wird mein Spielraum. Der Molekularbiologe und Professor an der University of Massachusetts Medical School Jon Kabat-Zinn, beschreibt das wahre Potenzial der Achtsamkeit mit den Worten, »auf eine bestimmte Weise aufmerksam zu sein, im gegenwärtigen Moment und ohne zu urteilen«.[31]

Basierend auf dieser Feststellung und der Anwendung des OODA-Loops in der Verhandlung lautet ein wichtiger Grundsatz für erfolgreiche Mimikaufklärung: Trenne immer Beobachtung (Observe) von Interpretation (Orient). Denn die Mimik zeigt uns nur an, *dass* eine Emotion im Spiel ist, sie liefert aber nicht die Antwort auf das Warum. Gerade als Anfänger ist man versucht, die Ursache des emotionalen Gesichtsausdrucks vorschnell zu deuten, wobei oft die eigene Befindlichkeit in diesen Gesichtsausdruck hineinprojiziert wird. In einer Verhandlung diesem Fehler der Interpretation zu unterliegen, wird auch als »Othello-Effekt« bezeichnet.[32]

In Shakespeares Theaterstück *Othello, der Mohr von Venedig* (1603) wird dem Feldherrn Othello das Gerücht zugetragen, seine Ehefrau Desdemona habe ihn mit seinem engsten Vertrauten Cassio betrogen. Außer sich vor Eifersucht, stellt er Desdemona zur Rede. Diese beteuert zwar ihre Unschuld, fürchtet aber angesichts des rasenden Ehemannes um ihr Leben. Othello nimmt ihre Furcht wahr und deutet sie als sicheres Zeichen der Angst vor den Folgen des Seitensprungs. Erst nachdem er sie getötet hat, findet Othello heraus, dass Desdemona ihm stets treu gewesen war, und richtet sich daraufhin selbst. Othellos Fehler besteht darin, dass er Desdemonas nonverbale Angstsignale fehlinterpretiert und dabei übersieht, dass ihre Furcht kein Schuldeingeständnis ist.

Wie viele andere Anfänger im Bereich der Mimikdeutung unterliegt Othello also dem Irrglauben, er könne wissen, *warum* eine bestimmte Emotion auftritt. Um solche Fehler zu vermeiden, wird in der mimischen Analyse der OODA-Loop genutzt. Nach der wahrgenommenen mimischen Expression (Observe) wird diese im Kontext der zuvor getroffenen Aussagen bewertet (Orient). Das ist ein Vorgang, der sehr schnell abläuft, sich aber mit geringfügigem Training leicht erlernen lässt.

Stellen Sie sich folgende Situation vor: In der Analysephase des Concept of Control fassen Sie die Aussage Ihres Verhandlungspartners wie folgt zusammen: »Habe ich richtig verstanden, dass für Sie ein Kombi mit einem Kofferraumvolumen von mindestens 550 Litern deswegen so wichtig ist, weil Sie ihn für Ihre große Familie und den Wocheneinkauf brauchen?« Diese Zusammenfassung bejaht Ihr Gegenüber und presst dabei den Mundwinkel einseitig ein – ein klares Zeichen von Verachtung. Das gesprochene Wort passt nicht zum mimischen Signal. Eine Inkongruenz. Der psychologische Auslöser, auch Trigger genannt, hinter der Emotion Verachtung ist »eine schlechte oder mangelhafte Leistung«. Hat diese Emotion also etwas mit Ihrer Zusammenfassung zu tun?

Jetzt gilt es zu entscheiden (Decide), was Sie mit der Information und der dazugehörigen Kontextanalyse anfangen wollen. Sie können der Sache jetzt auf den Grund gehen, um Fehler in der Motivanalyse zu vermeiden und die Beziehungsebene zu Ihrem Verhandlungspartner zu stabilisieren. Wenn Sie sich dafür entscheiden, müssen Sie es nun auch umsetzen (Action). »Mir scheint, ich habe etwas noch nicht richtig erfasst.« Sie werden darauf eine freundliche Reaktion Ihres Gegenübers bekommen und Ihre ursprüngliche Aussage ergänzt oder richtiggestellt bekommen.

Machen Sie sich übrigens keine Gedanken darüber, dass sich Ihr Gegenüber dabei »ausgeforscht« vorkommen könnte. Menschen realisieren meist gar nicht, dass sie eine mimische Expression gezeigt haben. Ihre Nachfrage erzeugt eine positive Emotion: Ihr Verhandlungspartner wird es zu schätzen wissen, dass Sie ihn genau verstehen wollen. In unserem Beispiel könnte der Verhandlungspartner sagen: »Na ja, neben den rein praktischen Aspekten brauche ich den Wagen eigentlich für mein Hobby: Ich fahre regelmäßig mit meinen Kumpels in die Berge zum Mountainbike-Fahren. Und ich brauche einen Wagen, in dem wir vier Räder verstauen und trotzdem bequem reisen können.« Der eigentliche Grund für den Kauf des Autos ist also eine optimale Freizeitgestaltung, nicht die Rolle als braver Familienvater.

Ohne Kenntnis der Baseline bist du blind – warum Small Talk so wichtig ist

Jeder Mensch ist in Bezug auf seine Körpersprache und seine mimischen Signale mal aktiver, mal weniger aktiv. Nur weil jemand raumgreifende Armbewegungen macht, schnell spricht oder häufig die Stirn runzelt, heißt dies noch lange nicht, dass er nervös ist oder Stresssymptome zeigt. Vielleicht ist es einfach seine grundlegende Art, mit seiner Umwelt zu kommunizieren – sein Normalverhalten, auch Baseline genannt.

Auch bei den mimischen Signalen gilt es immer zu beurteilen, inwiefern sich Veränderungen im nonverbalen Verhalten unseres Verhandlungspartners zeigen. Nur Abweichungen vom Normalverhalten lassen hier relevante Rückschlüsse zu. Darum ist es wichtig, die Baseline des Gegenübers festzustellen. Am besten funktioniert dies in einer Situation, die weniger stressbelastet ist, einer Situation, die man am Anfang einer Verhandlung kreieren kann, indem über Unverfängliches wie das Wetter, die Fahrt zum Treffpunkt oder den letzten Urlaub gesprochen wird. Small Talk nennt man diese höchst nützliche Kunstform des Gespräches, die leider in Deutschland immer noch unterschätzt wird.

Ist das Gespräch erst einmal mit einem neutralen Thema eröffnet, empfiehlt es sich, im zweiten Schritt ein emotionales Thema anzusprechen. So kann man feststellen, wie sich unser Verhandlungsgegner bei emotionalen Themen von seinem Basiszustand entfernt. Geeignet sind dafür Themen wie die Ergebnisse im letzten Spiel des Lieblingsfußballklubs oder Themen aus der Politik. So können wir feststellen, wie unser Gegenüber bei freudigen oder auch kritischen Themen reagiert. Gleichzeitig integriert sich dieses Vorgehen auch in den Aufbau des Rapports. Kennt man den Verhandlungspartner schon länger, so gab es vielleicht in der Vergangenheit bereits Situationen außerhalb des Verhandlungskontextes, um sein Normalverhalten zu kalibrieren.

Was verbirgt sich hinter der Emotion?

Wie schon erwähnt, werden mimische Signale direkt durch Emotionen ausgelöst. Dies ist kulturübergreifend gleich. Noch vor jeder bewussten Reaktion werden äußere Signale, Reize, Worte, Begriffe und Bilder von der Amygdala in unserem Gehirn bewertet und sofort in eine Emotion umgesetzt. Diese, eine der sieben kulturübergreifende Basisemotionen Angst, Überraschung, Ärger, Ekel, Verachtung, Trauer und Freude, spiegelt sich in unserem Gesicht wider. Somit ist die Mimik die Bühne für all unsere Emotionen. Auch wenn wir manchmal gerne den Bühnenauftritt unterbinden wollen.

Hinter jeder dieser Emotionen steckt ein innerer Auslöser, ein sogenannter Trigger. Dieser Auslöser, besser gesagt ein auslösendes Ereignis, wird von unserem limbischen System blitzschnell bewertet. Wenn wir etwas denken, fühlen oder wahrnehmen, bewerten wir es in einem automatisch und unbewusst ablaufenden Prozess positiv, neutral oder negativ. Diese Bewertungen laufen innerhalb von Tausendstelsekunden im Unterbewusstsein ab. Unser limbisches System reagiert somit unmittelbar auf unsere Gedanken und sendet die Information an den Hirnstamm, was im Körper verschiedene physiologischen Reaktionen auslöst. Eine dieser schnellen Reaktionen ist das unwillkürliche Kontrahieren von Gesichtsmuskeln. Und das ist es, was wir als Mikroexpression im Gesicht erkennen können und womit wir in der Verhandlung arbeiten.

So waren zum Beispiel die ständigen Ärgerimpressionen im Gesicht des verdächtigten Army-Sergeanten ein sicheres Zeichen dafür, dass wir ihn an der Erreichung eines Ziels hinderten – ungeschoren aus der Sache herauszukommen und in Freiheit zu bleiben. Ein weiteres Ziel war es, nicht den restriktiven amerikanischen Behörden übergeben zu werden. Das zweite verräterische Signal war Trauer. Trauer ist ein untrügliches Signal dafür, dass etwas verloren gegangen ist – im Falle unseres GIs die erstrebte Straffreiheit und seine persönliche Freiheit. Das Auffinden der Waffe war ein sicherer Beweis, um ihn mit dem Mord in Verbindung zu bringen. Bei der Überführung an das US-Militärgericht drohte ihm sogar der Verlust seines Lebens.

In Verhandlungen jeglicher Art ist es spielentscheidend, auf solche mimischen Signale zu achten. Trauer kann für Verluste stehen, Überraschung für Informationen, die dem Gegenüber in der Verhandlung fehlten. Ekel kann sich auf eine Forderung beziehen, die in keiner Weise zu akzeptieren ist. Und Freude steht für das Erreichen eines Ziels – eine der verräterischsten Mikroexpressionen.

Die Emotionen, die meinem Gegenüber für einen Bruchteil von Sekunden über das Gesicht huschen, spielen sich auf drei Gesichtseben ab: im Stirn-Augen-Bereich, im Augen-Nase-Bereich und im Mund-Kinn-Bereich.

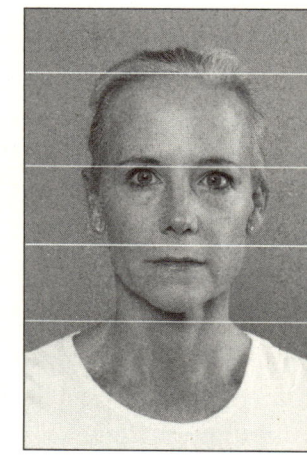

Oberes Gesicht
Stirn / Augenbrauen

Mittleres Gesicht
Augen / Nase

Unteres Gesicht
Mund / Kinn

Folgende Emotionen treten in Verhandlungen am häufigsten auf:

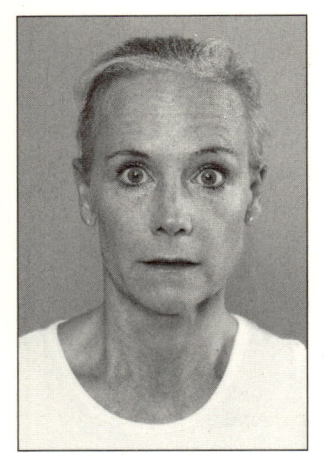

Überraschung

Werden wir überrascht, so fällt uns sprichwörtlich gerne mal die Kinnlade herunter. Tatsächlich äußert sich Überraschung durch einen geöffneten, aber entspannten Mund. Doch das ist nicht das einzige Merkmal. Im oberen Stirn-Augen-Bereich sind die Augenbrauen nach oben gezogen, im Augen-Nase-Bereich die oberen Augenlider angehoben.

Ausgelöst wird die Basisemotion Überraschung, wenn etwas Unerwartetes, Neues auftaucht. Das ist in Verhandlungen zum Beispiel dann der Fall, wenn der Verhandlungspartner mit einer Information konfrontiert wird, mit der er nicht gerechnet hatte. Er wird nun versuchen, diese Information weiterzuverarbeiten und sie zu bewerten. Die Überraschung ist meist nur eine Zwischenstation, die entscheidende Emotion folgt direkt im Anschluss. Achten Sie also aufmerksam auf die nächsten nonverbalen Signale.

Ärger

Was der offene Mund bei der Überraschung ist, ist die berühmte Zornesfalte bei der Basisemotion Ärger. Konkret sind die Augenbrauen nach unten und zusammengezogen. Darüber hinaus sind die oberen Augenlider angehoben, die unteren Augenlider angespannt. Im Mund-Kinn-Bereich lässt sich der Ärger anhand der gepressten Lippen erkennen, manchmal auch kombiniert mit einem leichten Kiefervorstoß.

Die Basisemotion Ärger wird durch ein Zielhindernis, ein Unrecht oder durch Wertverletzungen ausgelöst. Genau wie Schmerz und Ekel könnte Ärger ein Hinweis darauf sein, dass eine von Ihnen aufgestellte Forderung nicht erfüllbar erscheint und Ihr Verhandlungspartner sein Verhandlungsziel als gefährdet ansieht. Auch wenn zum Beispiel ein Grundbedürfnis Ihres Gegenübers nicht beachtet wird, kann sich das im Gesicht widerspiegeln. Wenn Sie also innerhalb einer Ver-

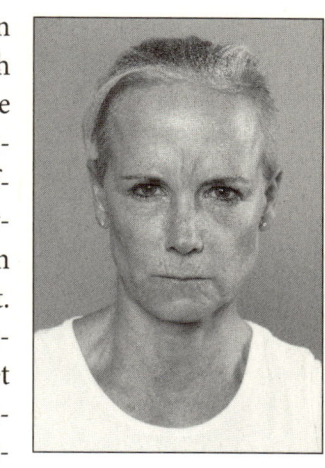

handlung den Ausführungen Ihres Kontrahenten nicht ausreichend Beachtung schenken, kann er sein Grundbedürfnis nach Anerkennung behindert sehen. Er wird dann eine mimische Expression von Ärger zeigen. Sie müssen dann entscheiden (Decide), ob Sie diese Verletzung der Beziehung so belassen wollen oder ob Sie an dieser Stelle zum Beispiel die Inhalte noch einmal zusammenfassen. Sie können Ihren Verhandlungspartner auch loben (Action), um die Beziehung wieder zu stabilisieren.

Trauer

Bei Überraschung ziehen wir instinktiv die beide Augenbrauen komplett nach oben, bei Trauer bewegt sich dagegen nur die Augenbraueninnenseite nach oben – der berüchtigte Dackelblick. Dieser wird vervollständigt durch ein Senken des oberen Augenlids und durch nach unten gezogene Mundwinkel in Verbindung mit einem angehobenen Kinnbuckel.

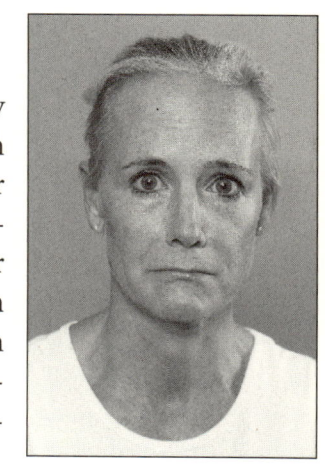

Der Basisemotion Trauer liegt der Verlust von etwas Wichtigem als Auslöser zugrunde. Das kann eine geliebte Person oder ein geliebtes Objekt sein oder – wie im Falle des Army-Sergeanten – der Verlust der persönlichen Freiheit. In Verhandlungen zeigt sich Trauer beispielsweise dann, wenn das Gegenüber eine Forderung in Gedanken eigentlich schon akzeptiert hatte, diese aber jetzt wieder »verloren geben muss«, etwa weil der Preis zu hoch ist.

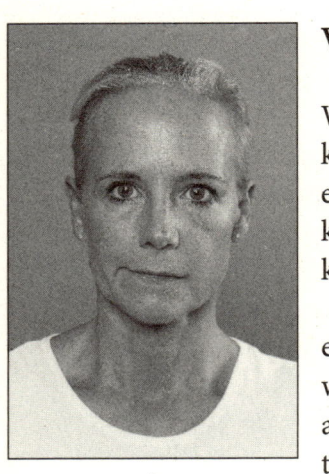

Verachtung

Wenn Ihr Gegenüber seinen Mundwinkel nach innen presst – und zwar nur auf einer Seite –, während seine Augen vollkommen neutral bleiben, dann ist das ein klares Zeichen von Verachtung.

Die Basisemotion Verachtung wird entweder durch eine als mangelhaft wahrgenommene Leistung ausgelöst oder aber durch eine als unmoralisch bewertete Handlung. Verachtung kann zum Beispiel wie oben geschildert auftauchen, wenn Zusammenfassungen von Motiven oder Begrifflichkeiten in den Phasen 2 und 3 als unzureichend angesehen werden. Und ist dann ein sicheres Zeichen dafür, dass Sie noch nicht alles richtig erfasst haben, auch wenn Ihr Gegenüber Ihre Zusammenfassung mit einem Ja quittiert hat. Bei Präsentationen oder Verkaufsgesprächen ist diese Mimikexpression ein sicheres Zeichen dafür, dass die dargestellten Leistungen nicht die Erwartungen des Kunden erfüllen.

Freude

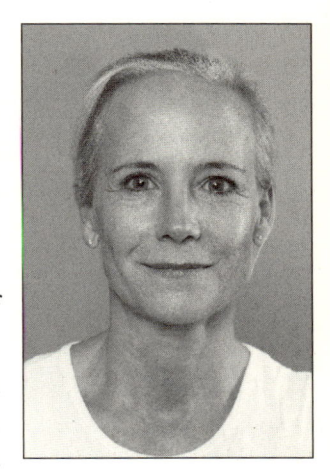

Eine hilfreiche und gleichzeitig verräterische Mikroexpression sind dagegen zwei angehobene Mundwinkel. Zusammen mit einem Absenken der Augendeckfalte, in dessen Folge die sogenannten Lachfalten zutage treten, lässt das Gesicht auf diese Weise echt erlebte Freude erkennen.

Die Basisemotion Freude hat ihren Auslöser im Erreichen eines Ziels oder in der Erfüllung einer Erwartung oder eines Wunsches. Ein bestimmtes Bedürfnis ist befriedigt, das Gesicht dankt es mit dem Ausdruck echter Freude. Eine Basisemotion, die Sie in Verhandlungen besonders gerne sehen, denn sie ist ein deutliches Signal dafür, dass eine Verhandlungslösung schon akzeptiert ist. In einer Verhandlung wird Ihr Partner allerdings nicht immer zugeben, dass sein Zielbereich schon erreicht ist. Er wird versuchen, das Ergebnis zu verbessern. Deshalb kann nach dem schnellen Auftauchen der Basisemotion Freude häufig ein Kopfschütteln beobachtet werden, das verknüpft wird mit der Aussage »Das reicht leider noch nicht« oder »Das ist kein Ergebnis, das bei mir intern durchsetzbar wäre«. Sie wissen dann aber längst, dass es ausreicht und Ihr Gegenüber das Risiko, die Verhandlung scheitern zu lassen, nicht in Kauf nehmen wird.

Ekel

Ein unappetitlicher Anblick wird gerne mit dem Rümpfen der Nase quittiert – ein charakteristisches Merkmal der Basisemotion Ekel. Allerdings kann sich Ekel auf zwei Arten im Gesicht manifestieren: entweder durch die besagte gekräusel-

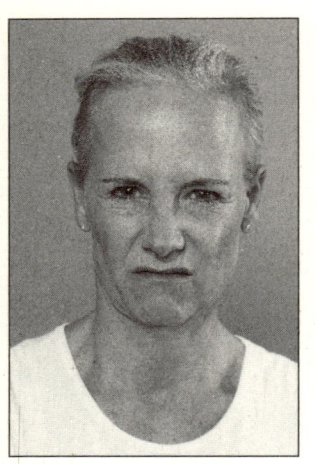

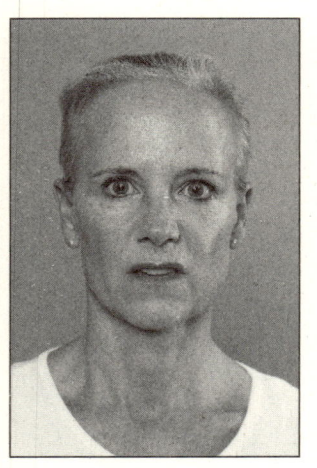

te Nase in Verbindung mit nach unten gezogenen Augenbrauen und einer hochgezogen Oberlippe. Zusätzlich kann die untere Lippe angehoben sein, sie muss es aber nicht.

Ekel kann sich aber auch ohne ein Kräuseln der Nase zeigen. In diesem Fall lässt sich Ekel lediglich anhand der nach unten gezogenen Augenbrauen und der hochgezogenen Oberlippe erkennen. Wiederum kann überdies die untere Lippe angehoben sein.

Die Basisemotion Ekel wird durch Verunreinigung mit einem abstoßenden Objekt hervorgerufen – im wörtlichen wie im übertragenen Sinne. Der Anblick von Insekten, die sich in der Nähe des Hausmülls versammelt haben, wird vermutlich bei vielen Ekel auslösen.

In Verhandlungen ist diese Basisemotion kritisch. Sie richtet sich häufig gegen die Person oder die Werte, die eine Person verkörpert. Stellen Sie diese Basisemotion schon am Beginn einer Verhandlung fest, in der Beziehungsphase, dann wird Ihr Verhandlungspartner vielleicht auch Vorurteile und Vorannahmen über Sie haben. Hier wäre eine Möglichkeit, sich über mögliche Vorannahmen Gedanken zu machen und mit der Taktik des emotionalen Labels darauf einzugehen. »Es hat den Anschein, dass Sie Sorge haben, ich würde Sie unfair behandeln?« Taucht die Basisemotion in anderen Phasen der Verhandlung auf, so wäre im Kontext des Gesprächs zu betrachten, ob Sie vielleicht eine Formulierung gewählt haben, die die Werte des Gegenübers verletzt hat. Ausräumen und darauf Eingehen ist bei dieser Basisemotion zu empfehlen, da sich hier massive Verletzungen der Beziehungsebene verbergen können. Das nährt den Unglauben in Ihre komplette Verhandlungsführung, und Ihr Verhandlungspartner wird jede Äußerung durch diese Brille betrachten.

Angst

In Krimis heißt es gerne: »Die Angst stand ihr ins Gesicht geschrieben.« Dabei ist dieses sprachliche Spannungselement durchaus wörtlich zu verstehen. Denn Angst kann einem im Gesicht stehen, und zwar durch nach oben und zusammengezogene Augenbrauen, angehobene obere sowie angespannte untere Augenlider und nach außen gespannte Lippen, häufig auch noch ein Anspannen der Halsmuskulatur.

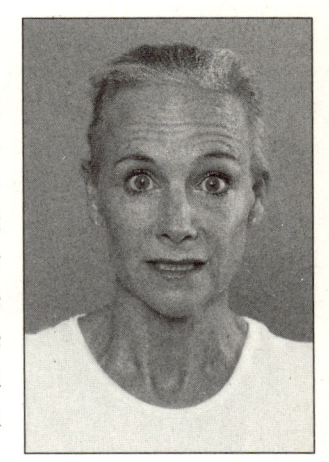

Die Basisemotion Angst zeigt sich, wenn das körperliche oder psychische Wohlbefinden bedroht ist. Nehmen Sie diese Mikroexpression bei Ihrem Verhandlungspartner wahr (Observe), dann ist dies ein Zeichen dafür, dass er eine Aussage von Ihnen als Gefahr oder Bedrohung seiner Motive bewertet. Nun gilt es zu überlegen: Welche Gefahr oder Bedrohung wurde wahrgenommen (Orient)? Die Entscheidung (Decide) kann dann sein, auf ihn zuzugehen, oder das Gegenteil, nämlich für die Erfüllung dieses Motives sehr viel zu verlangen. Nehmen Sie als Betriebsrat diese Reaktion im Gesicht einer Führungskraft wahr, wenn Sie formulieren: »Die Verhandlungen werden noch viel Zeit in Anspruch nehmen und wir werden sicher nicht in den nächsten sechs Monaten eine Betriebsvereinbarung haben«, dann können Sie davon ausgehen, dass der Faktor Zeit für Ihr Gegenüber eine große Rolle spielt. Möglicherweise ist der Verhandlungsabschluss Bestandteil seiner Zielvereinbarung und an einen Bonus gekoppelt. Für das schnellere »Fertigwerden« können sie jetzt einige Ihrer Forderungen durchsetzen.

Wenn Sie als Verkäufer diese Reaktion bei einem Einkäufer sehen, während Sie die Ausstiegsformulierung für den Gang in die Sackgasse wählen, können sie fast sicher sein, dass die erste Reaktion zum Nachgeben von ihm kommt.

Eine Sonderrolle spielt das mimische Signal für Schmerz. Schmerz ist zwar keine Emotion, aber wenn wir die mimischen Signale dafür richtig erkennen, erhalten wir auf deren Basis wichtige Hinweise. Schmerz kann nämlich nicht nur körperlich, sondern vor allem auch psychisch ausgelöst werden – und zwar durch sehr unterschiedliche Auslöser. Das Gehirn verarbeitet zum Beispiel Preisinformationen im sogenannten Schmerz-Ekel-Zentrum. Der wunderbare Satz »Das ist meine absolute Schmerzgrenze!« kann also eine wahre Basis haben.

Eine Schmerz-Ekel-Impression hat der bekannte deutsche Mimikexperte Dirk Eilert exakt beschrieben:[33]

Im oberen Gesicht (Stirn–Augenbrauen):
- Zusammenziehen der Augenbrauen
- Augen schließen
- Blinzeln

Im mittleren Gesicht (Augen–Nase):
- Anheben der Wangen durch den äußeren Augenring-muskel
- Anspannung der unteren Augenlider
- Rümpfen der Nase

Im unteren Gesicht (Mund–Kinn):
- Hochziehen der Oberlippe
- Seitliches Auseinanderziehen der Mundwinkel

 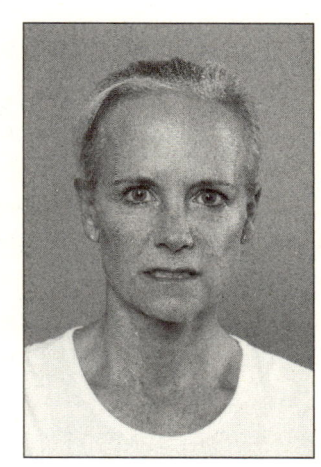

Typischer Gesichtsausdruck bei Schmerz

Subtile Schmerz-Expression

Wenn wir in der Verhandlung über einen Preis sprechen, findet eine subjektive Bewertung statt. Jeder hat eine individuelle Vorstellung davon, was ein Produkt, ein Gegenstand, eine Dienstleistung etc. kosten darf beziehungsweise wie viel er oder sie bereit ist, dafür auszugeben. Wird dieser Preis als zu hoch empfunden, dann löst dies eine körperliche Reaktion in Form einer Schmerzempfindung oder Ablehnung aus (Ablehnung gehört zur Emotionsfamilie Ekel). Das Auslösen in diesem Aktivierungszentrum basiert also auf einer subjektiven Einstufung des Preises in Relation zu dem, was die Person dafür erhält. Es lohnt sich also in Verhandlungsphasen, in denen es um den Preis geht, nach mimischen Signalen von Schmerz und Ekel Ausschau zu halten. Sie geben wichtige Hinweise darauf, ob ich den subjektiven Wert meines Angebotes noch bearbeiten muss, oder auch, dass ich mich bei meinem Gegenüber der Grenze des Machbaren angenähert habe, diese also fast ausgereizt habe.

Damit kein falscher Eindruck entsteht: Eine Schmerz-Ekel-Impression ist keineswegs etwas Schlechtes. Sie ist ein ganz klares Signal, dass Ihr Gegenüber unbedingt das Produkt oder die Dienstleistung kaufen möchte. Auch die Schmerz-Ekel-Impression entsteht dadurch, dass das Produkt für unseren Verhandlungspartner eine hohe Themenrelevanz, also eine Bedeutung, hat. Würde es ihn nicht interessieren, würde der Preis keine Emotionen und »psychologischen« Schmerz auslösen. Diesen Schmerz empfindet er nur, da der genannte Preis sich an der Grenze oder in deren Nähe bewegt, für den er das Produkt zu erhalten hoffte. Dieser »Glaube« basiert darauf, wie der Verhandlungspartner das Produkt bewertet hat, beziehungsweise wie er zu dem Ergebnis gekommen ist (Orient).

Mit dieser Erkenntnis ist es allerdings auch logisch, dass Sie nicht den Preis nachlassen müssen, sondern sich darauf konzentrieren sollten, die Bewertung des Verhandlungspartners zu verändern (Decide). Was können Sie jetzt tun (Action), um herauszufinden, wie seine Bewertung zustande kommt? Sie können zum Beispiel Ihre Beobachtung rückkoppeln und nachfragen: »Mir scheint, Sie empfinden den Preis als zu hoch? Womit vergleichen sie ihn?« Die häufigsten Antworten, die Sie darauf erhalten, sind:

- Im Vergleich zu den Kosten anderer Produkte/Dienstleistungen. Hier sollten Sie dann die Produkt- oder Dienstleistungsspezifika genau auseinandernehmen, um die Bewertung zu verändern.
- Im Vergleich zum Produktnutzen. Hier sollten Sie den Nutzen des Produktes noch einmal abgleichen mit Ihren Erkenntnissen aus der Phase 3, der Motivanalyse. Je

mehr Motive/Interessen Ihr Produkt erfüllen kann, desto höher können Sie den Preis ansetzen.

- Im Vergleich zu den finanziellen Möglichkeiten des Verhandlungspartners. Hier ist der Preis schon akzeptiert. Es geht nur um die Zahlungsmodalitäten, also Zahlungsziel, Skonto, Ratenzahlung etc.
- Im Vergleich zu dem, was das Unternehmen sonst für diese Produktart/Dienstleistungsart ausgibt. Hier sollten Sie die genaue Eingruppierung/Positionierung hinterfragen und Ihre eigene Positionierung verändern.

OBSERVE	ORIENT		DECIDE	ACTION
Basisemotion	Universales psychologisches Thema (Trigger)		(Innere) Frage nach dem Auslöser	Mögliche Lösung
		Funktion		
Angst	*Bedrohung des körperlichen oder psychischen Wohlbefindens*	*Bedrohung vermeiden; Schaden reduzieren*	*Welche Gefahr oder Bedrohung wird wahrgenommen?*	*Bedrohung entfernen bzw. damit arbeiten*
Überraschung	*Unerwartetes neues Objekt*	*Orientieren und Gewinnen von Informationen*	*Wer oder was war unerwartet? Welche Informationen fehlen?*	*Orientieren lassen, ggf. Informationen geben*
Ärger	*Zielhindernis, Unrecht, Wertverletzungen*	*Hindernis beseitigen*	*Welches Ziel wird behindert? Welcher Wert ist verletzt worden?*	*Hindernis beseitigen oder mit Hindernis arbeiten*
Ekel	*Verunreinigung; abstoßendes, verrottetes Objekt*	*Abstoßen oder Vernichten des Objektes*	*Was gefällt der Person nicht? Wer oder was wird abgelehnt?*	*Unerfüllten Wunsch erfragen, verletzten Wert ansprechen*
Verachtung	*Unmoralische Handlung oder mangelhafte Leistung (abwertendes Vergleichen)*	*Überlegenheit wahren, Kommentieren der wahrgenommenen Handlung bzw. Leistung*	*Welche Handlung war nicht ausreichend?*	*Meta-Ebene, ggf. Verhalten korrigieren*
Trauer	*Verlust einer geliebten Person oder eines geliebten Objektes*	*Wiedererlangen der Ressourcen, Hilferuf*	*Wer oder was ist verloren gegangen?*	*Zuhören und Unterstützung anbieten/Wertersatz zum Verhandeln finden*

OBSERVE	ORIENT		DECIDE	ACTION
Basisemotion	Universales psychologisches Thema (Trigger)		(Innere) Frage nach dem Auslöser	Mögliche Lösung
		Funktion		
Freude	Erreichung eines Ziels, Erfüllung einer Erwartung oder eines Wunsches, Bedürfnisbefriedigung	Zukunftsmotivation für gleiches oder ähnliches Verhalten, Kooperation	Welches Ziel wurde erreicht?	Positiv bestärken, nicht von weiteren Forderungen täuschen lassen
Schmerz–Ekel	Verlusterwartung auf der Basis eines zu hohen Preises	Preishöhe anpassen oder Bewertung verändern	Im Vergleich wozu ist der Preis zu hoch?	Vergleich auflösen

Exkus: Das Pokerface-Paradoxon – wie Emotionen durchsickern

Auch wenn wir schweigen, spricht unser Körper. Das wird von professionellen Verhandlern genutzt, um Emotionen und Bewegungen des Verhandlungspartners sowie die dahinterliegenden Motive zu entschlüsseln. Dabei sind sie stets auf der Suche nach Widersprüchen, denn: Man kann seine Worte mit Bedacht wählen, man kann seine Stimme mit Übung im Zaum halten und vielleicht auch noch das Pokerface aufsetzen – aber kaum einer wird es schaffen, jederzeit alle verbalen und nonverbalen Kanäle unter Kontrolle zu halten. Irgendwann sickert irgendwo doch eine Inkongruenz durch.

Das Pokerface-Paradoxon basiert darauf, dass unsere verbalen und nonverbalen Informationskanäle unterschiedlich schwer nach außen zu kontrollieren sind. Während wir Worte vergleichsweise einfach kontrollieren können, lassen sich unsere Mikroexpressionen so gut wie gar nicht unter Kontrolle halten. Am schwierigsten ist es jedoch, eine Kongruenz zwischen allen Kanälen herzustellen. Daraus ergibt sich eine Hierarchie der möglichen Schwachstellen, also der Wahrscheinlichkeit, dass wichtige Informationen durchsickern:

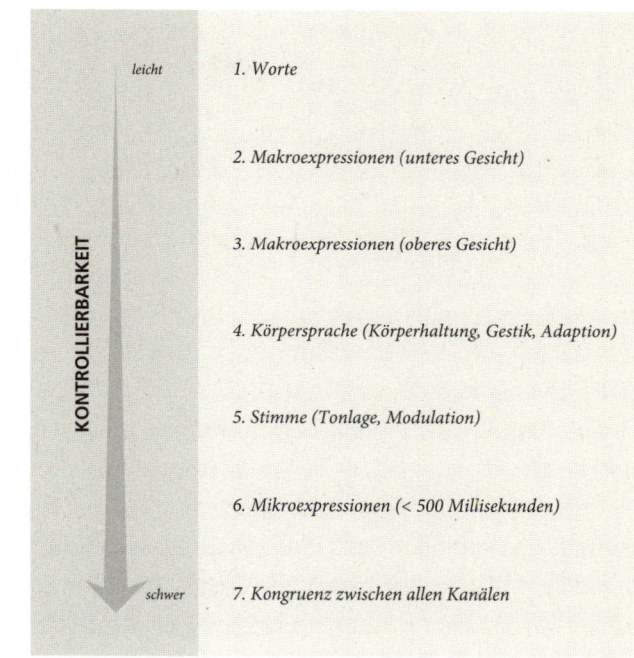

KONTROLLIERBARKEIT

leicht — 1. Worte

2. Makroexpressionen (unteres Gesicht)

3. Makroexpressionen (oberes Gesicht)

4. Körpersprache (Körperhaltung, Gestik, Adaption)

5. Stimme (Tonlage, Modulation)

6. Mikroexpressionen (< 500 Millisekunden)

schwer — 7. Kongruenz zwischen allen Kanälen

Das Pokerface-Paradoxon hilft, Unstimmigkeiten im Verhalten einer Person herauszufiltern, indem man auf zwei Ebenen achtet: WAS sagt mein Gegenüber und WIE sagt er es?

Worte sind dabei recht leicht zu analysieren. Versprecher und inhaltliche Widersprüche sind Indikatoren für Unstimmigkeiten. Umso wichtiger ist es, bewusst und aktiv reinzuhören, Blickkontakt zu halten und die Baseline zu eruieren, um dann erkennen zu können, ob sich unter Stress etwas verändert. Denn: Je besser Sie das »normale« Verhalten des Gesprächspartners kennen, desto einfacher können Sie Widersprüche entlarven.

Schnell kann auch die eigene Stimme zum Fallstrick werden. Das Problem: Wir nehmen sie erst wahr, wenn wir etwas aussprechen, und dann kann es schon zu spät sein. Die Abweichung von der normalen Stimmlage ist daher meist ein gutes Indiz für eine emotionale Erregung des Gesprächspartners. Eine auffallend tiefe Stimmlage, aber auch plötzliches, lauteres oder schnelleres Sprechen können wichtige Indizien für Stresssymptome und somit dafür sein, dass unser Gegenüber unsicher ist oder das Thema eine hohe Relevanz für ihn hat. Diese Indizien zu erkennen – und für die eigenen Zwecke zu nutzen – ist insbesondere bei Telefonverhandlungen ausschlaggebend für den Verhandlungserfolg. Aber auch hier ist es wichtig, den Normalzustand zu kennen, denn nur so lässt sich einschätzen, ob die hohe Stimmlage tatsächlich der Unsicherheit des Gegenübers geschuldet ist.

Die Kontrolle der Makroexpressionen, also mimische Gesichtssignale, die länger als 500 Millisekunden auftauchen, gestaltet sich schwieriger, lässt sich aber mit entsprechender Übung auch beherrschen. Doch um all unsere Makroexpressionen bewusst zu steuern, ist hohe Konzentration gefragt. Konzentration, die wir in einer wichtigen Gesprächssituation schon auf die Inhalte und unser Gegenüber richten.

Wesentlich schwieriger, als »nur« die Makroexpressionen des Gesichtes zu kontrollieren, ist es, die gesamte Körpersprache im Griff zu haben. Insbesondere in Stresssituationen greifen Menschen zu typischen Beruhigungsgesten, den sogenannten Adaptoren. Ein Griff ans Ohrläppchen, ein Kratzen am Kinn, eine Berührung der Handinnenflächen oder – bei dem US-Sergeanten – das Spielen an den Ketten der Handschellen zählen dazu. Die Häufung von Adaptoren deutet meistens auf Stress oder eine erhöhte Konzentration hin. Umgekehrt nehmen Gesten, die jemand beim Sprechen typischerweise einsetzt, bei kognitiver Anstrengung eher ab. Hinzu kommen körperliche Reaktionen, die überhaupt nicht zu kontrollieren sind, zum Beispiel eine stärkere Durchblutung der Haut, die zur sichtbaren Errötung führt, oder eine erhöhte Blinzelfrequenz.

So gut wie unmöglich gestaltet sich die Kontrolle der Mikroexpressionen. Sie sind von allen Informationskanälen am schwierigsten zu steuern, eine komplette Kontrolle eigentlich nicht umsetzbar. Nur eines ist noch schwieriger: alle Kanäle zu kontrollieren.

Unstimmigkeiten und Widersprüche zwischen all diesen Informationskanälen sind der sicherste Hinweis auf ein Täuschungsmanöver des Gegenübers. Denn es ist unmöglich, in jedem Moment Herr über die eigenen verbalen und nonverbalen Signale zu sein.

Die größte Herausforderung ist daher auch Ihre größte Chance: Versuchen Sie, alle Informationskanäle und Signale zu beobachten und miteinander in Beziehung zu setzen. Sobald Sie Inkongruenz erkennen, nehmen Sie dies zum Anlass, die Gesprächssituation nochmals zu bewerten und sich für Ihre Entscheidung etwas mehr Zeit zu nehmen. Doch seien Sie auf der Hut: Der Körper gibt Ihnen zwar Hinweise darauf, wie sich eine Person fühlt, aber nicht darauf, *warum* ein bestimmtes Gefühl auftritt.

Sie müssen also regelmäßig den OODA-Kreislauf durchlaufen und dabei stets das Gesehene (Observe) mit den Triggern und dem gerade besprochenen Thema oder Begriff in Verbindung bringen (Orient). Mit diesen Informationen entsteht eine genaue Einschätzung der Themenrelevanz für das Gegenüber und seine damit verbundene Gewinn- und Verlusterwartung. Daraus ergibt sich dann eine Reihe von Handlungsmöglichkeiten, aus denen die optimale zu wählen (Decide) und für das beste Ergebnis umzusetzen (Action) ist.

Fünftes Kapitel
Verhandlungsprofiling

»Die größte Leistung besteht darin,
den Widerstand des Feindes ohne
einen Kampf zu brechen.«

Sun Tzu (*um 500 v. Chr.), chinesischer General und Militärstratege,
Die Kunst des Krieges, Kapitel III

*Es war Donnerstagmittag. Das Telefon klingelte, als ich gerade
in der Münchner Innenstadt unterwegs war. »Sie müssen sofort
nach Norddeutschland fahren«, so die Stimme am anderen
Ende, »es geht um Produkterpressung in der Lebensmittelindus-
trie!« Mein Gesprächspartner war der Manager eines Versiche-
rungskonzerns, der regelmäßig auf meine Dienste zurückgriff,
wenn einem seiner Versicherten eine Krisenverhandlung drohte. Und nach allem, was ich gerade gehört hatte, steckte der
Kunde in einer Krise!*

*Wenige Stunden später saß ich in Norddeutschland im Büro
des Unternehmenschefs. »Das hier kam heute per Post«, sagte er
und deutete auf einen Pappkarton. Vor mir stand eine unauf-
fällige Kiste, etwa 30 × 40 × 20 Zentimeter groß. Der Deckel
stand offen, und so war der Inhalt bestens zu sehen: Mengen
von Luftpolsterfolie, die drei Behältnisse vor jeglicher Beschädi-
gung schützten. Es handelte sich um drei Produkte des Lebens-
mittelkonzerns, verpackt in Glas und Kunststoff. Die Kiste war
fein säuberlich gepackt worden. Es sah fast so aus, als habe der
Absender mit dem Lineal nachgemessen, um den Inhalt genau
mittig im Karton zu fixieren. Die Verpackungen der Produkte
waren unversehrt. Es handelte sich um ein Twist-off-Glas mit*

Schraubverschlussdeckel, das beim Öffnen aufgrund des Vakuums typischerweise »ploppte«, um einen weiteren Schraubverschlussdeckel mit Vakuum-Bruchsiegel, besser bekannt als Klickverschluss, und um einen überschweißten Aluminiumverschluss, wie wir ihn zum Beispiel von Joghurtbechern kennen. Alles Verschlüsse, die eine Manipulation unmöglich machen sollten. Neben dem Unternehmenschef waren die Verpackungsexperten des Hauses anwesend. »Die Verpackung sieht komplett unbeschädigt aus«, betonten sie. »Aber wenn das stimmt, was hier drinsteht« – man schob einen Brief in meine Richtung –, »dann müssen diese Verpackungen geöffnet worden sein. Aber wie?«

Ich las den Brief, der, um etwaige Fingerabdrücke nicht zu verwischen, in einer Klarsichthülle steckte und an den Unternehmenschef adressiert war. Der Täter, der sich selbst einen »Freund des Unternehmens« nannte, hatte mitgeteilt, dass die beigefügten Produkte vergiftet worden seien. Er forderte das Unternehmen auf, 500.000 Euro zu zahlen, sonst werde er vergiftete Produkte deutschlandweit in die Regale der Supermärkte bringen. Um zu zeigen, dass das Unternehmen verstanden habe, sollte eine Anzahlung von 50.000 Euro geleistet werden. Eine klassische Erpressung. Das Schreiben war eine klare Ausgangsbasis für eine Krisenverhandlung.

Wir entschieden, die Polizei zu informieren. Im nächsten Schritt mussten wir feststellen, ob er tatsächlich – wie angekündigt – die vor uns stehenden Produkte vergiftet hatte oder ob sich dahinter nur eine leere Drohung verbarg. In Deutschland treffen jährlich etliche Briefe ähnlichen Inhalts bei Unternehmen ein – bei größeren Konzernen ein Standardvorgang. Durchschnittlich einmal im Monat flattert dort ein Erpresserschreiben ins Haus. 40 bis 60 Prozent geben nach der ersten Kontaktaufnahme auf. In etwa 10 Prozent der Fälle dauert die Erpressung eine Woche und länger. Viele Fälle werden erst gar nicht bekannt. Wie ernst meinte es unser Erpresser? Wie intensiv war seine Tatvorbereitungsphase? Hatte er sich mit der Ausübung der Tat auseinandergesetzt? Wie war sein Plan für eine Lösegeldübergabe? Alles Indikatoren, um zu beurteilen, ob er nach der ersten Kontaktaufnahme abbrechen würde.

Die Gläser wurden in der Kriminaltechnik untersucht, und das Ergebnis, das uns am nächsten Tag präsentiert wurde, verschlug uns die Sprache. In allen drei Gläsern waren größere Mengen des Barbiturats GBL enthalten. Diese als Partydroge oder K.-o.-Tropfen bekannte Substanz ist bei einer Überdosierung lebensgefährlich, da die Gefahr eines Atemstillstands besteht. Und die Dosierung, die in jedem einzelnen Glas gefunden wurde, wäre für Kinder und ältere Menschen auf jeden Fall lebensgefährlich gewesen. Der Täter hatte sich also intensiv auf die Tat vorbereitet. Er hatte sich akribisch mit den Verschlüssen der Produkte befasst und eine Möglichkeit gefunden, sie beschädigungsfrei zu öffnen und wieder zu verschließen. Wir entschieden uns für eine Kontaktaufnahme und die Zahlung einer Symbolsumme von 500 Euro. Wir wollten eine weitere Reaktion von ihm erhalten und Zeit gewinnen.

Das war am Freitag gewesen, und mittlerweile war Montag. Ein zweiter Brief war angekommen, der weitere konkrete Angaben erhielt:

»Betreff: Produkterpressung – Anzahlung erhalten
500,- EUR Anzahlung erhalten. Bereitschaft zur Kooperation und Zahlungsbereitschaft wird anerkannt. Telefonischen Kontakt wird es nicht geben. Bei 600 Mio. EUR Umsatz sollte die geforderte Summe von 500.000 EUR kein Problem darstellen. Um Ihnen Goodwill zu beweisen, wird Ratenzahlung gewährt.

Überweisen sie sofort die Summe von 49.500,- EUR unter dem Verwendungszweck »Vertragsprovision 20xx-1287 KW02 Rate 01«. Der Geldeingang wird bis zum 14.01.20xx erwartet.

Überweisen Sie im Folgenden 9 Raten zu je 50.000,- EUR jeweils montags (Auftragserteilung):

1. *18.01.20xx – »Vertragsprovision 20xx-1287 KW03 Rate 02«*
2. *25.01.20xx – »Vertragsprovision 20xx-1287 KW04 Rate 03«*
3. *01.02.20xx – »Vertragsprovision 20xx-1287 KW05 Rate 04«*
4. *18.02.20xx – »Vertragsprovision 20xx-1287 KW06 Rate 05«*
5. *15.02.20xx – »Vertragsprovision 20xx-1287 KW07 Rate 06«*
6. *22.02.20xx – »Vertragsprovision 20xx-1287 KW08 Rate 07«*
7. *01.03.20xx – »Vertragsprovision 20xx-1287 KW09 Rate 08«*
8. *08.03.20xx – »Vertragsprovision 20xx-1287 KW10 Rate 09«*
9. *15.03.20xx – »Vertragsprovision 20xx-1287 KW11 Rate 10«*

Es sollte kein Problem darstellen, diesen Zahlungsplan umzusetzen. Andernfalls werden die Drohungen aus dem ersten Schreiben ausgeführt.«

Abgesehen von dem bedrohlichen Inhalt sagten mir Paket und Anschreiben Folgendes: Wir hatten es mit einer gewissenhaften Persönlichkeit zu tun, mit jemandem, der detailverliebt war, nachdenklich und abwartend. Jemandem, der gut überlegt und nicht vorschnell handelte. Einem reaktiven Menschen. Wer so vorgeht, der hat einen Plan. Von dem sind keine Impulshandlungen zu erwarten. Die Akribie, mit der die Zahlungsmodalitäten aufgeführt waren, das prozedurale, also verfahrensorientierte Vorgehen, das Fehlen jeglicher personenbezogener Formulierungen, wies ihn zudem als einen objektbezogenen Charakter aus, der nicht auf Menschen fixiert war, sondern sich lieber mit Fakten, Statistiken und technischen Details beschäftigte. In diesem Fall ein gutes Zeichen: Solche Verhandlungstypen sind im Allgemeinen rationalen Erwägungen zugänglich.
Wir mussten handeln – und standen doch immer noch vor einem Rätsel: Die verschiedenen Verschlusssiegel der Verpa-

ckungen waren komplett unbeschädigt, auch nirgends sonst an den Behältern gab es Hinweise darauf, wie die Produkte manipuliert worden waren. Für mich ein weiteres Indiz: Der Täter war nicht nur äußerst gewissenhaft und detailverliebt, er war vor allem intelligent, höchstwahrscheinlich handwerklich und technisch begabt. Er hatte sich mit dem Unternehmen bestens auseinandergesetzt – oder war sogar ein Mitarbeiter. Eine grauenvolle Vorstellung, vor allem für die Geschäftsführung des Unternehmens.

Wir mussten Zeit gewinnen und in beide Richtungen ermitteln – ohne dass dies im Unternehmen auffiel. Darin waren wir uns mit der Polizei einig. Uns spielte eines in die Hände: In der Branche war es bei einigen Zulieferern zu Preisabsprachen gekommen, weshalb deutschlandweit Staatsanwaltschaften ermittelten. Die Medien waren voll davon und hatten das Thema auf die gesellschaftliche Agenda gesetzt. Das Unternehmen war nicht Bestandteil der Vorwürfe, aber wir nutzten die Situation, um auf der Agenda zu »surfen« und damit eine glaubhafte Verzögerung zu konstruieren. In der Onlineüberweisung gaben wir deshalb unter Verwendungszweck an: »StA [Staatsanwaltschaft] im Haus, Kartellabsprachen. Vorsichtig sein.«

Der Erpresser ließ sich hinhalten. Es kam zu vermehrten Kontaktaufnahmen und zu einem Aushandlungsprozess. Wir erhielten dadurch immer mehr Informationen über sein Persönlichkeits- und sein Bewegungsprofil. Schließlich gelang es der Polizei, ihn zu fassen. Wie sich herausstellte, verfügte er über zwölf verschiedene totalverfälschte Identitäten. Die entsprechenden gefälschten Personalausweise hatte er in einer kleinen Werkstatt im Keller täuschend echt nachgemacht. Mit diesen eröffnete er die Onlinekonten und hob erhaltene Summen an verschiedenen Bankautomaten in Deutschland ab. Er war ein Tüftler, der es geschafft hatte, Apparaturen zu bauen, mit denen er geöffnete Sicherheitsverschlüsse von Gläsern und Kunststoffbe-

hältern wieder so verschließen konnte, dass sie aussahen, als seien sie frisch vom Band gelaufen. Er war ein kluger Kopf, ein angehender Doktor der Naturwissenschaften, der einer anspruchsvollen Geliebten etwas bieten wollte und deshalb Geld brauchte. Irgendetwas in mir bedauerte, dass dieser helle Kopf, der ein echter Gewinn für unsere Gesellschaft hätte sein können, diesen Weg eingeschlagen hatte.

Persönlichkeitsprofile stellen in Verhandlungen mit Geiselnehmern und Erpressern ein unabdingbares Hilfsmittel dar. In politischen Verhandlungen werden solche Profile ebenfalls schon lange eingesetzt. Auch im Kontext von Wirtschafts- oder beruflichen Verhandlungen gewinnen sie vermehrt an Bedeutung. In größeren und bedeutsameren Verhandlungen sind immer wieder auch Profiler oder Beobachter am Tisch, die mit den Werkzeugen der Persönlichkeitsanalyse und des FACS arbeiten.

Wir Menschen haben schon immer versucht, uns selbst und unsere Mitmenschen zu beschreiben und in bestimmte Schubladen zu stecken. In der Antike ordneten die alten Griechen den Körperflüssigkeiten besondere Temperamente und Krankheitsbilder zu: Blut – sanguinisches, heiteres Temperament; Schleim – phlegmatisches, schwerfälliges Temperament; schwarze Galle – melancholisches, grüblerisches Temperament; gelbe Galle – cholerisches, erregbares Temperament. Nun ja, nichts, womit man am Verhandlungstisch arbeiten könnte. Heute konzentrieren wir uns auf die neuesten Forschungen der Psychologie und Neuropsychologie, die auch zwischen Normalausprägung und der zugehörigen Störung unterscheiden, welche im diagnostischen und statistischen Manual psychischer Störungen DSM-5 abgebildet werden.[34]

Das Bestreben ging immer in die Richtung, einen guten, zuverlässigen Weg zu finden, um etwas so Komplexes und

Vielschichtiges wie die menschliche Persönlichkeit an ein gut definiertes Modell anzupassen. Dadurch sollen wir in die Lage versetzt werden, mit hoher Zuverlässigkeit vorhersagen zu können, wie ein Mensch sich in bestimmten Situationen verhalten wird.

Behalten Sie dabei aber stets im Hinterkopf, dass unsere Persönlichkeit nur *ein* Aspekt von vielen ist – unser Verhalten in einer Verhandlung wird von unserer Umwelt genauso beeinflusst wie von unseren Erfahrungen und unseren individuellen Zielen. Ein Persönlichkeitsprofil gibt immer nur einen Hinweis darauf, wie wir mit einem Verhandlungspartner in der Verhandlung am besten interagieren. Es hilft uns vor allem in der Beziehungsphase, Vertrauen schneller auf- und den Unglauben schneller abzubauen. Es hilft zu verstehen, worauf das Gegenüber reagiert und worauf nicht. Es gibt uns Hinweise, welche Persönlichkeitspräferenzen bei ihm oder ihr dominieren. Und es lässt bei einem plötzlich auftauchenden aggressiven oder irrationalen Verhalten Rückschlüsse zu – als Hinweis, wie wir am besten damit umgehen können.

Bei unserem Erpresser dominierten reaktive, prozedurale und objektbezogene Persönlichkeitspräferenzen. Er hatte ein sogenanntes gewissenhaftes Persönlichkeitsprofil – ein Profil, das aber nichts darüber aussagt, ob jemand etwas Gutes oder etwas Unrechtes tut. Es sagt lediglich etwas darüber aus, *wie* jemand etwas tut, und gibt uns Hinweise, wie wir mit ihm am besten interagieren, auch und gerade am Verhandlungstisch. Menschen mit diesem Merkmal identifizieren sich mit dem, was sie tun, arbeiten mit Hingabe – zwischen Beruf und Privatleben wird kaum ein Unterschied gemacht. Sie haben höchste Ansprüche an sich selbst, verlangen aber auch Spitzenleistung von anderen. Sie hassen Fehler und haben im extremen Fall einen Hang zur Kontrollsucht und zum Zwanghaften. Dies bezeichnet die Wissenschaft dann als Störung der Präferenz.

Solchen Menschen stellt man in der Verhandlung am besten ebenfalls eine gewissenhafte Persönlichkeit gegenüber. Jemanden, der ebenfalls Wert auf Details legt und erst lange
analysiert, bevor gehandelt wird. Wer erfolgreich sein will in
Verhandlungen mit Gewissenhaften, sollte ebenso sach- und
detailorientiert vorgehen. Verfährt man in der Verhandlung
nicht so, dann wird der Gewissenhafte daraus Rückschlüsse
auf seinen Verhandlungspartner ziehen. Und das bedeutet,
dass er uns in der Verhandlung für oberflächlich hält und uns
auch als oberflächliche Menschen kategorisieren wird. Denn
das braucht eine gewissenhafte Persönlichkeit ebenfalls: Kate-
gorisierungen. Oder einfach ausgedrückt: Schubladen für die
Zuordnung.

In meinen Seminaren und Vorlesungen spielt das sogenannte Verhandlungsprofiling eine wichtige Rolle. Dabei
schärfe ich den Teilnehmern immer ein, dass jeder Mensch
alle Grundaspekte der Persönlichkeit in sich trägt. Sie sind
nur bei jedem Menschen unterschiedlich stark ausgeprägt.
Auch wenn man herausgefunden hat, dass jemand einem bestimmten Verhandlungstyp entspricht, heißt das allerdings
nicht, dass zwei Menschen des gleichen Verhandlungstyps
alle spezifischen Merkmale im gleichen Maße aufweisen. Um
herauszufinden, mit welchen Persönlichkeiten man es zu tun
hat, lassen sich Modelle nutzen. Sie geben Orientierung –
nicht mehr und nicht weniger.

Grundaspekte der Persönlichkeit

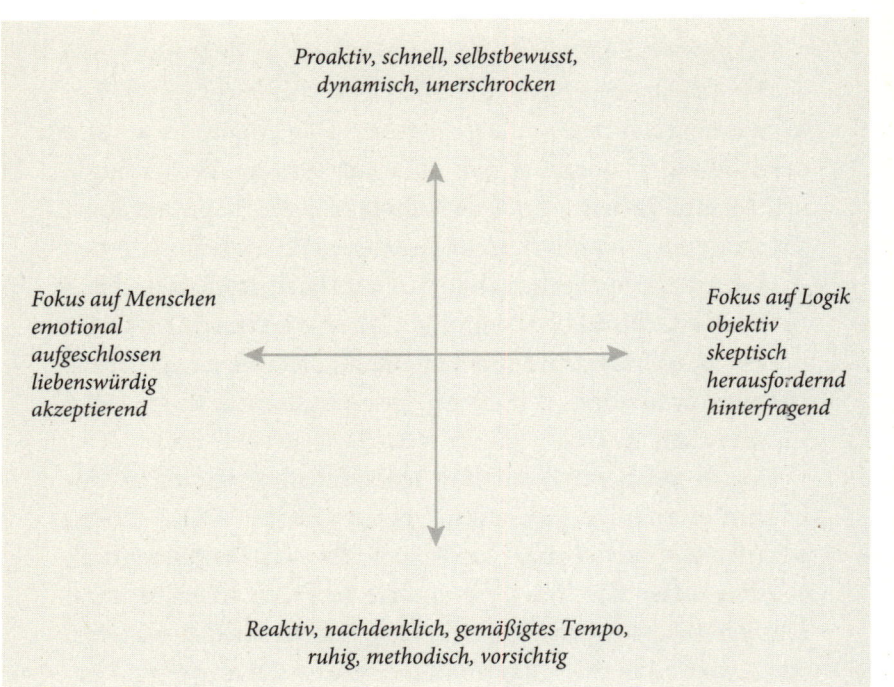

*Proaktiv, schnell, selbstbewusst,
dynamisch, unerschrocken*

*Fokus auf Menschen
emotional
aufgeschlossen
liebenswürdig
akzeptierend*

*Fokus auf Logik
objektiv
skeptisch
herausfordernd
hinterfragend*

*Reaktiv, nachdenklich, gemäßigtes Tempo,
ruhig, methodisch, vorsichtig*

Um einen Persönlichkeitstyp zu definieren, kann man sich einer Grafik mit zwei sich kreuzenden Achsen bedienen. Auf der vertikalen Achse wird die Handlungsvorliebe einer Person abgebildet, also ob der Betreffende eher zu selbstbezogenem Handeln neigt oder lieber reagiert, ob er also proaktiv oder reaktiv veranlagt ist. Die horizontale Achse hingegen vermerkt, ob eine Person eher personen- oder objektbezogen ist, ob eher Gefühle oder Fakten eine Rolle spielen. Das Modell beschränkt sich somit auf zwei Dichotomien: eine Handlungs- und eine Wahrnehmungspräferenz mit jeweils zwei gegenüberliegenden Polen. Es hilft dabei, eine Persönlichkeitsstruktur schnell einzuschätzen. Denn aus den beiden

Achsen ergeben sich vier Felder, die die Grundaspekte der Persönlichkeit darstellen.

Da jeder von uns alle vier Grundaspekte in sich trägt, stellt sich vor allem die Frage, in welchen Persönlichkeitsfeldern ein Mensch sich *hauptsächlich* bewegt. Das Modell soll eine schnelle Zuordnung möglich machen. In meiner Ausbildung spielten die differenzielle Psychologie und die Persönlichkeitspsychologie mit den dahinterliegenden Persönlichkeitstypen und deren dazugehörigen Extremausprägungen eine wichtige Rolle. Für dieses Buch möchte ich Ihnen ein schnell nutzbares Rüstzeug an die Hand geben, damit Sie Ihr Gegenüber richtig einschätzen und erfolgreich mit ihm umgehen können.

Menschen, die eher proaktiv und personenbezogen sind, weisen in der Regel Qualitäten eines Selbstbezogenen auf. Sie bevorzugen personenbezogenes Interagieren. Proaktive Menschen mit Objektbezug lassen sich eher als Dominante, als Macher definieren. Man erkennt sie an ergebnisorientiertem Agieren. Personen, die eher reaktiv sind, aber dennoch einen starken Personenbezug aufweisen, lassen sich als Stetige charakterisieren; diese Menschen kennzeichnet eine eher beobachtende Annäherungsweise. Objektbezug kombiniert mit Reaktivität weisen den Gewissenhaften aus; ordnendes Reflektieren kennzeichnet sein Wesen.

Ob jemand objekt- oder personenbezogen ist, lässt sich leicht an der Sprachstruktur erkennen. Dominante und Gewissenhafte, die häufig objektbezogen sind, sprechen meist über Prozesse, Systeme, Ideen, Aufgaben und Ziele. Menschen werden nicht oft erwähnt. Sie sagen zum Beispiel nicht »unsere Kollegen« oder »unsere zuständige Frau Müller«, sondern verwenden unpersönliche Begriffe wie »die Angestellten«, »die Beschäftigten« oder »Vollzeitkräfte« oder benutzen – noch schlimmer – gleich die Abkürzung »VZK«. Personen werden zu Objekten oder zu Bestandteilen von Prozessen.

Anders verhält es sich bei personenbezogenen Charakteren wie Stetigen, Dramatischen und Selbstbezogenen. Sie sprechen über Menschen und deren Gefühle, mehr noch, sie nennen die Menschen beim Namen und verwenden persönliche Pronomina. Und selbstverständlich kommen Personen in ihren Sätzen vor, da diese auch bei ihrer Entscheidungsfindung eine große Bedeutung haben. Fragt man also jemanden, welche Erfahrungen er bei seiner Arbeit mit einer bestimmten Person gemacht habe, dann wird die Antwort Aufschluss geben. Lautet sie: »Er hat eine sehr effiziente Arbeitsstruktur«, dann kommt diese Antwort eher von einer objektbezogenen Persönlichkeit. Heißt es hingegen »Frau X ist eine sehr angenehme Kollegin, die mit viel Engagement und großer Sorgfalt ihre Arbeit erledigt«, dann ist es wahrscheinlicher, dass jemand spricht, der personenbezogen denkt und handelt.

Was zeichnet die verschiedenen Verhandlungstypen noch aus? Worauf müssen wir uns am Verhandlungstisch einstellen? Den Gewissenhaften haben wir bereits kennengelernt. Für ein handhabbares und leicht anzuwendendes Modell am Verhandlungstisch schauen wir uns noch vier weitere Grundtypen an: den Dominanten, den Selbstbezogenen, den Stetigen und den Dramatischen.

Wie begegnen uns diese Typen? Was bestimmt ihr Handeln? Was sind ihre jeweiligen Stärken? Was auf den ersten Blick wie Sternzeichen-Astrologie wirkt, ist in Wirklichkeit eine valide Grundlage für die erfolgreiche Analyse des Verhandlungspartners.

Wir alle kennen Menschen, die schon mit ihrer puren Präsenz einen Raum zu füllen verstehen. Alle Blicke richten sich auf sie. Sie scheinen fast schon spielerisch den Takt vorzugeben. Sie sind nicht zwangsläufig gefällig im Auftritt – im Gegenteil, Everybody's Darling zu sein ist nicht ihr Ziel. Aber jeder soll sie achten oder fürchten. Wenn Ihnen solche Menschen begegnen, dann haben Sie es mit einem Dominanten zu tun. Entsprechend ist sein Handeln: Stets agiert er oder sie ergebnisorientiert. Dominante sind in der Lage, ihren Zielen alles unterzuordnen. Dominante Typen drängen nach vorn. Sie sind in der Regel ungemein effektiv und gehen sachlich vor. Versteht das Gegenüber nicht schnell genug, worum es geht, oder bleiben Ergebnisse aus, dann reagieren sie ungeduldig.

Während dominante Typen auch von ihren Gegnern für ihr Durchhaltevermögen bewundert werden, sind sie wegen ihrer Unfähigkeit, Kritik anzunehmen, gefürchtet. Für den Dominanten ist die Welt ein Wettbewerbsplatz. Er ist der geborene Boss, und so will er auch gesehen werden. Wo andere noch zögern und abwägen, ergreift er die Initiative und packt an. Er scheut weder die Verantwortung noch die Auseinandersetzung und hat regelrechten Spaß daran, sich im Wettbewerb mit anderen zu messen. Er schätzt Hierarchien – und natürlich ist sein Platz ganz oben. Sein Kleidungsstil ist seiner Selbstwahrnehmung angemessen. Der Kenner soll die Marken seiner Kleidung oder Uhr einschätzen. Er will aber nicht damit protzen.

Zu solchen Leuten sollte man nicht in Konkurrenz treten, sich aber auch nicht kleinmachen, sondern ihnen selbstbewusst gegenübertreten. Jedes Zeichen von Schwäche würden sie nutzen. Ich war vor ein paar Jahren zu einem Coaching in die Spitzenetage einer Bank eingeladen, in der mich 14 Bereichsvorstände erwarteten. Es war der heißeste Tag des Jahres und ich trug einen durchaus edlen Sommeranzug aus hellgrauem Tuch – genau angemessen für den Anlass und die Temperaturen, wie ich damals meinte. Als ich den Konferenzraum betrat, sah ich mich einer Wand von Anzügen in allen Nuancen von Dunkelblau gegenüber. Am progressivsten waren noch die mit den Nadelstreifen. Einer der Vorstände im dunkelblauen Maßanzug kam ruhigen Schrittes direkt auf mich zu und streckte mir seinen Arm entgegen, nicht ohne mich zuvor abschätzend zu mustern. Er sagte deutlich vernehmbar: »Schön, dass Sie hier sind. Wir haben schon eine Menge von Ihnen gehört, und wie ich sehe, haben Sie den Casual Friday schon eingeleitet!« Es war ein Mittwoch, die Lacher waren auf seiner Seite – und auf meine Kosten.

Hier hatte ein Dominanter sein Revier markiert. Hätte ich mich davon in Verlegenheit bringen lassen, so hätte dies meine Autorität untergraben und die Verhandlungsberatung gefährdet. Es war ein allzu offensichtliches Machtspiel. Aber ich musste reagieren: »Wir werden gleich darüber reden, wie man in Verhandlungen über Ähnlichkeiten gute Beziehungen aufbaut, und ich wollte Sie nicht gleich zu Beginn manipulieren!« Meine Antwort hatte den Boss der Bosse befriedigt. Die Grenzen waren gesteckt. Er schmunzelte, und wir arbeiteten erfolgreich zusammen.

Erinnern Sie sich an den US-Wahlkampf 2016? Der spätere Präsident Donald Trump, als Außenseiter gestartet, verkörpert exakt den Typ des Dominanten. Obwohl er allen Regeln der politischen Kunst zuwiderhandelte – er pfiff in seinen Aussagen auf jegliche Political Correctness und setzte stattdessen auf Provokation, verkündete seine Meinung, egal, ob Fakten dagegensprachen, und ließ auch keinen Zweifel daran, dass er sein Ziel mit allen Mitteln durchsetzen wollte –, ging er als Sieger hervor. Nicht ein einziges Mal ließ Trump Zweifel an einem Wahlerfolg auch nur durchscheinen. Im Gegenteil, er strotzte nur so vor Selbstbewusstsein. Selbstzweifel? Fehlanzeige. Auch seine Körpersprache wies ihn als Dominanten aus: Mit Stakkatogesten, also taktartigen Zeigegesten, und raumgreifenden Armbewegungen unterstrich er das Gesprochene.

Ganz anders seine Kontrahentin. Hillary Clinton setzte dem postfaktischen Auftritt Trumps Reflexion und analytischen

Verstand entgegen. Wo Trump seine bloße Meinung als unumstößliche Wahrheit jenseits aller Fakten präsentierte, glänzte sie mit Details. In den Rededuellen war klar: Hier steht eine Kandidatin, die ihre Hausaufgaben gemacht hat. Eine Frau, die sich auskennt. Eine Expertin. Den hitzigen Pöbeleien des Herausforderers setzte sie kühle Sachlichkeit entgegen, war diszipliniert, ihre Gestik war körpernah, und wenn sie doch einmal raumgreifend agierte – wohl weil ihre Berater ihr das empfohlen hatten –, dann geschah dies nur kurz und wirkte wenig authentisch. Sie sollte eine andere Rolle erfüllen und konnte sich nur bedingt gut verstellen. Doch bei aller Glaubwürdigkeit und Kompetenz wirkte sie auch unnahbar und wenig empathisch. Hillary Clinton entspricht damit exakt dem Typ der Gewissenhaften. Vertreter dieses Typus nehmen sich Zeit für ihre Entscheidungen. Sie sammeln Fakten, werten sie aus, wägen sie ab. Gründlichkeit hat für diese harten Arbeiter oberste Priorität – wie für den erwähnten Produkterpresser. Ihr Handeln basiert stets auch auf moralischen Prinzipien.

Pflichtbewusstsein, Zuverlässigkeit und größte Sorgfalt sind für Gewissenhafte selbstverständlich und werden auch von allen anderen erwartet. Dabei werden diese Typen vom Kopf gesteuert – Gefühle, Launen oder gar Begierden werden streng in Schach gehalten. Es versteht sich fast von selbst, dass Gewissenhafte den Austausch mit Gewissenhaften suchen – die enge Verbindung von Hillary Clinton und Angela Merkel, ebenfalls mit einer gewissenhaften Präferenz versehen, ist ein Beleg dafür. Auch wenn Gewissenhafte häufig zu beständigen Beziehungen in der Lage sind, so bleiben sie meistens doch immer etwas distanziert.

Die Betriebsratsvorsitzende, der wir im Kapitel über das Anker-Setzen schon begegnet sind und die den dominanten Unternehmenschef mit einem Anker so gut einzufangen wusste, war eine stetige Persönlichkeit. Sie pflegte nicht zu delegieren, sondern beantwortete jede Mail persönlich. Sie machte sich das Schicksal ihrer Kollegen zu eigen und sicherte sich so deren Vertrauen und Rückhalt. Auf der gegnerischen Seite saß zum einen ein Verhandlungsführer, der ebenfalls die Merkmale einer stetigen Persönlichkeit aufwies. Das war bewusst gewählt. Doch am Tisch saß auch der Verhandlungssteuerer – und der war das genaue Gegenteil: eine durch und durch dominante Persönlichkeit, und es war meine Aufgabe, diesen Mann zu beraten.

Ich hatte ihn gut kennengelernt. Er war ein Macher, der auch im Gespräch keine Zeit zu verlieren pflegte, dessen Sprache durchdrungen war von Äußerungen, die in die Zukunft gerichtet waren und die von schnellen Entscheidungen und Aktionismus zeugten. Wie oft hatte ich ihn sagen hören: »Legen wir los!« Oder: »Jetzt lassen Sie uns keine Zeit verlieren!« Oder: »Machen!« Er neigte zur Ungeduld, verachtete unterwürfige Typen, und am besten begegnete man ihm selbstbewusst, ohne ihm die Show zu stehlen, wie allen Dominanten.

Seine größte Schwäche war in der Tat die Ungeduld, die sich auch schnell äußerte. Dann schoss er Sätze ab wie Pfeile, begann auf den Tisch zu trommeln und tat nichts, um seine Gereiztheit auch nur in Ansätzen zu verbergen. Ich hatte ihn und sein Verhandlungsteam ausgiebig auf die Verhandlungen mit dem Betriebsrat und dessen stetiger Verhandlungsführerin vorbereitet. Seine Rolle war es, die Verhandlung zu steuern, nicht zu führen. So war es zumindest geplant. Vor der ersten Sitzung hatte ich mit jedem einzelnen Teammitglied gesprochen. Ich schulte sie darin, auf bestimmte Dinge zu achten, die sie mir später mitteilen sollten. Und ich selbst lernte dabei, worauf die einzelnen Teilnehmer selbst am meisten Wert legten, wie sie was beobachteten. Dies war wichtig, um ihre späteren Aussagen einordnen zu können.

Die Verhandlung begann. Als externer Berater war mein Platz nicht am Verhandlungstisch, sondern in einem Nebenraum. Dort traf ich in einer Verhandlungspause die Teilnehmer und ließ mir den Verlauf der bisherigen Verhandlung schildern. Den Anfang machte der Teilnehmer, der in unserem Team auf der niedrigsten Stufe der Hierarchie stand. Denn so wollte ich verhindern, dass durch den Chef eine Meinung vorgegeben wurde, der sich alle anderen anschlossen und die sich dann radikalisierte. Wir hatten absolute Offenheit vereinbart. Ich musste wissen, was hinter den schweren Türen des Sitzungssaales vor sich ging. »Ich glaube, es lief nicht so gut«, sagte mein Gesprächspartner. Er beschrieb, wie sich zu Beginn alle im Team an ihre Rollen gehalten hatten. Der Verhandlungsführer und die Betriebsratsvorsitzende hatten durchaus einen Beziehungsaufbau hinbekommen. Es waren ja beides stetige Charaktere mit ausgeprägtem Personenbezug. Und so ging es detailliert voran in der Verhandlung, Einzelschicksale wurden angesprochen.

Der Verhandlungssteuerer, der zu diesem Zeitpunkt gar keine andere Aufgabe gehabt hätte als zuzuhören, begann nach der Schilderung des Teammitglieds mit dem Füller auf den Tisch zu klopfen. Er sei auf seinem Stuhl hin- und hergerutscht, habe hörbar ein- und ausgeatmet und somit seinen Unwillen gezeigt. Schließlich habe er gar nicht mehr an sich halten können. Er sei der Verhandlungsführerin barsch ins Wort gefallen: »Das gehört hier jetzt nicht hin!«, und habe seinem Verhandlungsführer das Heft aus der Hand genommen. »Ich kam mir ziemlich blöd vor, regelrecht abgekanzelt«, beschrieb dieser später die Szene. Der Chef habe die Agenda umgestaltet und die gesamte Sitzung dominiert. Er habe Bedenken der Gegenseite mit einem Satz vom Tisch gewischt, und so sei es zu einer Verhärtung der Positionen gekommen. Jeder, den ich befragte, bestätigte diese Version.

Es war eine vertrackte Situation. Der Chef hatte mit seinem Vorpreschen alles zerstört, was zuvor mühsam an Beziehung und Vertrauen aufgebaut worden war. Er hatte die ihm zugewiesene Rolle innerhalb des Verhandlungsteams verlassen und seinen Verhandlungsführer öffentlich desavouiert. Wir mussten dringend gegensteuern. Nun saß der Chef selbst vor mir. Ich ließ mir auch von ihm die Situation schildern. »Ich habe gehört, Sie haben in die Verhandlung eingegriffen?« Er bestätigte das: »Es ging nichts vorwärts. Wir drehten uns im Klein-Klein.« Da habe er eingegriffen. Schuldbewusstsein strahlte er nicht aus. Ich fragte nach: »Und, sind Sie weitergekommen?« Er schwieg einen Augenblick. »Nein.«

Diese Erkenntnis war wichtig. »Was passiert denn, wenn wir nicht weiterkommen?« – »Das können wir uns nicht leisten. Die Zeit drängt, deshalb bin ich ja eingeschritten!« – »Weiß die Gegenseite von dem Zeitdruck?« – »Natürlich!« – »Was müsste denn passieren, damit es jetzt wieder weitergeht?«, fragte ich. »Dann müssen wir jetzt neu am Beziehungsaufbau arbeiten!« Er hatte es begriffen. Wir bereiteten ihm einen Text vor, den er verinnerlichen musste, um ihn frei und glaubwürdig vorzutragen.

Die nächste Sitzung eröffnete er, indem er sich direkt an die Betriebsratsvorsitzende wendete: »Die Veränderungen in unserem Haus sind notwendig für unser Bestehen am Markt. Das Schicksal vieler Menschen hängt davon ab, wie wir entscheiden. Das lässt auch mich nicht kalt. In der letzten Sitzung sind die Gefühle mit mir durchgegangen und ich habe auf unangemessene Weise reagiert. Ich bitte Sie herzlich, meine Entschuldigung anzunehmen. Mein Verhalten war unmöglich, das ist mir bewusst!« Und dann setzte er noch einen erfolgreichen Anker: »Ich habe Ihre Arbeit und Ihr Engagement für die Mitarbeiterinnen und Mitarbeiter im Haus schätzen gelernt. Und ich bin überzeugt, dass wir beide dasselbe wollen: so viele Arbeitsplätze wie möglich zu erhalten und schnellstmögliche Planungssicherheit für alle Betroffenen zu schaffen. Ich bitte Sie herzlich, die

*Verhandlungen mit meinem Kollegen in diesem Sinne fortzu-
setzen.« Der Schaden war dadurch abgewendet.*

Charmanter und umgänglicher als der Dominante, herzlicher
und zugewandter als der Gewissenhafte – so lässt sich der
Selbstbezogene beschreiben. Sein Auftritt erscheint wie eine
einzige große Umarmung. Wo er ist, herrscht Fröhlichkeit.
Das Umfeld wird zwangsläufig zum Publikum, und weil der
Selbstbezogene mitreißend und unterhaltsam ist, noch dazu
wunderbar mit anderen interagieren kann, nimmt das Umfeld diese Rolle gerne an. Wenn man dem Dominanten die
große Bühne oder die Wettkampfarena und dem Gewissenhaften den Schreibtisch als symbolischen Ort zuordnen kann,
dann drängt sich beim Selbstbezogenen der rote Teppich auf.
Er sucht das Blitzlichtgewitter, gibt es ihm doch Bestätigung.
Denn sosehr er seine Stärken kennt und so ambitioniert er
auch ist, das Selbstbewusstsein des Selbstbezogenen ist durchaus Schwankungen unterworfen. Nicht zuletzt dies wirkt auch
immer wieder als Motivator, sich hochzukämpfen. Selbstbezogene Menschen sind ehrgeizig. Sie kämpfen für ihren Auf-
stieg, sind visionär. Macht und Erfolg sind ihnen genauso
wichtig wie die ideale Liebe.

Ein perfekter Vertreter dieses Typs ist Nicolas Sarkozy. Ex-
zentrisch, charmant und mit einem Hang zur Selbstdarstellung versehen, bediente der »Omnipräsident« – so ein politi-
scher Gegner über ihn – nicht nur die Politikredakteure,
sondern auch die Vertreter der Boulevardmedien. Sei es durch
seine glanzvolle Feier zum Amtsantritt, bei der auch die
Kunst- und Showszene eingeladen war, sei es durch Bilder mit
seiner späteren Gattin, dem Model Carla Bruni, beim Strand-
urlaub – Sarkozy spielte mit den Medien und gab ihnen frei-
giebig Futter. Sein mediales Geltungsbewusstsein war derart
groß, dass ein Soziologe sogar einen Sarkozy-freien Tag ge-

fordert hatte. Sarkozys große, runde Gesten, mit denen der eher kleine Mann jeden Raum auszufüllen schien, wirkten wie Umarmungen. So leicht es ihm scheinbar fiel, auf Menschen zuzugehen – seine Interaktion blieb an der Oberfläche. Wenn er sich anderen zuwandte, diente diese Hinwendung in Wirklichkeit als Verstärker des eigenen Strahlens. So ist es nicht verwunderlich, dass Bundeskanzlerin Merkel mit dem ihr politisch eigentlich näherstehenden Sarkozy eher eine Art Hassliebe verband, wohingegen sie wesentlich besser mit seinem nüchterneren Nachfolger Hollande klarkam. Denn echtes Einfühlungsvermögen in die Bedürfnisse anderer ist den Selbstbezogenen in der Regel nicht gegeben.

Ein weiteres Beispiel ist Hermann Bühlbecker. Seinen Namen kennt die breite Öffentlichkeit eher nicht, wohl aber seine Fotos, die einem aus nahezu jeder Illustrierten entgegenlächeln. Stets befindet er sich in Begleitung internationaler Prominenter. Eine strahlende Erscheinung mit wallendem grauen Haar, auffälligen Anzügen, illustrem Freundeskreis und einer Firma, die für bodenständige Produkte steht: Aachener Printen. Doch die und sich setzt er in Szene – verknüpft mit Wohltätigkeit, indem er zum Beispiel Topmodels in Kleidern aus Süßigkeiten über den Laufsteg schickt. Anders als der Dominante hat der Selbstbezogene das tiefe Bedürfnis, gemocht und bewundert zu werden. Viel Feind, viel Ehr – was den Dominanten antreibt, stürzt den Selbstbezogenen in Depressionen. Er braucht gute Beziehungen. Er sehnt sich nach Lob und Anerkennung. Soziale Zurückweisung ist seine heimliche Angst – REWE-Chef Caparros selbst erzählte, welche Triebfeder für ihn die Zurückweisung durch sein Umfeld war, als seine Eltern nach dem Algerienkrieg alles verloren hatten und nach Frankreich zurückkehren mussten. Der Selbstbezogene blüht auf, wenn ihm Aufmerksamkeit geschenkt wird, dann geht er aus sich heraus und rockt den Saal.

Im negativen Fall zeigt er narzisstische Züge und verspricht Dinge, die er nicht halten kann.

Das genaue Gegenteil des Selbstbezogenen ist der Stetige. Im Meeting geht der Kaffee aus? Der Stetige besorgt sofort neuen. Er macht auch die Kopien, hilft, wo er nur kann, handelt jedoch stets aus der Rolle des vorsichtig Beobachtenden heraus. Der Stetige dient – konfliktfreudig ist er nicht –, es sei denn, er hat ein Ziel zu erreichen, das seinen Werten entspricht, wie es bei der Betriebsratsvorsitzenden der Fall war, die, von der Anhänglichkeit der Belegschaft getragen, für den Arbeitsplatz eines jeden Einzelnen kämpfte.

Sein loyaler Charakter und sein Harmoniebedürfnis machen den Stetigen zum großartigen Teamplayer. Seine Gesten sind bescheiden, körpernah, aber vor allem zugewandt: Er nickt häufig, richtet seine Körperhaltung auf den Gesprächspartner aus. Doch in Verhandlungsrunden ist er nur einzusetzen, wenn ihm seine Risiken bewusst sind. Er hat ein großes Harmoniebedürfnis. Das macht ihn manipulierbar und angreifbar. Nie würde er selbst etwas entscheiden, ohne sich vorher umfassend Rat geholt zu haben und sich flächendeckend abzusichern. Allerdings reagiert er auch am Verhandlungstisch auf Harmonieentzug schnell mit Nachgeben. Er verabscheut den Konflikt und möchte ihn am liebsten umgehen. Was einerseits ein Risiko ist, ist andererseits eine Stärke. Er hat häufig auch eine ausgeprägte Empathie, also die Fähigkeit und Bereitschaft, Empfindungen, Gedanken, Emotionen, Motive und Persönlichkeitsmerkmale seines Verhandlungspartners zu erkennen und zu verstehen. Wenn Personen mit dieser Präferenz ihre Risiken erkennen und ihre Stärken nutzen, können aus ihnen hervorragende Verhandler werden. Wo also der Dominante die Auseinandersetzung sucht, um sich zu messen, der Gewissenhafte um der richtigen Lösung willen streitet und der Selbstbezogene die Anerkennung sucht, leidet der Stetige bereits, wenn sich ein Konflikt auch nur abzeichnet.

Dramatische Präferenzen schließlich sind weder zu übersehen noch zu überhören. Die Fähigkeit dieser Menschen, intensiv zu erleben und zu fühlen, und ihre fehlende Scheu, andere an diesem Erleben und Fühlen teilhaben zu lassen, macht sie schnell zum Mittelpunkt einer jeden Veranstaltung. Allerdings lösen sie – anders als die Dominanten – keine Furcht aus, sondern eher Sympathie oder Genervtheit. Kalt lassen sie niemanden. »Ich habe viele nette Menschen kennengelernt, auch fraktionsübergreifend«, sagte der ehemalige CDU-Bundestagsabgeordnete Wolfgang Bosbach in seiner letzten Rede im Deutschen Bundestag und fuhr fort: »Viele werde ich vermissen, sogar Claudia Roth irgendwie!« Thematisch übereingestimmt hatten der Unionsmann und die Grüne Bundestagsvizepräsidentin so gut wie nie, aber ihr entziehen konnte sich auch Bosbach nicht. Roth ist ein Paradebeispiel für den dramatischen Typ. Unbelastet von Detailtiefe, aber meinungsstark agiert sie laut vernehmlich aus dem Bauch heraus. Gefühle sind ihr nicht peinlich. Wo andere verschämt ein Tränchen verdrücken, bricht Roth auf offener Szene in Tränen aus. Wo andere zu bluffen versuchen, lässt sie ihren Gefühlen freien Lauf. Es wird laut gelacht, geschluchzt, die Stimme vibriert. Selbst wenn man den Ton abschaltet, weiß man, was in ihr vorgeht: Mimik und Gestik liegen selbst für den Laien da wie ein offenes Buch. Wo Angela Merkel mimisch so reduziert ist wie die Gebäudeformen des Minimalismus, erinnert Claudia Roth an einen Stummfilmstar mit überdimensioniertem Spiel.

Die meisten Menschen, denen ich begegnet bin, sagten mir in Bezug auf Frau Roth, sie sei furchtbar nervig, schrecklich anstrengend und komplett unsachlich. Und fast alle sagten nach einer Pause: »Aber irgendwie mag ich die!« Die Dramatischen haben ihren – wichtigen – Platz in unserer Mitte, diese Paradiesvögel, denen es immer um den Auftritt, aber so gut wie nie um Macht geht, die auffallen wollen, aber dazu nicht protzen müssen. Ihnen geht es um ihre Überzeugungen, um das gefühlt Richtige. Dramatische Typen kompensieren ihren mangelnden Sinn für strukturiertes Arbeiten durch ihre offene Art, Menschen zu gewinnen und zu motivieren. Sie bezaubern, bezirzen und sind deshalb oft perfekte Verkäufer.

In ihrem Gefolge finden sich oft Menschen, die das genaue Gegenteil sind, die für die Organisation sorgen und Ideen umsetzen, sich aber nicht dazu eignen, den Eisbrecher für neue Ideen und Wege darzustellen – eine symbiotische Verbindung. Wer es am Verhandlungstisch mit einem Dramatischen zu tun hat, der möge Geduld mitbringen: Details werden zugunsten von Geschichten und Anekdoten vernachlässigt, Gefühlsausbrüche gehören zum Umgangston. Kommt es zur Kollision mit einem Dramatischen, dann seien Sie nicht nachtragend. Er ist es auch nicht. Aber gehen Sie auf Ihren Gesprächspartner ein, zeigen Sie Wertschätzung: für die Person, aber auch für die eigenwillige Krawatte. Es tut nicht weh, hilft aber.

Es gibt jedoch nicht nur liebenswerte »dramatische Persönlichkeiten«. Manchmal gesellt sich noch die eine oder andere Präferenz dazu, die dazu führt, dass diese Persönlichkeiten auch stark manipulativ agieren können.

»Ich bitte Sie, seien Sie doch nicht so prüde!« Die das sagte, trug ihr langes, mit Wasserstoffperoxid gebleichtes Haar zu einer kunstvollen Frisur auftoupiert. Ich saß mit ihr in einem Polizeirevier in der norddeutschen Provinz. Die Vorwürfe, die gegen sie erhoben wurden, wogen schwer: illegale Prostitution, Menschenhandel und organisierte Kriminalität. Die Frau, behangen mit Goldschmuck von den Ohren bis zu den Fingern, stand im dringenden Verdacht, durch Mittelsmänner junge Frauen aus der

Ukraine mit dem Versprechen, ihnen einen Job in der Gastronomie zu besorgen, nach Deutschland zu locken und zur Prostitution zu zwingen. Deren Familien zu Hause wurden als Druckmittel eingesetzt, wenn die Frauen aufbegehrten. Deutschlandweit hatte diese Dame ihr Netz gespannt, so unsere Ermittlungen. Nun saß sie vor mir und ich wollte sie dazu bewegen, weitere Hintermänner preiszugeben. Natascha P. war Ende 40. Sie war eine Frau, die bei allem, was sie sagte und tat, dramatisch überzog. Sie versuchte gar nicht zu leugnen, dass die jungen Frauen als Prostituierte tätig waren. Sie drehte den Spieß ganz einfach um und wollte uns weismachen, dass sie nur Gutes täte – und zwar für alle Beteiligten. »Schau mal« – sie duzte mich auf einmal wie selbstverständlich, nutzte einen kumpelhaften Ton und zwinkerte mir dabei zu –, »schau mal, die Mädchen haben jetzt doch eine wirkliche Chance! Wenn du wüsstest, wie arm sie sind! In der Heimat haben sie gar keine Chance. Hier können sie so viel verdienen, dass sie ihre Familien unterstützen können und für sich selber eine Zukunft aufbauen.« Sicher sei es am Anfang nicht ganz einfach, aber niemand wisse so gut wie sie selbst, dass es sich doch nur um ein Gewerbe handle, das älteste der Welt im Übrigen, und dass man sich sehr schnell daran gewöhne. »Es ist doch nur ein Job – noch dazu ein gut bezahlter.«

Natürlich ging ich auf die Flirtversuche nicht ein. So amüsant ich Natascha P. einerseits fand, so sehr stieß sie mich ab. Ich hatte einige der jungen Frauen gesehen, die für sie anschaffen gingen. Manche von ihnen ertrugen die Arbeit nur, indem sie ihre Gefühle mit Drogen betäubten. In einer mittelgroßen Stadt betrieb Natascha unterirdische Bordelle. In einem weitverzweigten Bunkersystem hatte sie Matratzenlager errichten lassen – dunkel, stickig, schmutzig –, auf denen die teils blutjungen Frauen bis zu 30 Freier am Tag bedienen mussten. Es war widerlich. Für mich bis heute unvorstellbar, dass so viele Männer den Weg in diese in jeder Hinsicht unterirdische Welt fanden.

Natascha saß wie die Spinne im Netz. Unterstützt von ihrem Mann, koordinierte sie alles. Sie selbst war früher Prostituierte gewesen und sprach mit größter Unbekümmertheit davon. Sie trat durchaus fürsorglich auf, wenn es um ihre Mädchen ging, wie sie sie nannte, und gab ihnen tatsächlich so etwas wie Zuneigung. Sie gab vor, eine von ihnen zu sein, genau zu wissen, wie sich jemand fühlte, und war doch meilenweit von den geschundenen Kreaturen entfernt. Sie führte ein Luxusleben, das sie den jungen Mädchen immer wieder vorführte: »Seht her! Ich habe es geschafft, das könnt ihr auch!« Natürlich mussten die jungen Frauen erst mal Geld abgeben. Immer wieder wurden sie vertröstet, dass dies ja alles nur am Anfang so sei und sie irgendwann das große Geld machen würden. Immer wieder malte Natascha den Einzelnen aus, wie rosig ihre Zukunft aussehen könnte, dass sie bald Geld für ein Studium hätten und sich ein bürgerliches Leben in Wohlstand aufbauen könnten.

Natürlich kam es nie dazu. »Ich tue Gutes! Ja, ich tue Gutes – nicht nur für die Mädchen, auch für die Männer hier und vor allem für die anderen Frauen!« Während sie das sagte, beschrieben ihre Arme ausladende Gesten, ihre Goldarmreifen an den Handgelenken klimperten genauso wie die falschen Wimpern an den Augen. »Wir verhindern, dass Frauen vergewaltigt werden, weil wir den Jungs eine Möglichkeit geben, ihre Triebe auszuleben. Hätten wir das nicht, dann würden viel mehr Frauen vergewaltigt werden!« Das Erschütternde war, dass in dieser kleinen norddeutschen Stadt, in der wir gerade saßen, tatsächlich jeder wusste, was Natascha P. trieb. Wie wir ermittelt hatten, waren ihre Bordelle gut frequentiert, auch Honoratioren der Stadt gehörten zu ihren Stammkunden. Sie wussten, dass diese Bordelle illegale Prostituierte beschäftigten. Aber sie schauten weg. Sprach man mit den jungen Frauen, die überwiegend aus der Ukraine kamen, dann hörte man kein böses Wort über Natascha. Es war ihr gelungen, das Vertrauen der jungen

Frauen nicht nur zu erlangen, sondern auch zu benutzen. Und das, obwohl der versprochene Wohlstand ausblieb. Und das, obwohl die Lebensumstände menschenunwürdig waren. Natascha P., die Dramatische, verstand es, Wärme zu geben, dabei war sie eiskalt. Sie agierte im Auftrag russischer Hintermänner, warb die jungen Frauen in der Ukraine an, nahm ihnen die Pässe weg, schickte sie in ihre Bordelle durch das ganze Land. Sie hatte ein Netz von Ärzten organisiert, die, ohne großartig Fragen zu stellen, die vorgeschriebenen Untersuchungen vornahmen und die regelmäßig geforderten Gesundheitsbestätigungen ausstellten.

Während unserer Vernehmungen zog die Bordellbetreiberin sämtliche Register. Von großer Herzlichkeit über Kleinmädchengekicher bis hin zu Wutausbrüchen, die sofort wieder von verschmitztem Lächeln abgelöst wurden, reichte die Palette ihrer Gefühlsäußerungen. Sie konnte einem unglaublich auf die Nerven gehen, aber sie schaffte es, dass man sie irgendwie auch sympathisch fand. Sobald Sie eine Szenerie betrat, stand sie im Mittelpunkt, nicht nur wegen ihrer auffälligen Kleidung. Ihr ganzes Wesen gierte nach Aufmerksamkeit und erhielt sie. Sie war eine dramatische Persönlichkeit mit starkem Personenbezug. Sie war stark manipulativ und hatte psychopathische Züge. Ihre Liebe galt ihrer Familie, ihrem Mann, ihrer Mutter, dem Bruder und dem kleinen Neffen, den sie vergötterte. Hier konnten wir ansetzen, als es darum ging, mehr zu erfahren, denn Bruder und Neffe hatten keine Aufenthaltsgenehmigung. Käme sie ins Gefängnis, wäre nicht nur das Geld weg, sondern in der Ukraine würde der Familie das Elend drohen. Wollte man mit ihr über Details und Fakten sprechen, so griff sie sich an die Stirn und rief: »Hör auf! Ich bekomme Kopfschmerzen!«

Sie hörte erst hin, wenn man ihr die Konsequenzen für die Familie aufzeigte. Nun hätte man Natascha P. abtun können als eine schrille Halbweltdame, die am Rande der Legalität agierte.

Immerhin waren ihre »Mädchen« volljährig. Doch wie die Ermittlungen schließlich ergaben, hatte die geschäftstüchtige Bordellbesitzerin nicht nur einen Ring illegaler Prostitution aufgebaut, bei dem sie hoffnungslose junge Frauen unter falschem Vorwand und falschen Versprechen zur Prostitution überredete und gnadenlos ausnutzte. Nein, sie vermittelte die Frauen, wenn sie nicht mehr in der Lage waren, dieser Arbeit nachzugehen, weiter an Organhändler in der Ukraine. Die Frauen wurden getötet, ihre Organe verkauft. All das wusste Natascha, wenn sie wieder eines der Mädchen an ihre Brust drückte und von den großen Chancen schwärmte, die sie ihm doch gebe, wenn es nur ein bisschen durchhielte.

Sie fragen sich gerade, welchem Typ Sie wohl entsprechen, und finden sich in verschiedenen Beschreibungen wieder? Das ist kein Wunder. Schließlich sind alle Typen in uns angelegt, allerdings in unterschiedlicher Ausprägung. Durch kluge Selbstbeobachtung können wir feststellen, welcher Aspekt der Persönlichkeit sich in konkreten Situationen gerade Bahn bricht, und eventuell gegensteuern. Und natürlich können wir auch erkennen, welchem Typ unser Verhandlungsgegner entspricht, und uns entsprechend darauf einstellen.

Wenn Sie nun auch selbst bestimmen wollen, welche Persönlichkeitspräferenz bei Ihnen dominiert, so finden Sie einen Schnelltest zur Bestimmung Ihrer eigenen Persönlichkeit unter https://www.c4-quadriga.eu/center-for-negotiation/.

Wie geht man nun am besten mit den unterschiedlichen Verhandlungstypen um?

Praktische Tipps

Verhandeln mit Dominanten

- Akzeptieren Sie, dass Ihr Gegenüber so ist, wie es ist. Keine Konkurrenz, kein Alpha-Gehabe.
- Behalten Sie Ihr Selbstwertgefühl und Ihre Stärke: Der Dominante hat kein Verständnis für Schwächlinge und Jasager.
- Präsentieren Sie sich als wertvolle und selbstbewusste, aber nicht konkurrierende Persönlichkeit.
- Verhandeln Sie hart zu Ihren Gunsten, halten Sie dagegen. Vermeiden Sie aber, dass der Dominante sein Gesicht verliert.
- Vermeiden Sie, ihn zu einer ultimativen Aussage zu provozieren.
- Achten Sie sehr konsequent auf das Nutzen der Tit-for-Tat-Regel.
- Sprechen Sie die Vernunft an, nicht die Gefühle.
- Verzeihen Sie harte Attacken und verbale Entgleisungen.
- Akzeptieren Sie Wutausbrüche, vermeiden Sie aber, diese auszulösen.
- Ziehen Sie Ihren Verhandlungsgegner auf Ihre Seite, indem Sie ihn um Rat fragen: »Was würden Sie tun, wenn Sie auf meinem Stuhl säßen?« (Er antwortet Ihnen darauf.)

Verhandeln mit Gewissenhaften

- Gewissenhafte mögen moderat extrovertierte Menschen und andere Gewissenhafte.
- Sie haben oft Probleme mit Menschen mit selbstbezogenen, kämpferischen und wachsamen Akzentuierungen.
- Achten Sie darauf, gut vorbereitet zu sein, oder schicken Sie eine gewissenhafte Persönlichkeit.
- Stellen Sie sich auf Detailarbeit und kleinteiliges Vorgehen ein. Bereiten Sie sich auch mit Zahlen, Daten und Fakten vor.
- Loben dürfen Sie seine Detail- und Sachkenntnis.
- Vermeiden Sie zu viel persönliches Lob. Das empfindet er als übergriffig oder manipulativ.

- Gewissenhafte Menschen streben eine nachhaltige und faire Lösung an. Geben Sie wohldosierte emotionale Bestätigung, erwarten Sie diese aber nicht zurück.
- Die Beziehungsphase wird hier meist kurz gehalten.
- Reden Sie über Persönliches nur, wenn der andere damit beginnt.

Verhandeln mit Selbstbezogenen

- Schicken Sie jemanden, der nicht zu viel Anerkennung braucht.
- Schicken Sie keine Menschen mit aggressiver oder stark wachsamer Akzentuierung.
- Vermeiden Sie Kränkungen. Auf Kränkungen reagieren Selbstbezogene sehr aggressiv.
- Übertrumpfen Sie ihn nicht, aber stehen Sie auch nicht zu weit zurück.
- Geben Sie ihm einen Auftritt. Gewähren Sie ihm Lob und Anerkennung. Was bei dem Gewissenhaften schnell zu viel ist, können Sie hier verschwenderisch nutzen.
- Bewundern Sie ihn und seine Leistung, sein Vorgehen, seinen Geschmack. Er braucht das Gefühl, bewundert zu werden.
- Bieten Sie ihm einen Ausweg ohne Gesichtsverlust. Sein Gesicht zu wahren ist ein zentrales Bedürfnis des selbstbezogenen Menschen.
- Bauen Sie eine Vorstellungswelt auf, wie er das Ergebnis der Verhandlung bei seinen Leuten präsentiert.

Verhandeln mit Dramatischen

- Achten Sie auf eine intensive Beziehungsphase.
- Stellen Sie sich auf viel Small Talk und viele Erzählungen ein.
- Loben Sie, wertschätzen Sie, geben Sie Komplimente! Reagieren Sie auf die Person und auf Persönliches.
- Nutzen Sie die Agenda zur Verhandlungssteuerung und steuern Sie den Prozess.
- Erwarten Sie keine Details.

- Seien Sie großzügig, wenn Termine vergessen werden oder andere Verantwortlichkeiten nicht klappen.
- Nutzen sie emotionale Labels: »Ich habe das Gefühl …«, »Es scheint so, als ob …«
- Suchen Sie bei Begründungen auch immer den Personenbezug. Das spielt in seiner Entscheidungswelt eine große Rolle.
- Eine emotionale Explosion ist für eine dramatische Persönlichkeit schnell vorbei.
- Wiederholen Sie keine ultimativen Aussagen; sie waren meist ohnehin nicht so gemeint.
- Dramatische Persönlichkeiten sind nicht nachtragend, seien Sie es auch nicht.

Mimik, Gestik, Sprachmuster – das alles hilft uns zu erkennen, wer vor uns steht. Die Verhandlungstypen zeichnen sich nämlich nicht nur durch den zurückhaltenden bis raumfüllenden Auftritt aus, sondern auch durch ihre Sprachmuster. Sobald Sie den Persönlichkeitstyp ihres Gegenübers identifiziert haben, können Sie sich sprachlich auf ihn einstellen. Dies führt auf der unbewussten Ebene zu einem sehr starken Vertrauen.

In meiner Ausbildung habe ich das für Telefonverhandlungen kennen- und nutzen gelernt. Es ist immer wieder faszinierend, wie schnell sich hiermit eine positive Beziehung aufbauen lässt. Übrigens kennen Sie selbst die Wirkung von Sprachmustern. Wenn Sie einen Beitrag oder ein Buch lesen, werden Sie vielleicht auch schon festgestellt haben, dass sich ein Text mehr oder weniger gut liest. Die eine Art zu schreiben empfinden Sie als »flüssiger« und »angenehmer«, die andere Art als »schwergängig« oder »anstrengend« zu lesen. Das liegt vor allem auch daran, ob der Autor in Ihren eigenen Sprachmustern schreibt oder eben nicht. Fortgeschrittene und Profis konzentrieren sich deshalb in den Verhandlungen darauf, *wie* Ihr Gegenüber spricht, nicht nur darauf, *was* er sagt.

Dabei können die Muster von Dominanten, Selbstbezogenen und Dramatischen durchaus übereinstimmen. Denn alle drei zeichnet ein proaktives Sprachmuster aus:

Sprachmuster der Dominanten und Selbstbezogenen
(zum Teil auch der Dramatischen)

Stichwort: proaktiv

Charakteristische Haltung: machen, loslegen, erledigen, nicht warten, nicht zögern

- »Genau jetzt ist der richtige Zeitpunkt …«
- »Je schneller Sie damit beginnen, desto eher …«
- »Legen wir gleich los …«
- »Wozu warten …«
- »Sie können jederzeit …«

Proaktive Verhandlungspartner erkennt man zudem an der Satzstruktur.

- Sie nutzen kurze, klare Sätze.
- Sie sprechen, als hätten sie Kontrolle über ihre Umgebung.
- Sie sprechen direkt.
- Im Extremfall rollen sie wie eine Dampfwalze über alles hinweg.

Dramatische Persönlichkeiten sind ebenfalls proaktiv. Im Sprachmuster unterscheiden sie sich jedoch von den Dominanten oft dadurch, dass sie ausschweifender reden.

Proaktive Körpersprache

- Anzeichen von Ungeduld
- Klopfen mit dem Bleistift
- Schnelle Redeweise
- Viel Bewegung
- Schwierigkeiten, lange ruhig zu sitzen

Sprachmuster der Gewissenhaften und Stetigen

Stichwort: reaktiv

Charakteristische Haltung: verstehen, nachdenken, warten, analysieren, berücksichtigen

- »Könnte; würde; sollte«
- »Nachdem wir es nun analysiert haben …«
- »Lassen Sie uns mal gemeinsam darüber nachdenken …«
- »Das wird Ihnen deutlich machen, warum …«
- »… und wenn Sie sich dann überlegt haben …«

Die Satzstruktur reaktiver Verhandlungspartner:
- Sie benutzen lange, verschachtelte Sätze.
- Sie sprechen, als würden sie von der Welt kontrolliert, als würden ihnen die Dinge zustoßen. Sie glauben an Glück oder Schicksal.
- Häufiges Erwähnen von Nachdenken, Analysieren, Verstehen, Warten oder prinzipiellen Fragen.

Reaktive Körpersprache
- Kann ohne Schwierigkeiten lange sitzen
- Wirkt eher nachdenklich

Auch Dominante und Gewissenhafte, Stetige und Selbstbezogene haben Gemeinsamkeiten in ihrer Sprachstruktur. Und zwar dann, wenn es um Personen- oder Objektbezogenheit geht:

Sprachmuster der Gewissenhaften und Dominanten

Stichwort: objektbezogen

- Sie sprechen über Prozesse, Systeme, Werkzeuge, Ideen, Aufgaben und Ziele.
- Sie erwähnen Menschen nur selten und möglichst in Form von unpersönlichen Pronomina wie »sie« oder »man«.

Sprachmuster der Selbstbezogenen, Dramatischen und Stetigen

Stichwort: personenbezogen

- Sie sprechen über Gefühle, Gedanken und Erlebnisse mit Menschen.
- Sie nennen Personen beim Namen.

Epilog
Geisel der eigenen Gedanken oder flexibler Verhandler? Sie haben die Wahl!

Eine Reise durch die Welt der Verhandlungen geht nun zu Ende. Und doch beginnt sie jetzt erst, richtig interessant zu werden. Denn Verhandeln kommt von Handeln. Sie sind jetzt gefragt, die Dinge umzusetzen. Verhandeln hat auch etwas mit Verhaltensänderung zu tun. Sie werden Taktiken wiedererkannt haben, die Sie schon richtig machen. Sie werden aber auch Taktiken kennengelernt haben, die Sie noch nie probiert haben oder von denen Sie noch nie gehört hatten.

Es ist nun Zeit, diese Taktiken zu einem Bestandteil Ihres wohlsortierten Verhandlungskoffers zu machen – zu weiteren Werkzeugen, die Sie bei Bedarf einsetzen. Werkzeugen, die Sie zu einem immer flexibleren Verhandlungsführer werden lassen – einem Verhandler, der in jeder Situation die Kontrolle behält, da er das richtige Werkzeug einsetzen kann.

Über eine große Anzahl von Verhaltenstaktiken zu verfügen ist wichtig, da eine Verhandlung von dem kontrolliert wird, der am flexibelsten agieren kann. Wahlmöglichkeiten sind besser als keine Wahlmöglichkeiten. Mehrere Taktiken sind besser als nur eine. Inflexibilität lähmt, macht handlungsunfähig. Flexibilität ist der Schlüssel zum Erfolg. Und sie verhindert, dass Sie selbst zur Geisel der eigenen Gedanken werden. Denn bestimmte Gedanken und Überlegungen können Sie daran hindern, Neues auszuprobieren. Sie können Ihre Verhandlungsfähigkeiten limitieren.

Sie werden vielleicht Sorge davor haben, emotionale Labels zu nutzen, weil es für Sie ungewohnt ist, Emotionen anzusprechen. Sie werden möglicherweise eine Scheu davor haben, die Wie-Fragen zu nutzen, da Sie Angst davor haben, als »schwach« wahrgenommen zu werden. Sie werden vielleicht auch vor dem Gang in die Sackgasse zurückschrecken oder dem dreifachen Ja beim Trinity-Test ausweichen. Oder Bauchschmerzen haben, einen Anker zu setzen. Lassen Sie nicht zu, dass Sie aufgeben, bevor Sie angefangen haben, und dass Ihre Ängste vor dem Neuen Sie dominieren.

»Zu einem guten Ende gehört auch ein guter Beginn«, wie der chinesische Philosoph Konfuzius einmal sagte. Wenn Sie ein besserer Verhandler werden wollen, dann nehmen Sie sich die Inhalte dieses Buches am besten stückchenweise vor. Suchen sie sich jede Woche eine Taktik heraus und erproben Sie diese. In der ersten Woche Taktik 1, in der zweiten Woche Taktik 1 und Taktik 2. In der dritten Woche die Taktiken 1, 2 und 3. Und so weiter. Nehmen Sie die Grafik des F.I.R.E.-Concept of Control und kopieren Sie diese. Stecken Sie sie in die Hosentasche. Sie wirkt dann wie ein Spickzettel. (Und den haben wir in der Schule auch irgendwann nicht mehr gebraucht.)

Stückweise wird das aufgeführte neue Wissen nun Bestandteil Ihrer Verhandlungsfähigkeiten. Sie erreichen dann das Niveau der unbewussten Kompetenz. Das heißt, Sie nutzen das Erlernte ganz automatisch. Jetzt sind Sie auf dem Level der bewussten Kompetenz angekommen. Sie müssen beim Anwenden der Taktiken aber noch darüber nachdenken. Als Sie das Autofahren gelernt haben, war es vielleicht so ähnlich. Sie mussten noch hinsehen und sich konzentrieren, wenn Sie die Kupplung traten und den Schalthebel in den gewünschten Gang legten. Heute ist das ein automatisierter Prozess. Und der Weg dahin war ein ständiges Praktizieren, die Fähigkeit dann eine unbewusste Kompetenz.

Als Sie das Buch kauften, haben Sie bei sich übrigens in der ersten Stufe eine bewusste Inkompetenz festgestellt. Ihnen war bewusst, dass es in Verhandlungen noch vieles zu lernen gibt. Jetzt sind Sie schon bei der bewussten Kompetenz angekommen und damit schon deutlich weiter als diejenigen, die nicht mal wissen, dass das Feld der Verhandlung so groß und vielfältig ist. Also weiter als diejenigen, die eine unbewusste Inkompetenz in sich tragen. Machen Sie sich jetzt auf, um Ihre Kompetenz noch weiter zu verbessern. Das praktische Verhandeln und die dazugehörigen wissenschaftlichen Disziplinen entwickeln sich immer weiter. Die Wissenschaft durchforscht das Feld immer mehr, und diejenigen, die sich diese Erkenntnisse zunutze machen, werden am Ende im Leben erfolgreicher sein. Denn Verhandeln ist Leben.

Thorsten Hofmann, November 2017

Anhang:
Anmerkungen und Quellen

1 Voeth, M.; Herbst, U.; Sand, J. & Weber, M. (2017): »Wie verhandeln deutsche Politiker? – Eine Bevölkerungs- und Politikerbefragung«, *Working Paper Nr. 2*, Negotiation Academy Potsdam.

2 Lam, Bourree (2017), »Ask a Hostage Negotiator: What's the Best Way to Get a Raise?«, *The Atlantic* vom 30.4.2015 (https://www.theatlantic.com/business/ archive/2015/04/ask-a-hostage-negotiator-whats-the-best-way-to-talk-about-a-raise/391943/); McMains, M. J. & Mullins, W. C. (2014), *Crisis Negotiations: Managing Critical Incidents and Hostage Situations in Law Enforcement and Corrections*, 5. Auflage, Abingdon & New York: Routledge.

3 Noesner, Gary (2010), *Stalling for Time: My Life as an FBI Hostage Negotiator.* New York: Random House.

4 Piaget, Jean (1978), *Das Weltbild des Kindes*, Übers. Luc Bernard, Stuttgart: Klett-Cotta.

5 Jones, Edward E. (1990), *Interpersonal Perception*, New York: W. H. Freeman.

6 Korzybski, Alfred (1933/1994), *Science and Sanity: An Introduction to Non-Aristotelian Systems and General Semantics.* Institute of General Semantics.

7 Watzlawik, Paul; Beavin, Janet H. & Jackson, Don D. (2000), *Menschliche Kommunikation: Formen, Störungen, Paradoxien*, 12. Auflage, Bern: Huber.

8 Tversky, Amos & Kahneman, Daniel (1974), »Judgement under Uncertainty: Heuristics and Biases«, *Science* 185,

1124–1131; Janiszewski, Chris & Uy, Dan (2008), »Anchor Precision Influences the Amount of Adjustment«, *Psychological Science* 19, 120–127.

9 Ariely, Dan (2008), *Denken hilft zwar, nützt aber nichts. Warum wir immer wieder unvernünftige Entscheidungen treffen.* Übers. M. Zybak & G. Gockel, München: Knaur.

10 Critcher, Clayton R. & Gilovich, Thomas (2008), »Incidental Environmental Anchors«, *Journal of Behavioral Decision Making* 21, 241–251.

11 Dutton, Kevin (2012), *Gehirnflüsterer: Die Fähigkeit, andere zu beeinflussen.* München: dtv.

12 Dixit, Avinash K.; Skeath, Susan & Reiley. David H. (2015), *Games of Strategy*, 2. rev. Auflage, New York: Norton; Wiese, Harald (2002), *Entscheidungs- und Spieltheorie*, Berlin/Heidelberg: Springer; Axelrod, Robert (2005), *Die Evolution der Kooperation*, 6. Auflage, München: Oldenbourg (Originalausgabe: *The Evolution of Cooperation*, New York: Basic Books, 1984).

13 Vgl. Axelrod (2005), *Die Evolution der Kooperation.*

14 Raiffa, Howard & Keeney, Ralph L. (1993), *Decisions with Multiple Objectives: Preferences and Value Tradeoffs*, New York: Cambridge UP (Originalausgabe 1976); Raiffa, Howard (1982), *The Art and Science of Negotiation*, Cambridge, MA: Harvard UP; Raiffa, Howard; Richardson J. & Metcalfe, D. (2003), *Negotiation Analysis: The Science and Art of Collaborative Decision*, Cambridge, MA: Harvard UP.

15 Ackerman, Mike (2008), *Counterterrorism Strategies for Corporations: The Ackerman Principles*, Amherst, NY: Prometheus Books.

16 Cialdini, R. B. (2006), *Influence: The Psychology of Persuasion*, Rev. Ausgabe, New York: Harper (Originalausgabe 1984); Lehrbuchversion: Cialdini, R. B. (2001),

Influence: Science and Practice, 4. Auflage, Boston: Allyn & Bacon.

17 Milgram, Stanley (1997), *Das Milgram-Experiment. Zur Gehorsamsbereitschaft gegenüber Autorität.* 14. Auflage, Reinbek: Rowohlt (Originalausgabe: *Obedience to Authority: An Experimental View*, New York: Harper, 1974).

18 Sir Arthur Conan Doyle *Sherlock Holmes' Buch der Fälle.* Aus dem Englischen von Hans Wolf. Copyright © 2005 by Kein & Aber Verlag AG Zürich – Berlin.

19 Ekman, Paul & Friesen, Wallace V. (1978), *Facial Action Coding System: A Technique for the Measurement of Facial Movement*, Palo Alto, CA: Consulting Psychologists Press.

20 Ekman, Paul (2005), *What the Face Reveals: Basic and Applied Studies of Spontaneous Expression Using the Facial Action Coding System (FACS)*, Oxford UP; Ekman, Paul (2010), *Gefühle lesen: Wie Sie Emotionen erkennen und richtig interpretieren*, Übers. Susanne Kuhlmann-Krieg & Matthias Reiss, 2. Auflage, Heidelberg: Spektrum (Originaltitel: *Emotions Revealed*, New York 2003).

21 APA: Eminent Psychologists of the 20th Century; »The 2009 TIME 100: Scientists & Thinkers: Paul Ekman«, *Time Magazine* vom 30. April 2009.

22 Ekman, Paul; O'Sullivan, M. & Frank, M. (2008), »Reply Scoring and Reporting: A Response to Bond (2008)«, *Applied Cognitive Psychology* 22, 1315–1317; Camilleri, J., »Truth Wizard Knows When You've Been Lying«, *Chicago Sun-Times* vom 21. Januar 2009.

23 Litzcke, S. M.; Hermanutz, M. u. a. (2006), *Intelligence-Service Psychology* (Serie Nachrichtendienstpsychologie. Schriftenreihe der FH des Bundes, Fachbereich öffentliche Sicherheit, 4).

24 Navarro, Joe & Schafer, John (2004), *Advanced Interviewing Techniques: Proven Strategies for Law Enforcement, Military and Security Personnel*, Springfield, IL: Thomas; Navarro, Joe (2010), *Menschen lesen: Ein FBI-Agent erklärt, wie man Körpersprache entschlüsselt*, Übers. K. Leibnitz, München: mvg-Verlag (Originalausgabe: *What Every Body Is Saying*, New York: Harper Collins, 2008).

25 Van Swol, Lyn M.; Braun, Michael T. & Malhotra, Deepak (2012), »Evidence for the Pinocchio Effect: Linguistic Differences between Lies, Deception by Omissions, and Truths«, *Discourse Processes* 49: 2, 79–106.

26 Goleman, Daniel (1996), *EQ. Emotionale Intelligenz*, Übers. Friedrich Griese, München: Hanser (auch dtv 2011; Originalausgabe: *Emotional Intelligence*, New York 1995).

27 Darwin, Charles (1872), *Der Ausdruck der Gemüthsbewegungen bei dem Menschen und den Thieren*, Übers. J. Victor Carus, Stuttgart; Barrett, P. H. (Hg.) (1977), *The Collected Papers of Charles Darwin*, 2 Bände, Chicago/ London.

28 Ekman, Paul (1972), »Universals and Cultural Differences in Facial Expressions of Emotion«, in: Cole, J. (Hg.), *Nebraska Symposion on Motivation 1971*, University of Nebraska Press, Bd. 19, S. 207–283.

29 *The CIA Document of Human Manipulation: KUBARK Counterintelligence Interrogation Manual*, Central Intelligence Agency, The Basic Skills Agency.

30 Boyd, John Richard (3. September 1976), »Destruction and Creation« (PDF), US Army Command and General Staff College [im Internet zugänglich unter Wikipedia, »John Boyd (Military Strategist)«].

31 Kabat-Zinn, Jon (2011), *Gesund durch Meditation. Full Catastrophe Living. Das vollständige Grundlagenwerk*, München: Otto Wilhelm Barth, 2011, (Originalausgabe New York 1990).

32 Ekman, Paul (2011), *Ich weiß, dass du lügst: Was Gesichter verraten*, Reinbek: Rowohlt.

33 Eilert, Dirk (2013), *Mimikresonanz: Gefühle sehen, Menschen verstehen*, Paderborn: Junfermannsche Verlagsbuchhandlung.

34 Falkai, Peter & Wittchen, Hans-Ulrich (Hg.) (2015), *Diagnostisches und statistisches Manual psychischer Störungen*, DSM-5. Göttingen: Hogrefe.

Warum wir ticken, wie wir ticken

Leon Windscheid | DAS GEHEIMNIS DER PSYCHE
Wie man bei Günther Jauch eine Million gewinnt und andere Wege,
die Nerven zu behalten
288 Seiten, gebunden mit Schutzumschlag, ISBN 978-3-424-20168-0

Er hat kein Supergehirn und bezeichnet sich selbst als normal schlau. Trotzdem gewann Leon Windscheid die Million bei »Wer wird Millionär?«. Für dieses Ziel hat er lange trainiert und dabei auf seine große Leidenschaft gesetzt: die Psychologie.

Anhand von vielen Erlebnissen und Erfahrungen belegt Leon Windscheid, dass jeder von uns andauernd – meist unbewusst – Psychologie betreibt, und bietet einen Werkzeugkoffer fürs Gehirn voll ausgefuchster Psychotricks, mentaler Kniffe und Kopfmethoden.

Ich fühle, also bin ich

Hans-Otto Thomashoff | Das gelungene Ich
Die vier Säulen der Hirnforschung für ein erfülltes Leben
272 Seiten, gebunden mit Schutzumschlag, ISBN 978-3-424-20161-1

Kann ein Leben gelingen? Lässt sich dieses Grundrätsel der menschlichen Existenz überhaupt lösen? Gibt es Ratschläge aus der Wissenschaft, die wir bei unserer Lebensgestaltung beachten sollten? Ja: Nicht Geld, nicht Leistung, nicht Dauerspaß sind wichtig für ein erfülltes Leben. An erster Stelle stehen gute Beziehungen, die Erfahrung, aktiv selbst etwas verändern zu können, ein gesunder Stresshaushalt und ein Gefühl von Stimmigkeit.

ARISTON